一碗茶的
诗礼禅

余亚梅 ◎ 著

上海文化出版社

图书在版编目(CIP)数据

一碗茶的诗礼禅/余亚梅著. —上海:上海文化出版社,2024.5

ISBN 978－7－5535－2984－4

Ⅰ.①—… Ⅱ.①余… Ⅲ.①茶文化－中国 Ⅳ.①TS971.21

中国国家版本馆 CIP 数据核字(2024)第 088831 号

出　版　人:姜逸青
责任编辑:黄慧鸣
装帧设计:汤　靖
书　　　法:梁文源

书　　名:一碗茶的诗礼禅
作　　者:余亚梅
出　　版:上海世纪出版集团　上海文化出版社
地　　址:上海市闵行区号景路 159 弄 A 座 3 楼　201101
发　　行:上海文艺出版社发行中心
　　　　　上海市闵行区号景路 159 弄 A 座 2 楼　201101　www.ewen.co
印　　刷:苏州市越洋印刷有限公司
开　　本:710×1000　1/16
印　　张:20.25
版　　次:2024 年 5 月第一版　2024 年 5 月第一次印刷
书　　号:ISBN 978－7－5535－2984－4/TS・096
定　　价:80.00 元
告　读　者:如发现本书有质量问题请与印刷厂质量科联系 T:0512－68180628

序

黄昌勇

　　中国文化史上，茶为雅道。这是因为一千多年前唐代茶圣陆羽在《茶经》中就把这种日常生活内容上升到精神层次："为饮，最宜精行俭德之人。"中国古代茶文化的精神品格至此得以确立。由唐及清，关于茶道、茶礼、茶艺、茶俗的研究著述丰厚；而承载着华夏诗礼之邦的茶文明，不仅体现的是人与自然的生活态度，同时也是对生命意境和灵性的追求。历史上日本人得之茶道、韩国人得之茶礼皆为国粹。现在，《一碗茶的诗礼禅》一卷在手，阅后感慨良多。

　　作者以自己扎实的文史学养来感受茶的意蕴，别有心得。通篇读下来，我发现作者对"道"的解说很有见地，一些阐发引人深思，特别是以"和"说"道"，认为"道"是对真理的总和与终极的命名，而"和"则是"生""化"的宗则与奥秘。作者以一本《"和"解〈茶经〉》来阐述中国茶文化求"和"尚"真"的精神法脉，诠释了陆羽以一个"和"字贯穿茶之源、具、造、器、煮、饮、事、出、略，揭示陆羽茶术背后隐藏的阴阳和合之理。中国文化"药食同源"。在中国文化四性五味的谱系里，茶性寒，味苦。作者很有洞见，将中和茶汤的方式与伊尹创始的中医汤液法联系起来，揭示了"伊公羹，陆氏茶"的深意——汤、羹浓淡不同，然"和"之奥理一脉相承，很有信服力。实际上，无论是"君臣佐使"的浑煮法，还是单方一味通过蒸晒、炙烤等方式转变药食性味的炮制法，延续至今，如生地黄性寒，通过九蒸九晒就成为性温的熟地黄；又如甘草，通过蜂蜜炙烤转变药性等等，确然是"百姓日用而不知"。更不用说，中国人厨房里的葱、姜、蒜、花椒、桂皮等诸多辛温佐料，大多数人都是这么做菜的，但背后的道理却不明白，以为只是滋味的调变而已，恰如孔夫子所言"人莫不饮食也，鲜能知味也"（《礼记·中庸》）。相比于烹调之"和"，茶之"和"则尤具韵味。品茶不仅要区别茶种,更讲究"水""器""烹"的协调和合,"茶"与"水"来自于天地之间,包含着大自然的生意,"烹"则是茶人心情与功夫的外化,器乃是人力与自然对话融通的产物。因此一碗茶乃是众缘和合、天人合一的产物。君子饮之,则可能借此悟道。

如果说,《"和"解〈茶经〉》阐述了陆羽通过创设一整套繁复茶艺(术),对茶、水、火、器、人、环境等因素综合调变,人居中调和,以追求茶汤三味:真味、正味、至味,那么,《一碗茶的诗礼禅》则从一碗中和纯粹的茶汤展开中国茶文化的叙事——中国文化宇宙生命观观照下的"味"中之"道",既是生命情态的诗,也是人道世俗的礼,还是终极追问的禅,内涵中国传统文人的生命哲学、价值、情态、信仰。由此,一碗真色、真味、真香的茶汤,就成为中国传统人文思想的大集合,演绎的是中国文化关于"和"的情趣与理趣,于舌畔心头品啜的是中国人心领神会的"道"的妙味。

我十分认同作者的观点,中国文化以味通意,以意通道,而"道"作为德、理、美等一切的渊源,"品味"就是中国人由此发展出的一套"味感"世界观——万物都与味相通,所谓"味无味""味之者无极"即指出了"味"在中国文化中具有体道的方法论意义,一切都可以在舌畔心头细细品味。"和气得天真",是中国人对真、善、美的沉思,是舌上的审味,还是心源上的审美——我的理解是舌通心。

作者在《"和"解〈茶经〉》的基础上,进一步从诗、礼、禅三个角度来观察中国茶文化的深刻内蕴与发展脉络。《一碗茶的诗礼禅》分诗篇、礼篇、禅篇三个专题,揭示中国源远流长的茶文化所蕴含的诗意情怀、生命信仰以及日常生活的美学规范。通过作者的论述,可以看到茶在中国漫长的人文历史中的嬗变——自陆羽以来,茶的文化意象被历代儒释道文人所共同塑造,他们将自己的思想、情怀、价值、态度寄寓于一碗茶汤中,赋予中国茶文化丰富内涵,与书画琴棋诗酒花一起演绎了中国传统文化的风情雅致。诚如作者在书中所言,饮茶活动的艺术化、道玄化与世俗化交融并进,承载着中国传统文化的生命哲学和美学规范:

> 茶味是诗味,也是禅味。一碗茶汤出于世俗又入于世俗,连接此岸和彼岸,在热乎乎的生活中,能识宇宙之大,能体人生之艰,入俗而不从俗,闲适从容,潇洒达观,珍惜当下,尽性知命,活出生命的意义和生活的诗意。俗世的生活一如烂泥,如不沉溺,却是养

分,滋养红莲,诠释"心源自有灵珠在,洗尽人间万斛尘"的智慧活法与趣味人生。

"诗礼禅"的一碗茶,映照的是中国人觉醒的生命意识、生活的美学规范以及超逸的人生态度——士志于道,而立足当下。这些是刻写在中国传统文化骨子里的风流倜傥。

阅读这本茶著,可以感受到流淌在文字当中的思想和情怀,作者不无遗憾地表示,以这一碗茶汤来观照当下、对照现实,发现现实委实太"实"了些:那些曾经在中国人的精神领域发酵的茶汤,虽不说真的沦为俗世生活的开门七件事,但确然不再是风教德化之雅尚,不再承载中国人的宇宙生命观,不再传递中国文化的生活美学和人道情怀。作者引用了日本茶人冈仓天心对晚近中国人饮茶的看法,表示"不得不躬身承认",却难免耿耿于怀:

> 对晚近的中国人来说,喝茶不过是喝个味道,与任何特定的人生理念并无关联。国家长久以来的苦难,已经夺走了他们探索生命意义的热情。他们慢慢变得像是现代人了,也就是说,变得既苍老又实际了。那让诗人与古人永葆青春与活力的童真,再也不是中国人托付心灵之所在。他们兼容并蓄,恭顺接受传统世界观与自然神游共生,却不愿全身投入,去征服或者崇拜自然。简言之,就真无需严肃以对。经常地,他们手上那杯茶,依旧美妙地散发出花一般的香气,然而杯中再也不见唐时的浪漫,或宋时的仪礼了。
>
> (《茶之书》)

读来,何尝不是"心有戚戚"。这使我不由得想到匈牙利布达佩斯学派的哲学家阿格妮丝·赫勒(Agnes Heller)的《日常生活》中提出了"人类需要论"和"日常生活革命"的构想,她强调人在微观层次上的改变,即日常生活的人道化的重要性。本书的茶文化正是从日常生活的微观着眼,回到使人作为人、成为人建设我们自身。

我特别欣赏作者的叙写方式,表达的观点不强加于人,公允、客观,以旁征博引所形成的哲理力量征服人，加之作者强大的知识储备的充分运用，给予读者对此部专著学识兼备的企望；还应注意到，作者把茶著当作学问来做，干货很多，所以读起来不会很轻松，反而有点钻研"学问"的艰涩。就如琴棋书画诗曲花，虽然娱人、悦人，但哪一个不是学问，若要精通，哪一个不需费一番苦功夫？当今学界尤其需要这样的著述。

中国的茶文化与佛学文化联系得最为密切；茶道不止于味道，更是心性的修行。在"茶禅味道"一篇中，作者对茶与禅如何汇流，乃至成为"万味合一味"的禅茶进行了清晰而简明扼要的梳理，堪称浓缩版的茶禅历史，概述了佛教的中国化、儒道释三教的融通汇流以及传统文化于"味"之上承载的心性哲学。对于主张"茶禅一味"的日本茶道，作者表达了自己的看法，肯定其独到之处，颇有见地：

> 禅僧以日常之茶来说心、说佛，不过触境言道、随手取譬。茶于禅林，不过是万法之一法，以一法通万法。因此，在文人士夫将琴棋书画诗香花汇聚茶味、将儒道释融入茶禅的两宋，"禅茶一味"作为一种更加凝练和明快的提法是否为圆悟所书，于中国文化史来说，其实并不重要。然而，融《碧岩录》于一碗宋代点茶之中的日本茶道，其独辟以茶接机、以茶开示的茶空间，直接将世外禅林搬到平常生活——茶空间一如禅苑，平常生活一如道场，这是日本茶人于一碗茶汤中妙悟的禅滋味。

中国的心性哲学高度重视个人修为，主张一个人的为人处世、做人做事无处不是修行，所谓语默动静体自然、行住坐卧皆道场。俗世中人忙于庶务，无暇他顾。在作者看来，茶空间被日本茶人赋予"道场"的意义，作为一个特定的场所，是专门为功名利禄场中的忙碌人开辟的一个休歇处，是歇脚地，也是歇心时。其内在精神法脉还在中国禅宗，并溯宗寻源，特举了几个具代表性的茶禅公案。这些公案超越时空，穿透古今，意趣横生，妙不可言，读来有助启悟开慧。

中国文化历来尚古，但在茶之一道却崇新。历代茶人自信且自傲，宋人不服唐人，明人同样笑傲宋人，可谓一代不服一代。然在作者看来，对茶的认知与见解，历代茶人是"出新而不离经"。"青娥递舞应争妙，紫笋齐尝各斗新"（白居易《夜闻贾常州崔湖州茶山境会想羡欢宴因寄此诗》)。"品斗"作为唐以来中国茶文化的保留节目,每年新茶一出,一些山场、茶厂都要展开不同范围的斗茶,在追求至味的道路上,以竞出新,求"和"尚"真"是其万变不离的宗则,折射出宇宙人生的奥秘。

初见本书的选题,感到既熟悉又显得陌生:熟悉的是烹茶品茗本是伦常日用之事,陌生的是以茶成书论茶已经罕有其为,这也就是熟视无睹吧。然而,当读完此书,我理解了作者写茶著的初心与情怀了:在现实的生存中,我们淡漠了、失去了海德格尔的"诗意地栖居";作者提示我们,在生活世界,应感受诗意的体验和远方的梦想。

我不是这方面的专家,姑且以读后感的方式为序。

2024 年 4 月 28 日

詩

禮

禪

一碗茶

余亚梅

高山流水水流东，润我枯肠曲蘖功。

嘉木无心为雅事，骚人有意探香踪。

松泉竹影船头月，诗礼禅心道法空。

炉煮一壶云雾质，修行拟请问卢仝。

目　录

【诗篇】

茶诗风雅

建溪有灵草,能蜕诗人骨。

除草开三径,为君碾玄月。

满瓯泛春风,诗味生牙舌。

平斗量珠玉,以救风雅渴。

·············

——［宋］黄庭坚《碾建溪第一奉邀徐天隐奉议并效建除体》

中国是茶的故乡,茶以药食之效用进入中国人的生活空间;中国又是诗歌的国度,茶之千姿百态的自然之姿、除倦醒神的功能效用、蕴藉多变的美妙香气、鲜爽甘醇的丰富滋味,便如那清扬婉兮的空谷佳人,注定了与诗人的邂逅相遇。诗人在大千世界的碌碌红尘中发现了茶,洗净蒙在她身上的尘俗烟火,在与一碗茶汤对话中获得生命体验的同时,也将自身的信仰和性灵注入其中。在茶事活动不断诗化的进程中,茶不断融入儒道释的生命哲学,在漫长的历史时空里,与诗人相互观照、互为知己,并以诗歌为媒,与琴棋书画曲香花等艺术密切交融,承载着日常生活的美学规范,将尘俗的生活推升到一个审美愉悦和生命体验的高度,成为中国人诗意生活的象征。

茶,一半在红尘烟火之中,一半在生命的灵性空间。茶非不可或缺的日常必需品,但作为精神活动,却位列"开门七件事"——"柴米油盐酱醋茶";作为日常饮品,又与"琴棋书画诗酒花"比肩,是俗世中的雅事,烂泥中的青莲。捧碗品饮,除了在舌尖口腔咽喉留下美妙的韵味,还可清肺腑、润诗肠,救诗人墨客的"风雅渴"。

一首咏茶诗的丰富隐喻

寒夜客来茶当酒,竹炉汤沸火初红;

寻常一样窗前月,才有梅花便不同。

——[宋]杜耒《寒夜》

说起风雅,中国人产生的第一联想恐怕便是琴棋书画诗曲花茶了。

南宋诗人杜耒的一首《寒夜》蕴涵关于茶的丰富隐喻,中国茶文化之风雅可谓尽在其中:

寒夜客来,以茶代酒;

竹炉烹茶,火红汤沸;

松风入釜,鱼眼乍现;

沫成华浮,焕如积雪;

淡月清风,梅窗映雪;

知己良朋,围炉品茗;

……

生活是如此寻常,可是因为茶,因为知己,在诗人的眼里,便如那月映幽窗伴着梅花的疏影暗香,寻常寒夜便有了不寻常的脉脉情味——即心即是诗情,入目皆是画意。

渌水乌程地,青山顾渚滨

历史上以茶代酒的典故最早见诸陈寿《三国志·吴书·韦曜传》:

皓每飨宴,无不竟日,坐席无能否,率以七升为限……曜素饮
酒不过二升,初见礼异时,常为裁减,或密赐茶荈以当酒。

孙皓是东吴最后一个皇帝,每次大宴群臣规定每人至少得饮酒七升。大臣韦曜的酒量不过二升,因其德高望重,孙皓特许他少喝,或暗中赐给韦曜茶汤以代酒。

孙皓在继承皇位之前因封地在"乌程"而受封"乌程侯"。"乌程"在今天的浙江湖州,历史上盛产名酒,并以产地命名"乌程";历史上也盛产茶,陆羽荐贡的顾渚紫笋就产于湖州长兴县:

渌水乌程地,青山顾渚滨。([宋]王安石《送周都官通判湖州》)。
茶收顾渚旗犹卷,酒贳乌家蚁半浮。([宋]陈舜俞《过平望驿
有怀湖州李使君二首》其一)
雨茶烹顾渚,春酒醉乌程。([宋]赵汝鐩《送奇仲过雪川》)

造物的安排总是那么富有深意,而诗人从来就是最敏感的那个人。茶与酒的不解之缘,典化于杜耒的"寒夜客来茶当酒",也贯穿了中国茶文化史。

所谓"茶为涤烦子,酒为忘忧君",人生诸多不圆满处,需要精神慰藉,酒和茶作为俗世饮品先后步入人的精神世界,并被注入不同的人生理念、生命信仰和精神旨趣。二者常被世人拿来比较说事,"茶荈以当酒"渐有某种独特的精神意味。

西晋"竹林七贤"中的刘伶,自云"天生刘伶,以酒为名",一生"唯酒是务",作《酒德颂》,借弘扬酒德宣扬他的任情任性、逍遥忘我的老庄哲学:

……捧罂承槽、衔杯漱醪;奋髯箕踞,枕麹藉糟;无思无虑,其
乐陶陶。兀然而醉,豁尔而醒;静听不闻雷霆之声,熟视不睹泰山
之形,不觉寒暑之切肌,利欲之感情……

明人周履清著《茶德颂》,贵茶而贱酒,礼赞茶对于精神修养的促进:

堪贱羽觞酒舠,所贵茗碗茶壶。
润喉漱齿,诗肠濯涤,妙思猛起。
一吸怀畅,再吸思陶。心烦顷舒,神昏顿醒。

敦煌出土唐代文书中有一篇王敷的《茶酒论》,以拟人化手法写茶、酒之争,各论己之长,责人之短,针锋相对,难决胜负。最终"水"出场劝和,言茶酒均以水为母,以器为父,实为一家。茶酒之争纷纷扰扰,其背后实是不同精神价值的角力,又岂是"茶酒一家"所能息争。

茶酒均是精神知己,也是文思泉源,一方"酒杯触拨诗情动",另一方"诗清只为饮茶多"。茶和酒的精神旨趣不同,却并非相互排斥,相反,它们常常统一于文人的日常生活和精神世界,成为他们风雅人生的精神写照:

南州溽暑醉如酒……山童隔竹敲茶臼。([唐]柳宗元《夏昼偶作》)

鼻香茶熟后……迎春酒不空。([唐]白居易《闲卧寄刘同州》)

井放辘轳闲浸酒,笼开鹦鹉报煎茶。([唐]张蠙《夏日题老将林亭》)

待羔儿酒罢又烹茶,扬州鹤。([宋]辛弃疾《满江红·和范先之咏雪》)

正寒驴吟影,茶烟灶冷,酒亭门闭。([宋]吴文英《无闷·催雪》)

小桥小店沽酒,初火新烟煮茶。([明]杨基《即景四首》其一)

春风修禊忆江南,酒榼茶垆共一担。([明]唐寅《题画》)

被酒莫惊春睡重,赌书消得泼茶香,当时只道是寻常。([清]纳兰性德《浣溪沙》)

茶熟泉香热,诗成酒力雄。([清]张问陶《入栈即事之三》)

茶、酒都是饮品,也是沧桑人生的精神抚慰:

空堂坐相忆,酌茗聊代醉。([唐]孟浩然《清明即事》)

竹窗松户有佳期,美酒香茶慰所思。([唐]李嘉佑《与从弟正字、从兄兵曹宴集林园》)

然而,烹茶明道性,煮酒论英雄,精神气质到底不同。同为饮品,酒总是与意气豪兴相连,借酒杯浇块垒,醉入幻境忘忧愁;茶多与道释玄禅相通,以茶盏醒思清,

一碗茶的诗礼禅

明心见性,舒朗精神。诗人常以茶酒的偏好和取舍,彰显其品格性情和精神信仰——或以茶为道境媒介,以酒为俗人俗事;或化用以茶代酒典故表达淡泊高洁的超逸情怀:

> 俗人多泛酒,谁解助茶香。([唐]皎然《九日与陆处士羽饮茶》)
>
> 杯里紫茶香代酒,琴中渌水静留宾。([唐]钱起《过张成侍御宅》)
>
> 薄茶便当乌程酒,短艇聊充下泽车。([宋]秦观《还自广陵四首》其一)

当然,取茶舍酒未尝不是出于现实的拮据,而以茶消酒又何尝不是历经沧桑的心绪流露:

> 清影不宜昏,聊将茶代酒。([唐]白居易《宿兰溪对月》)
>
> 春酲病酒兼消渴,惜取新芽旋摘煎。([唐]陆希声《茗坡》)
>
> 故人相见各贫病,犹可烹茶当酒肴。([宋]黄庭坚《答许觉之惠桂花椰子茶盂二首》其一)
>
> 中年畏病不举酒,孤负东来数百觞。唤客煎茶山店远,看人秧稻午风凉。([宋]黄庭坚《新喻道中寄元明》)
>
> 酒阑更喜团茶苦,梦断偏宜瑞脑香。([宋]李清照《鹧鸪天》)
>
> 静夜不眠因酒渴,沉烟重拨索烹茶。([清]曹雪芹《秋夜即事》)

茶、酒如诗,至醇至淡,宜细品悠啜,引玄思冥想。然相比酒,茶终究多了些清、静、净的闲雅气质。宋人江少虞在《宋朝事实类苑》中辑录了一则"取雪水烹团茶以饮"的掌故,说的是学士陶穀得党太尉家姬,取雪水烹茶卖弄风雅,还不忘踩党家一脚,说"党家应不识此"。姬赶紧接话逢迎,说"彼粗人安得有此,但能于销金帐中浅斟低唱,饮羊羔儿酒耳",将只知饮酒之徒归为鄙陋的"粗人"。陶学士烹茶的典故成为后世文人绘画的题材,明人徐渭就作了《陶学士烹茶图》,并题诗如下:

> 醒吟醉草不曾闲,人人唤我作张颠。
>
> 安能买景如图画,碧树红花煮月团。

明人屠隆认为茶与酒不同而犹胜于酒，仅因暑热口渴才思茶饮，或者以茶饮做醒酒之用，都算不上是真正的知茶人：

> 较之呼卢浮白之饮，更胜一筹。即有瓮中百斛金陵春，当不易吾炉头七碗松萝茗。若夏兴冬废，醒弃醉索，此不知茗事者，不可与言饮也。（《茶说·九之饮》）

君子好茶，欣同知己；有朋自远方来，淡茶胜甘醴。与陆羽一起活跃在湖州的文人雅士常于茶宴上联诗唱和，被辑录传世的《五言月夜啜茶联句》可洞察文人雅士寄寓其间的精神旨趣：

> 陆士修：泛花邀坐客，代饮引情言。
>
> 张　荐：醒酒宜华席，留僧想独园。
>
> 李　萼：不须攀月桂，何假树庭萱。
>
> 崔　万：御史秋风劲，尚书北斗尊。
>
> 颜真卿：流华净肌骨，疏瀹涤心原。
>
> 皎　然：不似春醪醉，何辞绿菽繁。
>
> 陆　羽：素瓷传静夜，芳气满闲轩。
>
> ……

座中佳士以茶代酒，你一句我一句，茶之清、静、净、素、闲的精神气质已成共识。茶与酒，一俭一奢。人生高格处当出酒入茶，去燥入静，浓而后淡，淡而不枯。

"饮茶如饮酒，其醉也非茶。"（［清］陈鉴《虎丘茶经注补》）醉人者，非关乎茶，亦非关乎酒，而是人生于世的复杂况味。

恐乖灵草性，触事皆手亲

寒夜来客，以茶当酒。虽是代酒，却自有章法：

> 君不见，昔时李生好客手自煎。（［宋］苏轼《试院煎茶》）

茶的味道如何姑且不论，苏东坡说，必要像唐代善于辨茶烹茶的李约那样，亲手煎煮方不失风雅。于是，生火取水备器，竹炉生起炭火来——"活水还须活火烹"（苏轼《汲江煎茶》）；等炭火旺起来，耳听目测釜里水沸的程度——"蟹眼已过鱼眼生，飕飕欲作松风鸣"（同上），此时便要仔细把握投茶、注茶的时机了。围炉煮茶的风雅情致尽在水火之道、文治武功的工夫与功夫之中，并由"竹炉汤沸火初红"一语道破。

唐人刘言史在《与孟郊洛北野泉上煎茶》一诗中，十分细致地叙写了亲身事茶的全过程：

> 粉细越笋芽，野煎寒溪滨。
>
> 恐乖灵草性，触事皆手亲。
>
> 敲石取鲜火，撇泉避腥鳞。
>
> 荧荧爨风铛，拾得坠巢薪。
>
> 洁色既爽别，浮氲亦殷勤。
>
> 以兹委曲静，求得正味真。
>
> 宛如摘山时，自歠指下春。
>
> 湘瓷泛轻花，涤尽昏渴神。
>
> 此游惬醒趣，可以话高人。

碾茶煎水、敲石取火、撇泉取清、拾巢当薪、摘叶洁器、候火烹茶……这些在炊事中的粗活，皆因事茶而变为风雅的精神活动，且在诗人看来，如能体会此中之"惬醒趣"——惬意、清思、情趣，就可与高人探讨玄深的道理了。

茶为汤饮、为药食，本是寻常俗事。到唐代，茶饮"盛于国朝两都，并荆、俞间，以为比屋之饮"（陆羽《茶经·六之饮》）；至宋代，"夫茶之为民用，等于米盐，不可一日以无"（王安石《议茶法》）；明清以后，茶进一步世俗化、生活化，成为普通老百姓的"开门七件事"之一：

> 书画琴棋诗酒花，当年件件不离他。而今七事都更变，柴米油
>
> 盐酱醋茶。（［清］张璨《戏题》）

然而,茶虽始于俗,却终不流于俗。陆羽采茶品泉、制具造器并为之著书立说,以"最宜精行俭德之人"为茶品作了最好的注释。自此,茶事活动步入中国人的精神生活领域,挹泉、摘叶、焙火、碾茶、制具,甚至种茶等等,都是雅事。事实上,自陆羽之后,文人士夫以茶事为高蹈之举,纷纷亲身事茶、咏茶,还为茶谱录著述。这种状况在中晚唐时期已经十分显著:

> 高人以饮为忙事,浮世除诗尽强名。([唐]杜牧《湖南正初招李郢秀才》)

小杜讽刺世风不古,不再以"诗"为风雅,而是以"饮"装裱自己的超凡脱俗,仿佛忙于茶饮、酒饮才是"高人"。当然,小杜在说这话的时候,自动忽略自己也是饮中道友。

宋代饮茶之风鼎盛,离不开文人士夫乃至皇帝本尊的推波助澜。欧阳修、梅尧臣、范仲淹、蔡襄、苏东坡、王安石、陆游、朱熹等等,这些在政坛、文坛上的大腕无不是品茶、鉴水的个中翘楚,在茶文化史上留下光辉灿烂的茶诗篇或茶著。蔡襄主动请缨到武夷山督造贡茶,并著《茶录》。他在"序"中,言及自己亲自督造和撰写茶著的初衷:

> 臣退念草木之微,首辱陛下知鉴,若处之得地,则能尽其材。昔陆羽《茶经》,不第建安之品;丁谓茶图,独论采造之本。至于烹试,曾未有闻。

一方面,是补《茶经》"不第建安之品"之憾,另一方面,则是补丁谓督造贡茶,只有采摘、制作方面的茶图,而无"烹试"的缺憾。于是,总结督造和烹茶试点的经验,"辄条数事,简而易明,勒成二篇,名曰《茶录》",进献给茶中道友宋仁宗(《茶录·序》)。叶清臣赞茶性"天赋尤异、性靡俗谐",因而要特别注意制茶、烹点之技艺,不仅要按照"图""经"制作,还要泉香水甘,一样都不能马虎:

> 苟制非其妙,烹失于术,虽先雷而赢,未雨而檐,蒸焙以图,造作以经,而泉不香、水不甘,爨之、扬之,若淤若滓。(《述煮茶小品》)

　　　　　　　　　　　　　　　　　一碗茶的诗礼禅

如果说北宋文人集团和宫廷皇室是茶事风尚的引跑人，那么，宋徽宗就是其中的顶流。他不仅亲自撰写茶著《大观茶论》，还爱摆宫廷茶宴，亲自注汤击拂并分赐群臣。宋人李邦彦在《延福宫曲宴记》中记载了北宋宣和二年冬的一场宫廷茶事：

> 上命近侍取茶具，亲手注汤击拂。少顷，白乳浮盏面，如疏星淡月。顾群臣曰："此自布茶。"饮毕，皆顿首谢。

明人在二百五十年间为茶作著最丰，有史记载的茶书多至 68 本，留存至今 33 本，内容几乎都是文人亲身事茶的经验总结及启悟，可谓卷帙繁复，蔚为大观。在明人看来，茶事如美人，如法书名画，不可落俗人之手：

> 冯祭酒精于茶政，手自料涤，然后饮客，客有笑者。余戏解之云：此正如美人，又如古法书名画，度可着俗汉手否。（陈继儒《茶话》）

于茶事活动而言，躬身茶事本身不仅是风雅的精神活动，更是一种郑重其事的诚敬态度：

> 亲烹屡酌不知厌，自谓此乐真无涯。（［宋］欧阳修《尝新茶呈圣俞次韵再拜》）
>
> 磨成不敢付僮仆，自看雪汤生玑珠。（［宋］苏轼《黄鲁直以诗馈双井茶，次韵为谢》）
>
> 闽中茶品天下高，倾身事茶不知劳。（［宋］苏辙《和子瞻煎茶》）
>
> 雪液清甘涨井泉，自携茶灶就烹煎。（［宋］陆游《雪后煎茶》）
>
> 武夷高处是蓬莱，采得灵根手自栽。（［宋］朱熹《春谷》）
>
> 何时归上滕王阁，自看风炉自煮尝。（［宋］杨万里《以六一泉煮双井茶》）
>
> 广文唤客作妙供，石铫风炉皆手亲。（［宋］章甫《叶子逸以惠山泉瀹日铸新茶饷予与常郑卿》）
>
> 至味心难忘，闲情手自煎。（［明］文徵明《煮茶》）
>
> 买得青山只种茶，峰前峰后摘新芽。（［明］唐寅《品茶图》自题

诗《送茶僧》)

　　阿僮火候不深谙，自焚竹枝烹石鼎。([清]爱新觉罗·弘历
《冬夜煎茶》)

　　曲院春风啜茗天，竹炉榄炭手亲煎。([清]丘逢甲《潮州春思》)

茶事的风雅就在一碗茶汤的工夫与功夫之中——"工夫"即放下尘浊，避开俗务，沉潜心境；"功夫"即在不断的"试点"中，妙契茶理，直达"至味"。正如鲁迅先生在《喝茶》一文中所说：

　　有好茶喝，会喝好茶，是一种"清福"。不过要享这"清福"，首先就须有工夫，其次是练习出来的特别的感觉。

这种"特别的感觉"用鲁迅的话说是一种"极琐屑的经验"，是刘言史"恐乖灵草性，触事皆手亲"积累出来的事茶、鉴茶、品茶的功夫。如此，茶汤虽为日常饮品，却内伸到人的精神世界，被文人雅士引为知己、良朋——在一碗至味的茶汤中，呈现其"止于至善"的生命哲学与生活态度。

易简高人意，匡牀竹火炉

竹，在中国文化中历来是苦节、高洁的品格象征。中国竹器工艺发展较早且比较成熟，竹器以其质朴、雅致的形象，与中国传统文化的精神旨趣和审美情趣相契合，为历来文人雅士所钟爱。用竹编工艺制作的炉子很早就有了，简称"竹鑪"，以竹编作外壳，外观雅洁，又能防烫，内置一个盛炭火的钵体，可用来取暖；倘若用于烧煮，则要内置一个炉体，中间要用铁栅隔为上下两层，便于通风和取炉灰。杜甫《观李固请司马弟山水图》诗中的"易简高人意，匡牀竹火炉"，说的就是这种具高洁、雅趣的竹炉。从宋人诗词来看，竹炉似乎是文人围炉煮茶之必备：

　　竹炉良夜饮，饮竟煎僧茗。(韩淲《菩萨蛮·赵昌甫折黄岩梅来，且寄〈菩萨蛮〉次韵赋之》)

　　锦帐传卮酒，竹炉沸鼎茶。(赵良坡《雪水庵咏雪二十韵》)

明代东南文人将茶事活动的高洁雅意寄寓于"竹炉",围绕"竹炉"形成的文化活动,成为中国文化艺术史上的一段佳话。竹炉虽雅,然并无特定款式。明初惠山寺高僧性海根据古时记载的竹炉形制,取"天圆地方"之意,以湖州竹艺创设了一款竹茶炉,并以二泉水煮茗待客:

> 锡山听松庵僧性海制竹火炉,王舍人过而爱之,为作山水画幅,并题以诗。岁久炉坏,盛太常因而更制,流传郡下。([清]朱彝尊《曝书亭集》)

这款竹炉得了名士王绂的青眼,为之作《竹炉煮茶图》等画并题诗,由此开创惠山茶炉文会,并将雅集之所题为"竹炉山房"。自此,竹炉成为当时文人偏爱的诗画题材、风雅的象征。文徵明的《惠山茶会图》、唐寅的《惠山竹炉图》、钱毂的《惠山煮泉图》等名流诗画,再现了"竹炉山房"的雅集盛会,形成了竹炉诗画卷、诗卷。此后,性海所制竹炉因年久毁损,盛颙又重新复制,并赋《竹炉》诗一首:

> 我爱乡山入品泉,持归禅榻和云煎。
> 湘皋卷雪来窗外,蒙顶惊雷落槛前。
> 浇破诗愁和得句,洗清尘思意忘荃。
> 人间肉食纷如雨,争识吾家此味全。

至清代,竹炉又因乾隆皇帝的推崇,雅名更盛。乾隆慕名多次造访山房,访泉、品茗、赏炉、观画、题咏,并曾仿制二只竹炉。其中,乾隆二十七年有诗"到处竹炉仿惠山,武文火候酌斟间"(《竹炉精舍烹茶作》),乾隆五十三年又有诗"因爱惠泉编竹炉,仿为佳处置之俱"(《竹炉精舍》)。"竹炉精舍"即专为茶炉所设的茶寮,据说造了十几处之多。

诗写梅花月,茶煎谷雨春

唐代诗人郑綮被人问"相国近有新诗否"时,以"诗思在灞桥风雪中驴子背上,此处何以得之?"反问([宋]孙光宪《北梦琐言》);诗人孟浩然寄情山水,常骑驴踏雪寻梅。此二人获赠"灞桥驴背诗客"雅号,由此,"灞桥驴背"成为诗的隐语。灞桥风雪折射人间的悲欢离合,梅花、风雪、冷月、苍苔、幽兰、青竹……驴背上驮着诗意的情怀,那是远离俗世名利的幽寂与烂漫。而生活的诗意,也不过是将现实的喧嚣与尘浊推远。

梅花之美,不在其华,而是迎雪吐艳、凌寒飘香所折射的凌然无畏、铁骨冰心、雅洁清高的品质和气节。梅花驯化栽培始于商代,被赋予绝世独立、孤寒高洁的人格形象则始于两晋南北朝,并自此以后,成为中国传统文化艺术领域的宠儿——"梅于是时,始以花闻天下"([宋]杨万里《和梅诗序》)。南朝鲍照沿用乐府《梅花落》旧题进行创作,是最早以梅自喻,并感怀人生的诗作之一:

> 中庭杂树多,偏为梅咨嗟。
>
> 问君何独然?
>
> 念其霜中能作花,露中能作实。
>
> 摇荡春风媚春日,念尔零落逐寒风,徒有霜华无霜质。

诗人透过梅花的清寒孤傲,似乎看到了自我精神的投影与无可奈何,并为之发出惺惺相惜的感慨。

两晋南北朝是一个政局昏暗、动荡混乱的时代。文人士夫艺梅、赏梅、咏梅,以梅花表达其不同流合污的处世态度和不以无人而不芳的精神追求,逐渐塑造了其在中国文化中的独特意象:一方面,被赋予清寒、高洁的精神品格,与松、竹并称"岁寒三友",与兰、竹、菊并称"四君子",如《寒夜》中,杜耒便以梅花暗喻自己和朋友之间的君子之谊;另一方面,如"灞桥驴背"一般,充满隐喻、象征,成为诗思的泉源和精神的象征。

宋元文人通过诗画创作将以梅咏志推向极致。林逋植梅放鹤,有"梅妻鹤子"的美号,留下"疏影横斜水清浅,暗香浮动月黄昏"(《山园小梅》)千古佳句。王安石的"墙角数枝梅,凌寒独自开。遥知不是雪,为有暗香来"(《梅花》),陆游的"雪虐风饕愈凛然,花中气节最高坚"(《落梅》),方岳"有梅无雪不精神,有雪无诗俗了人"(《梅花十绝》之九),诗情画意间无不凸显傲骨凌霜的精神旨趣。

梅花雪月都清绝,松竹芝兰最相宜。知己茗茶、松风竹影、梅花雪月、红泥火炉,互为清友;松岩之间、梅竹之下、野泉之畔,绳床瓦灶、茗瓯柴薪、寒炉夜雪,一张琴桌、三两知己……均是诗思,也是茶语。文人把自己的生命美学映照在一碗茶汤之中,梅之清苦、雅洁,白雪、冷月、青松、劲竹、芝兰之孤寒与幽寂,如君子箪食瓢饮、清寒自守之德熏,都可在一碗茶汤之中细细品味:

> 不置一杯酒,惟煎两碗茶。须知高意别,用此对梅花。(〔宋〕邹浩《同长卿梅下饮茶》)

茶与梅花都是雅洁的象征,用以待友,亦是对友人的赞美。明人朱权爱于茶烟、竹风、梅花、雪月中,体会孤寒冷寂的超逸情怀:

> 竹风一阵,飘扬茶灶疏烟;梅月半弯,掩映书窗残雪,真使人心骨俱冷,体气欲仙。(《茶谱》)

吴门四家之首的沈周嗜茶、爱梅,为茶作著时,不忘以梅花之清比附名茶罗岕:

> 昔日咏梅花云:"香中别有韵,清极不知寒。"此唯岕茶足当之。(《书岕茶别论后》)

饮茶的心境又何尝不与梅花相若?历代茶诗中多有寒夜设茗、映雪煎茶、伴梅烹茶的孤寒幽境:

> 夜臼和烟捣,寒炉对雪烹。(〔唐〕郑愚《茶诗》)
> 青灯耿窗户,设茗听雪落。(〔宋〕陆游《听雪为客置茶果》)
> 夜扫寒英煮绿尘,松风入鼎更清新。(〔元〕谢宗可《雪煎茶》)
> 茶鼎夜烹千古雪,花幡晨动九天风。(〔元〕黄镇成《游峨》)
> 地炉残雪后,禅榻晚风前。(〔明〕文徵明《煮茶》)
> 青箬小壶冰共裹,寒灯新茗月同煎。(〔明〕文徵明《雪夜郑太吉送惠山泉》)
> 独啜无人伴,寒梅一树花。(〔明〕徐渭《茗山篇·为泰父》)
> 却从梅月横三弄,细搅松风炧[xiè]一灯。(〔明〕徐渭《某伯子惠虎丘茗谢之》)

轻涛松下烹溪月，含露梅边煮岭云。（［清］陆廷灿《武夷茶》）

冷月、寒梅、白雪、青灯……是茶之佳友，也是诗人知己。此时，嘉客未至，寂静之中，尽闻天籁之声；孤寒之境，自得一番幽趣，似《寒夜》诗之前奏。

曾言"君不可一日无茶"的乾隆皇帝自制一款"三清茶"，即将梅花、佛手、松子这三种具"清"之意象的花果，参于龙井茶中，再以具清绝意味的雪水烹煮，宴请群臣，并写下《三清茶》一诗自赞：

> 梅花色不妖，佛手香且洁。
> 松实味芳腴，三品殊清绝。
> ……

清人夏云虎有《清宫词》为证：

> 松仁佛手与梅英，沃雪烹茶集近臣。
> 传出柏梁诗句好，诗肠先为涤三清。

品茗的清绝之味与琴棋书画的清雅之趣可谓同气相求。陆羽在《茶经·十之图》中，要求将《茶经》内容"以绢素或四幅，或六幅分布写之"，张挂于茶空间的座席四壁，发展到宋代，逐渐演变成不限于茶经内容的字画张挂，与品茗、焚香、插花并称君子"四雅"。此后，品茗与诗文书画进一步交融，成为传统诗文书画的重要题材。清代扬州"八怪"之一的汪士慎自称"茶仙"，是位"爱梅兼爱茶"的画家。一首题写在煎茶图画上的《自书煎茶图后（节选）》诗，可见其以梅、茶为知己的日常生活，亦道尽其一生孤清、高洁的精神操守：

> ……
> 饮时得意写梅花，茶香墨得清可夸。
> 万蕊千苞香处动，桢枝铁干相纷拿。
> 淋漓扫尽墨一斗，越瓯湘管不离手。
> 画成一任客携去，还听松声浮瓦缶。

同为"八怪"之一的高翔，也是嗜茶同好者，曾为汪士慎画"啜饮小像"，陈章题

画,入骨三分:

> 好梅而人清,嗜茶而诗苦。惟清与苦,实渍肺腑。

诗人厉鹗也不吝笔墨,题诗《题汪近人煎茶图》,以梅、茶之清苦喻汪士慎的高洁品格:

> 先生爱梅兼爱茶,啖茶日日写梅花。
> 要将胸中清苦味,吐作纸上冰霜桠。

近代画家吴昌硕自称"梅知己",一生画了很多梅花。曾与画家任伯年合作了一幅著名的《壶梅图》,将梅、茶画于一处,并题跋:

> 雪中拗寒梅一枝,煮苦茗赏之。茗以陶壶煮,不变味。予旧藏
> 一壶,制甚古,无款识;或谓金沙寺僧所作也。即景写图,销金帐中
> 浅斟低唱者见此必大笑。

画家自诩陶学士之清雅,不被下士所笑,如何显大道之高深? 不被俗人所讥,如何见此情之清高? 再题诗一首一展襟怀:

> 折梅风雪洒衣裳,茶熟凭谁火候商。
> 莫怪频年诗懒作,冷清清地不胜忙。

"芳梅喜淡雅,永日伴清茶。"(［清］张奕光《梅》)生活于碌碌红尘,为免被物欲所迷,需时常与自然亲近,徜徉于清风明月、山林泉石,夷犹于诗情画意、名花琪树,借自然之力调节内心、完善自我。茶也好,梅兰竹菊也罢,都不过寻常物事,所谓的"不同"不过是邂逅的人不同罢了。诗人杜耒在那个有知己来看望自己的寒夜,躬身烹煮着一炉茶,彼时的茶是梅月互映的暗香疏影,是彼此观照的知己良朋,是清寒自持的高士情怀。

"小几呼朋三面坐,留将一面与梅花。"(［清］何钱《普和看梅云》)窗前月、梅花影、炉上茶……茶事之风雅,是源于生命觉醒而获得的充实与轻盈。

茶为雅道

朝家久设礼为罗,小寄禅窗共讲磨。

红锦障泥飞腰裹,黄金宝校没盘陀。

冰蘗荐饭乡风古,雪汁烹茶雅道多。

领取单传心法去,会将佛祖一时呵。

——［宋］洪咨夔《又答景阳》

　　道,最早见于甲骨文,本义为道路,引申为方法、路径、技艺、规律、学说、思想、真理、宇宙本体等义,又名词动化进一步引申出行道、取道、经过、引导等义。关乎宇宙本体、终极真谛层面,谓之"大道";关乎方法技艺方向层面,谓之"小道",如茶道、诗道、书道、画道、弈道、箭道、妻道、子道等等,靡所不包。

　　重"大"道而不通"小"道,难免只知唱高调而沦为"百无一用";而耽于小道而忘却"止于至善"的终极使命,也终难企及大道之极高明、致广大:

　　子夏曰:"虽小道,必有可观者焉,致远恐泥,是以君子不为也。"(《论语·子张》)

"茶道"一词在中国茶文化中确实"古已有之",其"道"内涵两个层面:
其一,是茶术,即通往至味的方法、技艺、要领等方面,属于"艺"的范畴。如:

　　楚人陆鸿渐为茶论,说茶之功效并煎茶炙茶之法,造茶具二十四式,以都统笼贮之,远近倾慕,好事者家藏一副。有常伯熊者,又因鸿渐之论广润色之,于是茶道大行,王公朝士无不饮者。(［唐］封演《封氏闻见记》)

　　造时精,藏时燥,泡时洁。精、燥、洁,茶道尽矣。(［明］张源《茶录》)

其二,是以茶为介质,接通儒道释的心性修养功夫,属于精神的范畴:

> 一饮涤昏寐,情来朗爽满天地;再饮清我神,忽如飞雨洒轻尘;三饮便得道,何须苦心破烦恼。……孰知茶道全尔真,唯有丹丘得如此。([唐]皎然《饮茶歌诮崔石使君》)

> ……冰虀荐饭乡风古,雪汁烹茶雅道多。领取单传心法去,会将佛祖一时呵。([宋]洪咨夔《又答景阳》)

> 野航道人朱存理云:"饮之用必先茶,而茶不见于《禹贡》,盖全民用而不为利。后世榷茶立为制,非古圣意也。陆鸿渐著《茶经》,蔡君谟著《茶录》,孟谏议寄卢玉川三百月团,后侈至龙凤之饰,责当备于君谟。然清逸高远,上通王公,下逮林野,亦雅道矣。"([清]陆廷灿《续茶经》)

雅,《尔雅疏》注"雅,正也",为规范、纯正、正确之意。孔子教书育人就坚持用"雅"言,也就是周时官方标准的"普通话":

> 子所雅言:诗、书、执礼,皆雅言也。(《论语·述而》)

"正",是人道的核心价值,也是政治的功能——"政者,正也"(《论语·颜渊》)。如此,中国传统美学意义上的"雅",以其"正"之涵义,被儒家赋予政教德化的功能使命。诗言志,发乎情,最见人心,故周公、孔子常以集中反映社情民意的《诗经》来论王政。其中,"风"为风土之音,失之于野;"颂"为宗庙之音,失之于抑;唯有"雅"不偏不倚,得情志之正,故为"正(政)音",即"朝廷之音"([宋]郑樵《通志序》)。"雅"之"正"意,用以观政,则可察中央和地方行政之偏倚、得失、兴废:

> 雅者,正也。言王政之所由废兴也。政有小大,故有小雅焉,有大雅焉。(《毛诗序》)

用以化民,形成一套以"正"为价值中枢的情理和道德调节系统,上行下效,风行草偃:

> 故变风发乎情,止乎礼义。发乎情,民之性也;止乎礼义,先王

之泽也。是以一国之事，系一人之本，谓之风；言天下之事，形四方之风，谓之雅。(《毛诗序》)

用于修己，诚意正心，矫纠心性之偏倚；修身立本，涵养体恤爱民之情志：

> 子曰："《关雎》：乐而不淫，哀而不伤。"(《论语·八佾》)
>
> 温柔敦厚，诗教也。(《礼记·经解》)

雅，是人情、人欲之清、正；俗，则是它的反面，为人情、人欲之浊、邪。儒家以"礼"规范社会人伦秩序，这样一种规范上升到道德和审美，被称作"儒雅"；反之，则为粗俗、鄙漏，属于不合礼仪规范的品德和行为。道家视功利、实用、现实、入世等为俗，并自汉以后与禅学一起，以超凡脱俗、任尚自然为雅，对中国思想文学艺术领域进行了彻底的美学改造。唐司空图《二十四诗品》中的第六品"典雅"，描述的就是这样一种人与自然的和谐交融所呈现的超脱尘俗、永恒经典的生命情态：

> 玉壶买春，赏雨茆屋，坐中佳士，左右修竹。白云初晴，幽鸟相逐，眠琴绿阴，上有飞瀑。落花无言，人澹如菊，书之岁华，其曰可读。

隐居幽境，白云为邻，修竹为友，目下无尘，胸次悠然……明朝还初道人洪应明收集编著的《菜根谭》，其风雅趣味一脉相承：

> 衮冕行中，著一藜杖的山人，便增一段高风；渔樵路上，著一衮衣的朝士，转添许多俗气。固知浓不胜淡，俗不如雅也。

中国人的雅、俗观念里融合儒道释三家思想。世间百行九流皆有其道，然冠为"雅道"，自有熏陶德化、风流化民的力量。这种力量体现在与"风"与"雅"的词语组合。风，即风尚、风化流行，代表纯正、主流价值观念，与美学规范意义上的"雅"字组合，就有了风教德化、德风草偃、风流化民的政教意味。风教德化不是简单的道德训条，而是思想、情感和审美的全面渗化。无论是儒家的礼、乐、射、御、书、数的君子"六艺"，还是风行中国传统文化的琴、棋、书、画、诗、曲、香、花的人生雅事，无疑都是载道的，承担着导引修身、向道的"风教"功能。正如陆羽之所以成"圣"，恰在于其将自身的人生哲学和生命信仰注入其中,赋予茶事活动丰富的"教义"。宋徽宗就洞见了品茶习尚、风流化民的政教功能及其社会效果:

> 缙绅之士,韦布之流,沐浴膏泽,熏陶德化,咸以雅尚相推,从事茗饮。……而天下之士,励志清白,竞为闲暇修索之玩,莫不碎玉锵金,啜英咀华。较箧笥之精,争鉴裁之别,虽下士于此时,不以蓄茶为羞,可谓盛世之清尚也。(《大观茶论》)

艺术化的茶事活动将饮茶的过程导向审味、审美甚至审己,这是一个在味觉体验中觉醒生命意识、审美意识的过程,也是一个以茶布道、沟通雅俗、以雅化俗的政教德化过程:

> ……不论原本贵贱高低,只要你是茶道信徒,就是品味上的贵族。([日]仓冈天心《茶之书》)

一碗茶,宛如一朵扎根于生活烂泥里的青莲,是中国人在俗世生活中开辟的一方山水田园、武陵胜境,寄托着传统文人的生命信仰、生活态度和美学规范。茶为雅道,其中三昧皆是由舌至心的生命体悟。

道心:须是眠云跂石人

修行的人直追终极的大道。道,一而二,二而三,直至四通八达的千万小道:

> 一达谓之道路,二达谓之歧旁,三达谓之剧旁,四达谓之衢,五达谓之康,六达谓之庄,七达谓之剧骖,八达谓之崇期,九达谓之逵。(《尔雅·释宫》)

所谓"条条道路通罗马",从这个意义上来说,无论是儒释道,还是一碗载道的茶,都不过是载人入道的船筏、指向明月的手指。

佛度有缘人,茶亦如是。茶之有缘人,当然是指那些与茶德相合之人。

其一,孤寒之性相合。

茶,生长在远离人寰的高山云雾之中,孤寒高洁,在陆羽看来,最适宜那些精行俭德、眠云跂石的修行之人:

> 茶之为用,味至寒;为饮,最宜精行俭德之人。(陆羽《茶经·一之源》)

饮茶的这一精神意味并非陆羽个人的独特见识。陆羽同时代人韦应物,在《喜园中茶生》一诗中表达了同样的思想与情怀:

> 洁性不可污,为饮涤尘烦。
> 此物信灵味,本自出山原。
> 聊因理郡馀,率尔植荒园。
> 喜随众草长,得与幽人言。

茶出产于山地,有山水之灵,其性高洁,静躁涤烦,喜与野草相伴共生,唯有清寒超逸的幽隐高人才能领略其中的妙味。柳宗元在《巽上人以竹间自采新茶赠酬之以诗》中,以茶为侣,以茶助修,强调其洗心涤虑的精神功效:

> 芳丛翳湘竹,零露凝清华。
> 复此雪山客,晨朝掇灵芽。
> 蒸烟俯石濑,咫尺凌丹崖。
> 圆方丽奇色,圭璧无纤瑕。
> 呼儿爨金鼎,馀馥延幽遐。
> 涤虑发真照,还源荡昏邪。
> 犹同甘露饭,佛事熏毗耶。
> 咄此蓬瀛侣,无乃贵流霞。

傍湘竹而生的芳香茶丛,是饮寒露而凝结的清华。山寺修行的高僧又一大早来采摘灵芽,烟云蒸腾中俯瞰山涧,站在飞檐绝壁的丹崖之上,环视周边绮丽多姿,岩壁如上好美玉无瑕无染。此时此地此情此景,唤茶童支鼎生火、汲泉烹茶,馥郁

一碗茶的诗礼禅

的茶香使人产生幽深玄远的遐思，忘却凡虑，荡涤昏邪，回归人的本真心源。这样的茶汤分明就是甘露，饮茶对身心的修炼堪比佛事，它的香气必然要远播佛国的圣地毗耶。茶作为修行悟道者的身心伴侣，令人惊叹，在诗人看来，恐怕比流霞还要珍贵不凡。

唐代大诗人刘禹锡在《西山兰若试茶歌》一诗中描绘了一场茶事，呈现了一碗茶汤中的风雅情味。但诗人说，这样一种"清泠"滋味并非人人能够体会，只有那些卧在云间、垂足坐于石上，优游于山水，以白云为乡的人才能体味：

> 欲知花乳清泠味，须是眠云跂石人。

历代诗人多以眠云跂石、漱流枕石、水石烟霞……指代回归自然、远离尘俗的心性与生活，表达自身超越世俗功利的生命意识和情态：

> 茅峰曾醮斗，笠泽久眠云。（［唐］陆龟蒙《和张广文贲旅泊吴门次韵》）
>
> 古殿清阴山木春，池边跂石一观身。（［唐］灵澈《东林寺寄包侍御》）
>
> 眠云跂石梁溪叟，恨杀风烟隔草堂。（［宋］杨万里《雪后陪使客游惠山寄怀尤延之》）

山水，在中国传统文化中是与政治、社会、现实相对立的存在，是传统文人于俗世中自辟的一块自在天地；作为精神的栖居地、灵魂的休歇处，山水也是他们追求清远高逸的人格理想和精神生活的象征。中国人往往将心中的千古玄思、诗情画意寄托于山水之间，而茶事活动中，无论是挹泉、摘叶、拾薪、别茶、辨水，还是竹炉、茶灶、绳床……无不是与烟霞、云石、山水建立的亲密联系。

北宋诗人王禹偁来到号称天下第二泉的惠山古泉，挹泉"学煮当年陆羽茶"，顿发"犹负片心眠水石，略开尘眼识烟霞"之慨，生出"劳生未了还东去，孤棹寒篷宿浪花"（《惠山寺留题》）之心。元耶律楚材说自己多年未饮建溪茶，心中好像塞满五车尘沙，"敢乞君侯分数饼，暂教清兴绕烟霞"（《西域从王君玉乞茶，因其韵七首》其一），期待从友人那里讨到一饼，好让自己清心忘俗。

明以后心学大行，文人茶著也无不强调心性，可谓连篇累牍，不厌其烦，使茶中清冷滋味与人生境味更加水乳交融：

> 凤厌尘嚣，历览名胜。……固尝饮泉觉爽，啜茶忘喧，谓非膏粱纨绮可语。爰著《煮泉小品》，与漱流枕石者商焉。（田艺蘅《煮泉小品》）

> （终南僧）所烹点绝味清，乳面不黦，是具人清净味中三昧者。要之，此一味非眠云跂石人未易领略。……煎茶非漫浪，要须其人与茶品相得。故其法每传于高流隐逸，有云霞泉石、磊块胸次间者。（陆树声《茶寮记》）

> 茶之殿最，待汤建勋；谁其秉衡，跂石眠云。（屠本畯《茗笈》）

清人陆廷灿自言"桑苎家传归有经，弹琴喜傍武夷君"，在《续茶经》中说茗碗之事：

> 水源之轻重，辨若淄渑，火候之文武，调若丹鼎，非枕漱之侣不亲，非文字之饮不比者也。

其二，生命情态相若。

眠云跂石的心性呈现为一种闲雅、自在、萧散的生命情态，在茶事活动中则体现为一种任尚自然、不拘一格的风格。

茶圣陆羽本性烂漫疏狂，常任情任性，被时人比作春秋时的隐士高人"楚狂接舆"：

> 扁舟往来山寺，唯纱巾、藤鞋、短褐、犊鼻，击林木，弄流水。或行旷野中，诵古诗，裴回至月黑，兴尽恸哭而返。（［元］辛文房《唐才子传·陆羽》）。

他在《茶经》中说起煎茶二十四器具，以为缺一则有失风雅，但又列举在松间石上、瞰泉临涧、援藟跻岩等山林野地煮泉烹茶，可酌情制宜。可见彼时文人雅士的茶事活动亦多率性、逍遥，至于茶余饭后、宿醉酒醒、闲来无事、知己交往、诗情助

一碗茶的诗礼禅

爽……皆是饮茶之机,可谓兴之所至,心之所安。这在唐代茶诗中可谓俯拾皆是:

啸竹引清吹,吟花成新篇。乃知高洁情,摆落区中缘。(孟郊《题陆鸿渐上饶新开山舍》)

饱食缓行新睡觉,一瓯新茗待儿煎。脱巾斜倚绳床坐,风送水声来耳边。(裴度《凉风亭睡觉》)

九星坛下煎茶别,五老峰头觅寺居。(张籍《送旺师》)

蜀茶倩个云僧碾,自拾枯松三四枝。(成彦雄《煎茶》)

野泉烟火白云间,坐饮香茶爱此山。(灵一《与元居士青山潭饮茶》)

坐酌泠泠水,看煎瑟瑟尘。无由持一碗,寄与爱茶人。(白居易《山泉煎茶有怀》)

山寺取凉当夏夜,共僧蹲坐石阶前。……衣汗稍停床上扇,茶香时拨涧中泉。(卢延让《松寺》)

闲来松间坐,看煮松上雪。(陆龟蒙《奉和袭美茶具十咏·煮茶》)

宋代文人在茶事活动中,更加凸显追求闲适、亲近自然的生命自觉,把高洁闲雅的生命情态推向极致:

石楼试水宜频啜,金谷看花莫漫煎。(王安石《寄茶与平甫》)

活水还须活火烹,自临钓石取深清。(苏轼《汲江煎茶》)

寒涧挹泉供试墨,堕巢篝火唤煎茶。(陆游《秋思》)

饮罢方舟去,茶烟袅细香。(朱熹《茶灶石》)

明清文人茶碗中的"清泠"之味,不仅是茶境,更是性灵生活的一部分。田艺蘅喜于林下饮茶,在《煮泉小品》中拿苏东坡"从来佳茗似佳人"来说事:

茶如佳人,此论虽妙,但恐不宜山林间耳……若欲称之山林,当如毛女、麻姑,自然仙风道骨,不浇烟霞可也。

如果是"桃脸柳腰"的所谓"佳人",则"宜亟屏之销金帐中,无俗我泉石"。陈继儒在《小窗幽记》描述自己萧散自在、眠云跂石的林下生活:

> 箕踞于班竹林中,徙倚于青矾石上;所有道笈梵书,或校雠四五字,或参讽一两章。茶不甚精,壶亦不燥,香不甚良,灰亦不死;短琴无曲而有弦,长讴无腔而有音。激气发于林樾,好风逆之水涯,若非羲皇以上,定亦嵇阮之间。

明人以茶入画抒发隐逸情怀的作品最多,以"吴门四家"为代表的东南文人大都嗜茶,爱以茶事入画,表现他们自然、萧散的生活。唐寅的《品茶图》自题诗:

> 买得青山只种茶,峰前峰后摘春芽。
> 烹煎已得前人法,蟹眼松风候自嘉。

山中岁月,种茶摘叶,茗碗消遣,自得其乐。王绂的《茅斋煮茶图》自题诗:

> 小结茅斋四五椽,萧萧竹树带秋烟。
> 呼童扫取空阶叶,好煮山厨第二泉。

纳兰性德虽在官宦世家,却立朝而意在东山,他再三表达自己以茗碗清谈为乐的淡泊心志:

> 渔庄蟹舍,足我生涯。药臼茶铛,销兹岁月。(《与梁汾书》)
> 茗碗熏炉,清谈竟日,颇以为乐。(《某上人书》)

其三,精神旨趣相通。

白云高山是茶之故乡,也是神仙故里。在中国传统文化中,高山白云不仅是超凡脱俗的人生高格,更是修仙成佛的终极所在。生长在高山云深处的茶树——"擅瓯闽之秀气,钟山川之灵禀"([宋]赵佶《大观茶论》),在古人看来,自然是接通仙灵的灵芽,富有灵味。避世隐入高山白云深处的修行人,常与茶树相伴,以茶助修,茶又借此接通仙佛思想,成为参禅悟道的媒介,饮之得法,不仅轻身延年,还通仙灵,令人飘然欲举、悟道成仙:

一碗茶的诗礼禅

皇天既孕此灵物兮，厚地复糇之而萌（［唐］顾况《茶赋》）

百草让为灵，功先百草成。（［唐］齐己《咏茶十二韵》）

嫩芽香且灵，吾谓草中英（［唐］郑愚《茶》）

五碗肌骨清，六碗通仙灵。七碗吃不得也，唯觉两腋习习清风生。（［唐］卢仝《走笔谢孟谏议寄新茶》）

疏香皓齿有余味，更觉鹤心通杳冥。（［唐］温庭筠《西陵道士茶歌》）

越瓯遥见裂鼻香，欲觉身轻骑白鹤。（［唐］李涉《春山三朅来》）

意爽飘欲仙，头轻快如沐。（［宋］苏轼《寄周安孺茶》）

龙焙东风鱼眼汤，个中即是白云多。（［宋］黄庭坚《戏答荆州王充道烹茶四首》）

著我白云堆里，安知不是神仙。（［宋］张炎《风入松·酌惠山泉》）

仅夸六碗便通灵，得似仙山石浮清。（［元］陈梦庚《武夷茶》）

一掬灵湫天上来，数茎仙掌削蓬莱。（［明］叶桂章《甘露寺》）

樵青与孤鹤，风味尔偏宜。（［清］高鹗《茶》）

共对幽窗吸白云，令人六腑皆清芬。（［清］汪士慎《幼孚斋中试泾县茶》）

历史上那些精于茶道者还喜以"茶仙"为号。如大历十大才子之一的耿湋就评价陆羽"一生为墨客，几世做茶仙"（《联句多瑕赠陆三山人》）；杜牧自谓"谁知病太守，犹得作茶仙"（《春日茶山病不饮酒，因呈宾客》）；苏东坡调侃自己或可因茶而位列仙班——"列仙之儒瘠不腴，只有病渴同相如"（《鲁直以诗馈双井茶次韵为谢》）。

这种仙气飘飘的茶文化还远播韩日。日本汉诗集《经国集》有一首题为《和出云巨太守茶歌》的诗，最后两句"饮之无事卧白云，应知仙气日氛氲"，以茶通仙灵。韩国高僧草衣禅师张意恂（1786—1866）曾将明代张源的《茶录》编成《茶神传》一书，在韩国广为流传。其《石泉煎茶》一诗，天光如水、明月清江、倚云试泉……一派中国传统高人雅士的清逸高远：

天光如水水如烟，此地来游已半年。

良夜几同明月卧，清江今对白鸥眠。

嫌猜元不留心内，毁誉何曾到耳边。

袖里尚余惊雷荚，倚云更试杜陵泉。

中国人眼中的神仙是天上的神灵，也是心中的快活与逍遥；中国人的风雅是生活，亦是逃出现世的佛国与道境。恰如宋人白玉蟾《卧云》一诗所云：

满室天香仙子家，一琴一剑一杯茶。

羽衣常带烟霞色，不惹人间桃李花。

一琴、一剑、一杯茶，皆为无为之事，无益乎功利。然而，不为无益之事，何以悦有涯之生？无此"仙子家"中物，何来逍遥赛神仙？

道法：泉甘器洁天色好

茶为雅道，滋味之外自有奉为正宗圭臬、因承相袭的技艺、仪轨等法脉。

作为药食的一种，茶的饮用相沿已久，然而在陆羽创制煎茶法之前，其饮食之法与当时以植物叶子和根茎煎煮的一种叫作"茶"的饮料，并无太大的不同：

自周以降及于国朝茶事，竟陵子陆季疵言之详矣。然季疵以前称茗饮者，必浑以烹之，与夫瀹蔬而啜者无异也。（［唐］封演《封氏闻见记》）

陆羽穷理尽性，基于"茶之为用，味至寒"的认知，以"和"为治茶之宗则，通过把握造、别、器、火、水、炙、末、煮、饮等九个方面的技艺，料理调和出一碗中和纯粹的茶汤。那些治茶相关的标准、规范、程式，将人引入一条通往茶汤美妙滋味和艺术审美的道路，进而天下大行：

羽，嗜茶，造妙理，著《茶经》三卷，言茶之原、之法、之具，时号"茶仙"，天下益知饮茶矣。（《唐才子传·陆羽》）

作为一种艺术品饮，茶饮和诗歌等艺术形式一起，在唐人热情丰沛、浪漫细腻、意兴勃发的精神世界里发酵。"经"是后人对陆羽茶著的尊奉，以为茶事活动的开山、正宗之意。宋明以后饮茶方式一变再变——点茶法化繁为简为一变，冲泡茶法又一变，其发展延迁在经与传的流变中顺流而下、顺理成章，其间，追求茶之真味、本味、正味、至味，契合茶理的规范、仪程、宜忌等法脉却一脉相承、清晰可辨，正所谓"万变不离其宗"。万物变动不居，然，一切的变化都在情理之中，茶饮亦如是。茶为雅道，情理之协若不得其"正"，或"过"，或"不及"，都称不上一个"雅"字。

茶事的风雅不仅是精益求精的精神态度，更体现于追求极致的治茶技艺。陆羽常"拜井孤城里，携笼万壑前"（《连句多暇赠陆三山人》），访泉问茗以求极致。宋代贡茶制造，"采择之精，制作之工，品第之胜，烹点之妙，莫不咸造其极"（《大观茶论》）。对极致的追求，既是专业的功夫、技艺，也是格物致知、鉴物显理的学问。因此，传统文人以制茶别茶、访泉问水、治器鉴器、候汤候火作为精神生活的一部分，为之赞叹歌咏、著书立说，留下丰富的茶诗与论著。

茶事的风雅不仅在品味的过程，更在别茶、辨水、治器、造境等事茶程式活动中，整体呈现中国人"道艺合一"的生命信仰、生活情态以及美感之道：

> 泉甘器洁天色好，坐中拣择客亦嘉。（［宋］欧阳修《尝新茶呈圣俞》）

> 禅窗丽午景，蜀井出冰雪，坐客皆可人，鼎器手自洁。（［宋］苏轼《到官病倦，未尝会客，毛正仲惠茶，乃以端午小集石塔，戏作一诗为谢》）

> 泉从石出情宜冽，茶自峰生味更圆。此意偏于廉士得，之情那许俗人专。（［明］陈继儒《试茶》）

这些诗歌所呈现的茶事风雅要素，被宋人胡仔在《苕溪渔隐丛话》中概括为"三点"与"三不点"，即泉不甘不点，器不洁不点，客不雅不点。

一碗茶汤沉淀着中国传统文化的理想生活范式，由舌尖的滋味蔓延至心灵的感受，是环境、心境、意境、道境共同烹点出的风雅滋味。茶事清雅，耗时无为，既是"冲澹闲洁，韵高致静"（《大观茶论》）的闲雅工夫，也是"僧家造法极功夫"（［唐］吕岩《大云寺茶诗》）的经验与技艺。正如明人许次纾所说：

　　　　煎茶烧香，总是清事，不妨躬自执劳。（《茶疏》）

茶汤清雅，品味当解其中三昧：

茶：要须茶品对

　　　　　　　　封寄晋陵船，东南第一泉。
　　　　　　　　出瓶云液碎，落鼎月波圆。
　　　　　　　　正味云谁别，繁声只自怜。
　　　　　　　　要须茶品对，合煮建溪先。
　　　　　　　　——［宋］强至《惠山泉》

　　诗人强至来到号称东南第一泉的惠山泉，就想到要与天下第一的建茶来"合煮"，一品自己心中的茶汤至味。知茶人居于茶、水、器、火、境之中，行料理调和之事——好茶，是一场风雅茶事的当然主题。欧阳修在《尝新茶呈圣俞》一诗中所描写的那场风雅的茶事，也是起因于早春三月收到千里之外的建安新茶——"建安三千里，京师三月尝新茶"。

　　《茶经·六之饮》说"饮有粗茶、散茶、末茶、饼茶者"。后世饮茶方式和制作工艺虽多有变革，但在茶叶的形制方面大致不差，只是各有侧重。唐宋以团饼茶为尊，尤以湖州、义兴一带所产阳羡茶、顾渚紫笋为贵，并专设贡茶院；宋代贡茶基地转移至福建建溪，另有日铸、双井等散茶（又称江茶、草茶）名品为文人所推崇。元代，以散茶冲泡的饮法渐在民间流行。明洪武二十四年（1391）九月，明太祖朱元璋下诏废团饼茶而改贡叶茶，自此，散茶取代饼茶成为茶品主流。随着茶叶杀青技术的改进，散茶制作逐渐发展出黑茶、青茶、绿茶、红茶、黄茶、白茶等六大茶系，名品迭出。从品鉴的角度来说，无论是蒸青捣成茶泥再压模制成的团饼茶，或直接将茶叶蒸汽压制的茶饼，还是品类繁复的各类叶茶，其鉴茶之道都是要透过工艺以及一切表象，查看叶芽本身的形、色、香、味：

　　　　　　　　　　　　　　　　　　　　　　　　　一碗茶的诗礼禅

要知冰雪心肠好，不是膏油首面新。（〔宋〕苏轼《次韵曹辅寄
壑源试焙新茶》）

摘山初制小龙团，色和香味全。（〔宋〕黄庭坚《阮郎归·茶词》）

黄庭坚从色、香、味三个角度来鉴别刚刚到手的初制小龙团，可谓周全。苏轼
言"从来佳茗似佳人"，鉴茶如鉴美人，要透过美人的脂粉装扮，察看其天生丽质的
本色底子。清代佚名的《谈美人》就更直白，以美人喻茶，可谓形象可感：

美人自少至老，穷年尽日，无非行乐之时。少时盈盈十五，娟
娟二八，为含金柳，为芳兰蕊，为雨前茶，体有真香，面有真色。

尽管因品种、气候、环境等不同，茶叶的品质高低各不相同，但在同一茶品中，
通常以细嫩胜老粗。笋，指茶芽紧结成朵，最为幼小细嫩；芽，指已发出叶片，较笋
略次，一枪一旗（叶片）、一枪二旗又次之。茶诗多以新芽、笋芽、粟粒、麦粒、黄金
芽、麦粒、鹰嘴、鹰爪芽、鸟嘴、雀舌、旗枪等，来形容：

紫笋青芽谁得识，日暮采之长太息。（〔唐〕皎然《顾渚行寄裴
方舟》）

鸟嘴撷浑牙，精灵胜镆铘。（〔唐〕薛能《蜀州郑使君寄鸟嘴茶》）

春醒酒病兼消渴，惜取新芽旋摘煎。（〔唐〕陆希声《阳羡杂咏
十九首·茗坡》）

灵芽呈雀舌，北苑雨前春。（〔宋〕杨亿《北苑焙》）

麦粒收来品绝伦，葵花制出样争新。（〔宋〕曾巩《尝新茶》）

武夷溪边粟粒芽，前丁后蔡相宠加。（〔宋〕苏轼《荔枝叹》）

自携鹰爪牙，来试鱼眼汤。（〔宋〕黄庭坚《同王稚川晏叔原饭
寂照房》）

一枪旗，紫笋灵芽，摘得和风和雨。（〔元〕冯子振《鹦鹉曲·顾
渚紫笋》）

雷过溪山碧云暖，幽丛半吐枪旗短。（〔明〕高启《采茶词》）

嫩汤自候鱼生眼，新茗还夸翠展旂。（〔明〕文徵明《煎茶诗赠

履约》）

玉陇嵌春苦,杯云堕碧芽。（[清]傅山《黄玉柳贡茶》）

除了外形,茶叶的颜色同样可以鉴别出其细嫩程度:

阳崖阴林,紫者上,绿者次。（[唐]陆羽《茶经·一之源》）

茶树生长在阳崖阴林,得轻阳之和,加之特殊的地理环境,新生的茶笋色泽带紫,如陆羽推崇的顾渚紫笋。一般来说,同类品种中,茶叶愈是细嫩,因白毫显露,其绿色愈浅;愈老,则白毫渐稀至少、无,其绿色也愈深。诗人多以紫芽、紫笋、玉蕊、玉芽、雪芽、琼芽、黄金芽等来形容幼嫩的茶色:

玉蕊一枪称绝品,僧家造法极功夫。（[唐]吕岩《大云寺茶诗》）

竹下忘言对紫茶,全胜羽客醉流霞。（[唐]钱起《与赵莒茶宴》）

紫芽连白蕊,初向岭头生。（[唐]张籍《和韦开州盛山十二首·茶岭》）

世事悠悠君莫问,雪芽初碾试尝看。（[宋]张九成《十二月初七日述怀》）

百草逢春未敢花,御花葆蕾拾琼芽。（[元]林锡翁《咏贡茶》）

此外,茶叶还以出产的节气、时令来判断老嫩,并以早为贵。明前茶是指清明前(公历4月4日前)采摘的茶叶,而雨前茶是指清明后谷雨前(公历4月4—20日)采摘的茶叶,虽然两者采摘的时间相差仅仅半月,但一般来说,前者优于后者,夏、秋采摘的茶叶更在其次。

比明前更早的是社前茶。古时在立春后的第五个戊日祭祀土神,为春社日。按干支排列计算,大约在"春分"时节(3月20日左右),也就是比清明早半个月。卢仝《走笔谢孟谏议寄新茶》一诗,写到当时阳羡贡茶每年要赶在清明宴运至长安,诗句"仁风暗结珠琲瓃,先春抽出黄金芽"中的"先春",就属"社前茶"。且在该诗传唱流行之后,"先春"一词就在中国诗词话语体系中成为"社前茶"的代名词。

南方春早,宋代贡茶南移,早茶基本都是社前茶,见蔡襄《北苑焙新茶诗》序:

北苑(茶)发早而味尤佳。社前十五日，即采其牙，日数千工，聚而造之，逼社(临近社日)即入贡。

欧阳修诗中的"京师三月尝新茶"，显然是社前茶。物以稀为贵——"鄙哉谷雨枪与旗，多不足贵如刘麻"(欧阳修《尝新茶呈圣俞》)，与明前、雨前茶相比，金贵稀有的社前茶无疑更受追捧：

才吐微茫绿，初沾少许春。([宋]丁谓《北苑焙新茶》)

破春龙焙走新茶，尽是西溪近社芽。([宋]蔡襄《和杜相公谢寄茶》)

采摘东溪最上春，壑源诸叶品尤新。([宋]曾巩《方推官寄新茶》)

犬牙舂米新秋后，麦粒蒸茶欲社天。([宋]苏辙《复次烟字韵答黄大临庭坚见寄二首》之一)

云叠乱花争一水，凤团双影负先春。([宋]王珪《和公仪饮茶》)

建溪石上摘先春，万里封包数数珍。([宋]沈遘《七言赠杨乐道建茶》)

春到人间才十日，东风先过玉川家。([元]萨都剌《立春十日参政许可用惠茶赋谢》)

然而，一茶一性，并非所有茶叶都越嫩越好。乾隆皇帝爱新觉罗·弘历是爱茶、嗜茶、知茶人。他六下江南，据说就有四次到杭州西湖龙井茶区。通过考察，他发现龙井茶采摘时间不宜过早，否则茶芽过嫩则茶气薄；也不宜过晚，否则茶叶过老则味不鲜：

火前嫩，火后老，惟有骑火品最好。(《观采茶作歌》)

火，在这里指代清明节，因清明节又叫作寒食节，禁火。骑火，即卡在清明期间所摘的龙井茶，其茶气适中，茶气厚而滋味鲜爽。另外，茶树的晚芽种也不以早为贵。如六安瓜片的采摘不取芽，只取侧夹叶，且"求壮不求嫩"，每年谷雨前后为最佳采摘期。武夷茶也有很多晚芽种，如水仙、肉桂以及四大名丛等，采摘期在5月上旬;武夷雀舌、"不知春"等采摘期更晚,一般在5月中旬及以后。

茶叶含有萜烯类、棕榈酸等物质,有较强的吸附能力,生长在自然生态环境中的茶叶也吸收到山场周边花草树木甚至岩石之气味、养分,因此,一款好茶往往自带花香、木质香、果香、松竹等天然香气,或纯,或杂,均天然纯粹,谓之"真香"。蔡襄在《茶录》中特别针砭当时贡茶添加龙脑以助茶香的做法,指出当时建安民间的制茶都不杂入香料,恐夺茶叶的真香:

> 茶有真香。而入贡者微以龙脑和膏,欲助其香。建安民间皆不入香,恐夺其真。若烹点之际,又杂珍果香草,其夺益甚。正当不用。

细嫩的茶芽香气滋味,是鉴茶的一个重要方面,也是诗人歌咏的对象:

> 千峰待逋客,香茗复丛生。([唐]皇甫曾《送陆鸿渐山人采茶回》)
> 数株香茗产松坡,野老新分半两多。([唐]吕从庆《德山老人送茶至》)
> 天柱香芽露香发,烂研瑟瑟穿荻篾。([唐]秦韬玉《紫笋茶歌》)
> 松花飘鼎泛,兰气入瓯清。([唐]李德裕《忆茗茶》)
> 一饷还成堆,蒸之馥之香胜梅。([唐]李郢《茶山贡焙歌》)
> 龙焙泉清气若兰,士人新样小龙团。([清]周亮工《念奴娇》)
> 安溪芳茗铁观音,益寿延年六根清。([现当代]王泽农《咏安溪铁观音》)

随着制茶工艺的发展,成品茶的滋味更加千差万别。明以后发展至今的六大茶系,即是以工艺导致的色、味差别对茶品进行的归类。一般来说,绿茶、黄茶、红茶、青茶等,重在品新、尝鲜,其中红茶和青茶包括黄茶如藏茶得当,经过适当的自然醇化,茶汤入口会更顺滑、甘醇;黑茶、白茶等则重在品鉴其自然发酵的"陈味"和汤感。清人周亮工在《闽茶曲十首》之六中,记录当时武夷一带流行藏茶并品味陈茶:

一碗茶的诗礼禅

雨前虽好但嫌新，火气难除莫近唇。

藏得深红三倍价，家家卖弄隔年陈。

审味如审美，有其公认的标准、规范，却又非标准、规范所能尽意。事实上，极品本身就是超越标准、常理的存在。

水：荐茗能全味

世治山藏锡，山灵地溢泉。

石馆寒不减，水液暑常蠲。

荐茗能全味，援琴欲绝弦。

谁言到池尽，馀响更潺湲。

——［宋］杨旻《题惠山泉》

水为茶之母。清代张大复对水之于茶的重要性，颇有见地：

茶性必发于水，八分之茶，遇十分之水，茶亦十分矣；八分之水，试十分之茶，茶只八分耳。（《梅花草堂笔谈》）

号称天下第二泉的无锡惠山泉大约就能成全"十分茶"——"荐茗能全味"，是诗人杨旻给予的盛赞。

惠山泉，位于无锡惠山第一坞白石坞之下，源出惠山若冰洞。自唐人张又新在《煎茶水记》中，记录陆羽与刘伯刍对天下宜茶之水作次第品评，并分别列出水单排名，又均以无锡惠山泉为第二，一千多年来，为争"天下第一泉"之名，康王谷帘水、扬子江南零水（又名中泠泉）、北京西郊的玉泉、济南的趵突泉等名泉纷纷你方唱罢我登场，只有惠山泉避开巅峰对决，坐稳"千年老二"的地位。

从来名士能评水，自古高僧爱斗茶。就寡淡无味的水品鉴出三六九等，可见中国文化在品味上的极致。自陆羽开创品茶一道以来，文人雅士之间惠茶赠水，传递生活的品位和情态，一如"江南无所有，聊赠一枝春"，只关风月，无关功利。"愧君千里分滋味,寄与春风酒渴人"([唐]李群玉《答友人寄新茗》),友情深厚,即使在千里之外,也能得朋友的馈赠,分我茶滋味,救我"风雅渴"。若是垂涎好茶,还可"不将钱买将诗乞"([唐]姚合《乞新茶》),更是一段风流佳话。好茶不能没有好水,但相较于递茶来说,递水到底不便,所费功夫和成本更巨。唐武宗时,宰相李德裕因外放期间品尝了惠山泉烹煮阳羡贡茶的绝美滋味,回京后念念不忘,遂命人将惠泉水装坛后,快马传送至京城。李德裕为官素有俭名,然作为世家子弟,大概以为水递之举不过一场风雅快事,然而,唐玄宗"一骑红尘妃子笑,无人知是荔枝来"([唐]杜牧《过华清宫绝句三首》其一)恍在昨日,这边丞相就"水递迢迢到日边,清甘夸说与茶便"([宋]程大昌《浣溪沙》)。其时,朝堂之上"牛李党争"正酣,李德裕此举无异授人以柄。几十年后,皮日休在惠山附近隐居烹茶,想起前尘往事仍不忘拿荔枝说事,其《题惠山泉二首》之一曰:

丞相长思煮茗时,郡侯催发只嫌迟。

吴关去国三千里,莫笑杨妃爱荔枝。

即便如此,在文人雅士眼中,荔枝毕竟只是饱口腹之欲,岂可与自带超凡脱俗光环的茗泉相提并论。为成全茶之至味,文人雅士访泉、问水,以舌尖味蕾作为穷极物理的一种能力和学识,如此一来,惠茶赠水当然不应过于计较锱铢。明《正德南康府志》卷十存张又新为答谢庐山僧人寄康王谷帘水而做的一首诗,其中就有:

……迢递康王谷,尘埃陆羽篇。何当结茅屋,长在水帘前。
(《谢庐山僧寄谷帘水》)

张又新大约与李德裕同时代人,晚年任江州刺史,虽与康王谷仅山北山南的距离,但欲取水煮茗终是不易。难得山南僧人迢递寄水,辗转相赠,赶紧取新茶,生活火,煮新泉,一时意绪纷纷,诗情爽健。怀想陆羽品第水品,以庐山康王谷帘水为第一,虽经年历久,但此时一番体味,心中感佩,认识到陆羽水论确如尘埃落定,品味之后恨不得结庐水帘前,每日享受以天下第一泉煮茗之乐。有趣的是,张又新在《煎茶水记》一文中,对陆羽评天下水品是不尽赞同的,反而更推崇刑部侍郎刘伯刍的品第。陆、刘二人对水品的排序相距甚远,尤其是刘以"扬子江南零水"为七大泉品之首,而陆仅将之排名第七。但就此诗看来,张又新对于天下第一泉的认识似有反复。

有名泉的地方,历来是诗人墨客品茗流连、书画题咏之所。所谓君子之交淡如水,以名泉赠惠,自有深意,亦是雅意:

岩垂匹练千丝落,雷起双龙万物春。此水此茶俱第一,共成三绝景中人。([宋]苏轼《元翰少卿宠惠谷帘水一器、龙团二枚,仍以新诗为贶,叹味不已,次韵奉和》)

锡谷寒泉撷石俱,并得新诗虿尾书。急呼烹鼎供茗事,晴江急雨看跳珠。([宋]黄庭坚《谢黄从善司业寄惠山泉》)

文园病渴酒难浇,望见南泉意已消。买得茶来无铫煮,只将清泠送箪瓢。([宋]强至《卢申之以惠山泉二斗为赠因忆南仲周友二首》之一)

几年不泛浙西船,每忆林间访惠泉。雅好谁如广文老,亲携直到病夫前。([宋]楼钥《谢黄汝济教授惠建茶并惠山泉》)

锡谷寒泉双玉瓶,故人捐惠意非轻。([宋]曾几《吴傅朋送惠山泉两瓶并所书石刻》)

有客遥分第二泉,分明身在惠山前。([明]文徵明《雪夜郑太吉送惠山泉》)

饷我新泉分瀑布,瀹将春茗助敲诗。([清]陈宝箴《谢易实甫赠庐山泉》)

名泉在诗词中常常是风雅茶事的象征,所以,以惠山之远,却不妨碍韩日饮茶人借来抒情。高丽时代的李奎报(1168—1241)是一位集儒释道思想于一身的大家,著有《东国李相国集》,其中一首《访严师》就写到以惠山泉煎蒙顶茶,诗人品茗清谈,探玄悟道,一派中国传统文人的风雅情致:

僧格所自高,唯是茗饮耳。
好将蒙顶芽,煎却惠山水。
一瓯辄一话,渐入玄玄旨。

此乐信清谈,何必昏昏醉。

名泉自然甘美,水递固然风雅,然就品味的极致而言,终有其不足:

夫茶烹于所产处,无不佳也,盖水土之宜。离其处,水功其半。
([唐]张又新《煎茶水记》)

唐李卫公,好饮惠山泉,置驿传送,不远数千里……吾闻茶不
问团铤,要之贵新;水不问江井,要贵活。千里致水,真伪固不可
知;就令识真,已非活水。([宋]唐庚《斗茶记》)

宋末元初的蒲寿宬在《登北山真武观试泉》一诗中,表达了同样的思想和态度:

置邮纵可走千里,不如一掬清且鲜。
人生适意在所便,物各有产尽随天。

问题是,要这"一掬清且鲜"的活泉并不易得。苏东坡闲居宜兴蜀山,发现用附
近金沙寺玉女洞的泉水冲点阳羡茶极佳,但取水地有8公里之远,僮仆常偷奸耍
滑,半路取些水来糊弄。为确保水质正宗,东坡"因破竹为契,使金沙寺僧藏其一,
以为往来之信,戏谓之'调水符'",并赋诗《调水符》以记其事:

欺谩久成俗,关市有契繻。
谁知南山下,取水亦置符。
古人辨淄渑,皎若鹤与凫。
吾今既谢此,但视符有无。
常恐汲水人,智出符之余。
多防竟无及,弃置为长吁。

如此机关算尽,终究还是败在人心狡猾多智,防不胜防,只能放弃。明代东南
文人雅集,以茶助兴,需取惠泉或往宝云取沙泉活水烹茶。为避免取水人"近取他
水以欺",遂效仿东坡以竹符调水,并留下诗文记载此事:

吴中诸公遣力往宝云取泉,恐其近取他水以欺,乃先以竹作筹

子付山僧,候力至随水运出,以为质。(李日华《六砚斋二笔》)

白绢旋开阳羡月,竹符新调惠山泉。(文徵明《是夜酌泉试宜兴吴大本所寄茶》)

竹符调水沙泉活,瓦鼎燃松翠鬣香。(文徵明《煎茶》)

宜茶之水若以风雅排名,排在陆羽水单最末的雪水当升入前三。雪水质轻而寒,可谓过犹不及。但在风雅的文人雅士看来,白雪的雅洁可爱与茗茶的清寒好洁十分契合。此外,雪水和露水、雨水又雅号"天泉""无根水",其出尘之意无疑契合了诗人飘然超逸的情怀。正如明人高濂在《扫雪烹茶玩画》中所说:

茶以雪烹,味更清冽,所为半天河水也。不受尘垢,幽人啜此,足以破寒。

文人扫雪、藏雪、收集花露或雨水煎茶,或以照心境,或以为雅兴,滋味倒在其次:

融雪煎香茗,调酥煮乳糜。([唐]白居易《晚起》)

闲来松间坐,看煮松上雪。([唐]陆龟蒙《煮茶》)

试将梁苑雪,煎动建溪云。([宋]李虚己《建茶呈使君学士》)

歌咽水云凝静院,梦惊松雪落空岩。([宋]苏轼《十二月二十五日大雪始晴,梦人以雪水烹小团茶,使美人歌以饮。余梦中为作回文诗,觉而记其一句云:乱点余花唾碧衫。意用飞燕唾花故事也。乃续之,为二绝句》)

建溪官茶天下绝,香味欲全须小雪。([宋]陆游《建安雪》)

夜扫寒英煮绿尘,松风入鼎更清新。([元]谢宗可《雪煎茶》)

瓢勺生幽兴,檐楹恍瀑泉。([明]杜侠心《雪水茶》)

寒窗里,烹茶扫雪,一碗读书灯。([清]郑板桥《满庭芳·赠郭芳仪》)

鹅毛小帚掠干泉,撮入银铛夹冻煎。([清]李渔《煮雪》)

《红楼梦》第四十一回"栊翠庵茶品梅花雪"中,妙玉悄悄招呼宝钗和黛玉到耳房中喝"体己茶"，那煮茶的水竟是五年前冬日里梅花上的雪，收入花瓮深埋于地下，于夏日取出烹茶，其中的风雅滋味令人未饮已有醉意。

器：鼎器手自洁

>．．．．．．．．．．
>
> 禅窗丽午景，蜀井出冰雪。
>
> 坐客皆可人，鼎器手自洁。
>
> 金钗候汤眼，鱼蟹亦应诀。
>
> 遂令色香味，一日备三绝。
>
> 报君不虚授，知我非轻啜。

——［宋］苏轼《到官病倦，未尝会客，毛正仲惠茶，乃以端午小集石塔，戏作一诗为谢》

北宋元祐七年（1092），56岁的苏轼由颍州徙知扬州。诗人以一首长诗记录了端午日与朋友在石塔寺的一场餐后茶宴。开篇自言"我生亦何须，一饱万想灭"，前八句四十个字都感慨自己的衰病穷困，进而引出友人毛正仲的惠茶——由紫芽制成玉玦一般的饼茶，盖了一枚"赤泥印"，带着清我孤闷、免我内热的使命，千里迢迢到了诗人的手上。为帮在座诸君消食解腻，助兴歌舞，诗人精心安排了一场茶事，境、水①、客、器、艺共同烹点出色、香、味三绝的一碗茶汤。诗人深谙洁净的茶器之于茶汤的重要，亲手清洗茶器。既表达了对友人惠茶的铭感，也表达了对烹茶本身郑而重之的庄敬态度。

首先，烹茶备器，须与茶性相符合，重在一个"洁"字。

因茶性洁、易染，故所用器具不能污染茶香、茶味。为了办好一场茶事活动，陆羽的做法：

第一，专器专用。在陆羽之前，茶叶的饮用与其他草本植物煎煮药汤的方法差

---

① 诗中用水为"蜀井"，指大明寺井水。见苏轼《书六合麻纸》："扬州有蜀冈，冈上有大明寺井，知味者，以谓与蜀水相似。西至六合（时六合属扬州），冈尽而水发，合为大溪。"

一碗茶的诗礼禅

不多,这种"浑饮"方式并不需要专门的饮茶器具,通常与日常饮用器具混用。陆羽创设"清饮",将茶从"浑饮"中解放出来,与之配套,创设了茶事"二十四器"。为茶设器,使茶汤煮饮从日常饮用器具中独立出来,专器专用以确保茶叶不染杂气、异味。

第二,专设"洁"器。二十四器中有一半起着收纳、整洁的作用,如承接炭灰的灰承,专门的装炭筥,筛好茶末之后装入的合,净化滤水的漉水囊,清理茶末的拂末,清理角落细微之处的札,装废水的涤方,装茶渣等废弃物的滓方,清洁用的茶巾,收纳茶碗用的畚,陈列或收纳二十四茶器用的具列、都篮等。通过这些茶器的使用,使饮茶各个环节以及空间随时保持洁净、整齐。

第三,重视材质物性。不仅要严格把控炭火的品质,凡与茶、水直接接触,则多用竹、木、石、瓷等不易污染、容易清洁的天然物料,慎用容易生锈污染茶气味的铜铁。同时,竹、木自带清香,与茶香相得益彰,更是备受钟爱。

第四,细分茶器,合理设置。如储生水的水方和盛熟水的熟盂的生熟区分,为搁置茶鍑特设的交床,以及火筴、夹、竹筴的精细分工等等,赋予茶事活动特定的仪程,使得煮饮的每一个环节都整洁有序,富有节奏韵律。

烹茶备器以洁净为要,是历代茶人尊奉的圭臬。宋人"器不洁不点"。明人茶著洋洋洒洒,论述茶之宜、忌,多与茶之洁性相契:

> 器具精洁,茶愈为之生色。(屠隆《茶说》)
> 汤铫瓯注,最宜燥洁。……器必晨涤,手令时盥,爪可净剔……未曾汲水,先备茶具。必洁必燥,开口以待。盖或仰放,或置瓷盂,勿竟覆之案上,漆气食气,皆能败茶。(许次纾《茶疏》)

实际上,关于如何荡涤茶器,以及日用、放置等诸多注意事项,中国人皆从事理、经验出发,并不固执教条。陆羽煎茶,创设二十四器——从生风炉始,每一器都有一器的用处,一件不多、一件不少,一直到将所有茶器清洁后纳入都篮,一场茶事才算完美收官。但亦有例外,倘若郊游野饮,则天地就是茶空间,当因地制宜、就地取材,自然而然更添一段天地人合一的野趣、真趣。"城邑之中,王公之门"是人间、社会,饮茶之道如做人做事,当遵从规则法度,否则"二十四器阙一,则茶废矣"(《茶经·四之器》)！缺一,废的不一定是茶的滋味,而是遵天道循茶理的雅正意味。

其次,烹茶备器,要与茶术相适配,重在一个"精"字。

饮法不同,与之相匹配的茶器也不同,对茶器的功能和审美性要求也必然各异。以茶碗为例,煎茶道因烹煮的原因,茶汤颜色偏红。为使得茶汤看上去青翠可爱,陆羽在《茶经·四之器》中首推青瓷,次推显现茶汤本色的白瓷,并以黄、褐色茶碗最不衬汤色为最次。如冰似玉的青、白瓷不仅是唐人最爱,其冰清玉洁、素白净润的形象还和茶一起,内伸到诗人的精神空间:

> 素瓷雪色缥沫香,何似诸仙琼蕊浆。([唐]皎然《饮茶歌诮崔石使君》)
>
> 白瓷瓯甚洁,红炉炭方炽。([唐]白居易《睡后茶兴忆杨同州》)
>
> 九秋风露越窑开,夺得千峰翠色来。([唐]陆龟蒙《秘色越器》)
>
> 清同野客敲越瓯,丁当急响涵清秋。([唐]僧鸾《赠李粲秀才(字辉用)》)
>
> 金槽和碾沉香末,冰碗轻涵翠缕烟。([唐]徐夤《尚书惠蜡面茶》)
>
> 功剜明月染春水,轻旋薄冰盛绿云。([唐]徐夤《贡余秘色茶盏》)
>
> 品绝未甘奴视酪,啜清须要玉为瓷。([宋]宋祁《贵溪周懿文寄遗建茶偶成长句代谢》)

宋代点茶法是将热水直接冲点调成膏状的茶末。因茶碗的功能发生变化,加之冲点茶以汤色浅白以及泡沫多且持久为佳,这直接影响到了对茶碗的审鉴。由于深色有助于衬托乳白色的汤华,被陆羽唾弃的深色茶碗声名鹊起,铁胎建盏超越青白瓷,成为宋人诗词歌咏的主角,诗人们不吝赞美茶盏窑变形成的油滴、鹧鸪斑、兔毫状等天然纹路,痴迷于人工与天趣、黑瓷与白汤交相辉映的官能感受和玄深理趣:

> 兔毫紫瓯新,蟹眼清泉煮。(蔡襄《北苑十咏·试茶》)

一碗茶的诗礼禅

忽惊午盏兔毫斑，打作春瓮鹅儿酒。（苏轼《送南屏谦师》）

建安瓷碗鹧鸪斑，谷帘水与月共色。（黄庭坚《和答梅子明王扬休点密云龙》）

蟹眼煎成声未老，兔毛倾看色尤宜。（苏辙《次韵李公择以惠泉答章子厚新茶二首》之一）

醉捧纤纤双玉笋，鹧鸪斑。（周紫芝《摊破浣溪沙·茶词》）

绿地毫瓯雪花乳，不妨也道入闽来。（陆游《试茶》）

兔毫连盏烹云液，能解红颜入醉乡。（赵佶《宣和宫词》）

鹰爪新茶蟹眼汤，松风鸣雪兔毫霜。（杨万里《以六一泉煮双井茶》）

放下兔毫瓯子，滋味舌头回。（白玉蟾《水调歌头·咏茶》）

明代冲泡茶兴起后，茶壶、盖碗成冲泡茶必备利器。其中，紫砂材质无土气，符合茶好洁之性，尤为受捧：

近百年中，壶黜银锡及闽豫瓷，而尚宜兴陶。……往时供春茶壶，近日时大彬所制，大为时人宝惜，盖皆以粗砂制之，正取砂无土气耳。（周高起《阳羡茗壶系》）

茶壶以砂者为上，盖既不夺香，又无熟汤气。（文震亨《长物志》）

茗注莫妙于砂，壶之精者，又莫过于阳羡。（李渔《闲情偶记》）

清代以后，从闽粤一带逐渐流行开来的工夫茶带来品饮风格的变化，茶器以小、浅为贵，一种特别精小的孟臣壶配三四个若琛杯，渐为冲泡茶道标配。清人王步蟾曾作《工夫茶》一诗：

工夫茶转费工夫，啜茗真疑嗜好殊。

犹自沾沾夸器具，若琛杯配孟公壶。

台湾已故著名史学家连横的《剑花室诗集》也有诗赞：

若琛小盏孟臣壶，更有哥盘仔细铺。

破得工夫来瀹茗，一杯风味胜醍醐。

在中国"道器合一"的文化思想中，茶器一经创设，其"洁净精微"的道义就不仅仅是生理、心理上的感知觉受，更成为一种道德修持和审美表达。如果说冰碗、石铫、竹炉等茶器承载雅洁的高意，那么"鼎器手自洁"，则是化身为茶人的文人雅士对自我精神修炼的自证体悟，通过茶帚、涤方、滓方、茶巾、茶漏、杯托、茶承等承载收纳、清洁的程式和仪轨，茶之"洁性不可污"的精神意味在整个茶事活动中，得以一一呈现。

道友：坐中拣择客亦嘉

一碗茶的色味香，被陆羽从日常的俗饮中拯救出来，并在舌尖上发展出一种富有东方哲学智慧的美学规范和情感信仰。对中国人来说，茶饮，非为解渴；品饮，亦非仅仅喝个滋味，而是体会"味外之味"——于"味"之上的丰富意味。从这个意义上来说，茶境是心境、意境、道境，也是人境，因为在"和什么人喝茶"这个问题上，关乎由舌至心的感知觉受：

惟素心同调，彼此畅适，清言雄辩，脱略形骸，始可呼童篝火，酌水点汤。（［明］许次纾《茶疏》）

茶为雅道，非为贵贱，但讲品格。中国人别茶、辨水、候火、司汤等一系列茶事活动，不仅是鉴物显理，更关乎思想和情怀，非汲汲营营之辈所能理解。故茶中道友，作为同道中人，自有其尚雅高义。

忌俗：定应知我俗人无

君家日铸山前住，冬后茶芽麦粒粗。
磨转春雷飞白雪，瓯倾锡水散凝酥。
溪山去眼尘生面，簿领埋头汗匝肤。

　　　　　　　　　　　　　　一碗茶的诗礼禅

一啜更能分幕府,定应知我俗人无。

——[宋]苏辙《宋城宰韩秉文惠日铸茶》

在宋代,散茶已开始在江南富庶地区流行,并出现了日铸、双井等名品:

> 草茶盛于两浙①,两浙之品,日注为第一。([宋]欧阳修《归田录》)

"日注"即苏辙诗中的日铸茶,产于浙江绍兴县东南五十里的会稽山日铸岭。苏辙收到友人惠赠的日铸茶,即碾磨成粉,瓶煮无锡惠泉,冲点时,恍若看到茶人采制的满面尘土与汗水。幕府,泛指府署,相当于现今的各级办公厅(室)。诗人官居高位,茶汤清心,使诗人更加清醒自己从政的职责和使命,并告知惠茶的友人,与自己一起品茶的都是茶中知己,没有一个是追逐功名利禄的俗人,如此方不辜负友人,也不辜负清茶。

自陆羽将文人的思想、情怀和审美寄寓于一碗茶汤之中,茶由此成为载道之物进而风化流行,向社会各个阶层渗透,渐与柴米油盐酱醋比肩,成为俗世不可或缺的生活日用。庄子说,道在蝼蚁、在稊稗、在瓦甓、在屎溺,又何尝不在一碗茶汤之中?与传统文人"佩玉而心如枯木,立朝而意在东山"②的情怀相契合,饮茶作为一种精神活动,非追名逐利的俗人可以品悟:

> 至若茶之为物,擅瓯闽之秀气,钟山川之灵禀,祛襟涤滞,致清导和,则非庸人孺子可得而知矣;冲澹闲洁,韵高致静,则非遑遽之时可得而好尚矣。([宋]赵佶《大观茶论》)

茶的精神意味在"品"的过程中得以呈现,是心境、意境,也是人境,因此对茶境的追求意味着对茶侣的选择。所谓"方以类聚,物以群分"(《易传·系辞上》)。茶

---

① 两浙,即两浙路,是北宋时期的地方行政区,基本继承了唐末的浙江西道和浙江东道,治所越州,大致包括今天的浙江省全境、江苏省南部的苏锡常镇四市和上海市,是北宋经济和人口比较发达的一路。

② 宋代罗大经《鹤林玉露》记录黄庭坚语。

汤孤高、清绝的滋味，是茶品对人的精神启迪，也是茶宴对茶侣的选择——"无友不如己者"（《论语·学而》）。喝茶喝的是品位，自然不可与格调不高的俗人为伍。

陆羽结庐山林、访泉问茗，穷理尽性、妙契茶理，以一套完整的茶艺、茶器呈现茶汤的至味，以超凡脱俗的人品诠释清高孤绝的茶品——"茶至寒，为饮最宜精行俭德之人"（《茶经·一之源》）。诗僧皎然绝尘拔俗，与陆羽因茶结缘，将二人缁素忘年之交比作陶渊明与谢灵运之高情——"只将陶与谢，终日可忘情"（《赠韦早陆羽》）；为了茶事，常常"忘情人访有情人"（《春夜集陆处士居玩月》），叹息"俗人多泛酒，谁解助茶香"（《九日与陆处士饮茶》）；至于世人，则"不欲多相识，逢人懒道名"（《赠韦早陆羽》）。卢仝得到朋友惠赠阳羡饼茶，即"柴门反关无俗客，纱帽笼头自煎吃"（《走笔谢孟谏议寄新茶》），宁愿一人孤饮，也不与俗人一道。

饮茶法在流变中不断化繁为简，然而不论唐宋的煎茶、点茶，还是明清以来的冲泡茶，内在追求真茶、真味、真香、真趣的精神旨趣，却始终如一、万变不离。苏辙身居庙堂之高，却以茶情寄山林之远，以出世的心投身入世之事业，以业修道，以茶清心。"定应知我俗人无"是苏辙对茶侣的选择，也是对茶理的尊重、对千里分滋味的知已友人的尊重。明人陈继儒以石泉冲泡山峰采摘的新芽，言"此意偏于廉士得，之情那许俗人专"（《试茶》）；明人罗廪"山堂夜坐，手烹香茗，至水火相战，俨听松涛，倾泻入瓯，云光缥缈"，对于此情此景，感喟"一段幽趣，故难与俗人言"（《茶解》）。

茶和天地自然万物一样，都是"道"的外显，在中国传统文化中，既是格物致知的学问，也是人格审美的观照。以天地万物之美比喻人格美由来已久，到汉末已盛行，至两晋已达极致。宗白华在《论〈世说新语〉和晋人的美》一文中说：

> 《世说新语》上第六篇《雅量》、第七篇《识鉴》、第八篇《赏誉》、第九篇《品藻》、第十篇《容止》，都系鉴赏和形容"人格个性之美"的。

其间，高山大海、明月清风、松竹芝兰等，无所不有，但简单概括起来，仅做雅、俗二分。明人袁宏道在《答林下先生》中说：

> 大抵世间只有两种人，若能屏绝尘虑，妻山侣石，此为最上；如

其不然,放情极意,抑其次也。若只求田问舍,挨排度日,此最世间不紧要人,不可为训。

将世人分为超凡脱俗、任情恣意者,以及求田问舍、谋图功利的俗人两大类。朱光潜谈到人生的艺术化问题时,也说到"人可以分为两种":

一种是情趣丰富的,对于许多事物都觉得有趣味,而且到处寻求享受这种趣味。一种是情趣干枯的,对于许多事物都觉得没有趣味,也不去寻求趣味,只终日拼命和蝇蛆在一块争温饱。后者是俗人,前者就是艺术家。(《慢慢走,欣赏啊!》)

趣,是中国人从乐生、爱美、尚真的生命信仰中,滋生出的以生机、生趣、生意为取向的生命美学,以活泼、恣意和自在为生命情态的一种人生哲学和生活态度。袁宏道所言的"放情极意"与朱光潜所说的"寻求趣味"都是生命意识的觉醒与自我审视,和"屏绝尘虑,妻山侣石"一样,在本质上都是追求生命本身的意义。而诸如此类的问题,对绝大多数只求"苟活"者来说,是没有意义的,因为俗人无关精神:

人犯一苟字,便不能振;人犯一俗字,便不可医。([清]王永彬《围炉夜话》)

如果说,苟且使人不思进取,那么,"俗"则是沉溺于欲海,都是精神上的自甘堕落。

艺术,在中国传统文化中历来与心性修养密切关联。儒家就以礼、乐、射、御、书、数六艺来培养理想的政治人格,故尚雅忌俗。雅为正、为美;而俗,即人欲之浊,为功名利禄、从众之属。艺术如何脱俗,从来是传统美学的大问题。清人沈宗骞就绘画如何求雅脱俗,直指心源:

欲求雅者,先于平日平其争竞躁戾之气,息其机巧便利之风。揣摩古人之能恬淡冲和、潇洒流利者,实由摆脱一切纷争驰逐、希荣慕势,弃时世之共好,穷理趣之独腴。(《冰壶阁·芥舟学画编》)

郑板桥的生活理想是以翰墨、香茗和良朋为侣,如此,则不胜惬意。他在《靳秋

田索画》的题跋中,描述了这种"适适然"之"难得":

> 忽得十日五日之暇,闭柴扉,扫竹径,对芳兰,啜苦茗,时有微风细雨,润泽于疏篱仄径之间,俗客不来,良朋辄至,亦适适然自惊此日之难得也。

茶事,本为寻常俗事,而俗事雅化,不过是澄心、息虑、去欲,回归生命的本原意义——停下蝇营狗苟的心思、歇息匆匆忙忙的脚程,在一盏茶的工夫里,屏蔽一切世俗的欲望与纷争。作为一场借由茶而展开的抒情与哲理的对话,不仅要在一碗茶汤里考究茶艺上的功夫,更要在徐徐品啜、细细体味中,获得关于美、趣味、情感等丰富的体会。正如真正的艺术拨动心弦,而非谄媚感官的表现形式,一碗茶汤的风雅也不在安排的程式、仪规之中,而在于生命精神与极致茶味的融合无间、同气相求,那是艺术的精神,也是中国文化的生命哲学与信仰。

知味:试茶尝味少知音

> 甃[zhòu]石封苔百尺深,试茶尝味少知音。
> 唯余半夜泉中月,留得先生一片心。
> ——[宋]王禹偁《陆羽泉茶》

种菊、品茗,都是传统文人在俗世生活里的山水田园、武陵胜境,是脱开尘网回归自然的活泼天真,是于浮生中偷来的慢生活、闲工夫。较之种菊,尝茶尤在"味"上下功夫——既有味中之道、味外之味,更有识茶、知茶、别茶的专业素养:挽袖拾薪、洁器、烹茶、品饮、焚香、握卷、展轴、论道……无关世俗之功利、田舍,"工夫茶道"的精神旨趣尽在"功夫"之中。白居易收到朋友惠赠的十片明前新茶,归因"我是别茶人";而诗人自己在烹泉煮茶时,也一样不忘远方的茶中知己:

> 坐酌泠泠水,看煎瑟瑟尘。无由持一碗,寄与爱茶人。(《山泉煎茶有怀》)

"可为知者道,难为俗人言"([汉]司马迁《报任安书》)是太史公的清高自诩。俗人闻弦歌而不知雅意,所以说"知音说与知音听,不是知音莫与弹",可谓千古同调;于茶之一道,不知味,则不可与之道、与之言。

陆羽以"耻一物不尽其妙"(《唐国史补》)的精神特质奠定了中国品茗文化的精神内核。爱茶人必是知茶人,如陆羽一般躬亲事茶,积累了十分丰富的茶知识与技艺,不仅强舌知物理,更能妙契茶理、居中调和,以水、火、茶、器、人展开一曲有序、优美的协奏,令人在一碗至味的茶汤中获得由舌至心的极致体味,这便是中国品茗文化的风雅滋味。反之,倘若没有吃茶辨味的功夫做底子,在茶席之上就只能沦为风雅的"附庸"。宋代文坛泰斗欧阳修擅长辨水识茶,著有《大明水记》《浮槎山水记》等品泉专论,与同样雅好品茗的梅尧臣常一起共品新茶,诗文唱和。在《次韵和永叔尝新茶杂言》中,梅力赞欧阳修辨茶知味能力:"欧阳翰林最别识,品第高下无欹斜。"宋代诗人曹勋在《山居杂诗九十首》中有"路纤疲脚力,僧老识茶味",赞老僧别茶辨味的功夫。清代名士王士祯在《愚山侍讲送敬亭茶》一诗中,有"封题寄千里,知我殊酸咸"句,和白居易一样,把朋友的惠茶归之于别茶辨味的"功夫"自信。

明清以来,以天然真趣为追求的冲泡茶使饮茶的味觉体验得到空前提升,文人墨客纷纷为之俯首作著。在他们看来,没有谁比自己更知茶——种茶人、卖茶人甚至制茶人都不一定是吃茶人;而能为茶论著的不是种茶人、卖茶人甚至制茶人,只能是善于别茶辨味的吃茶人:

> 啜茶大忌白丁,故山谷曰"著茶须是吃茶人"。([明]朱权《茶谱》)

明代茶著迭出,无一不重辨味:

> 煮茶得宜,而饮非其人,犹汲乳泉灌蒿莸,罪莫大焉。饮之者一吸而尽,不暇辨味,俗莫甚焉。(田艺蘅《煮泉小品》)

> 然非真正契道之士,茶之韵味,亦未易评量。尝笑时流持论,贵嘶声之曲,无色之茶……茶若无色,芳冽必减,且芳与鼻触,冽以舌受,色之有无,目之所审。根境不相摄,而取衷于彼,何其悖耶,

何其谬耶！（李日华《六研斋笔记》）

以曲论茶，以嘶哑之声比无色之茶，以此为贵毫无道理。茶之色、香、味直接触动人的眼、鼻、舌等感官，感官为意根，若无感知觉受，却硬说怡情悦心之类的审美愉悦，实在不知所谓。显然，这里的"真正契道之士"，指的是有着别茶辨味之真功夫者，而非人云亦云附庸风雅之人。品茗而不知其味，只能论个价钱高低，其俗在骨，其味寡然。

正如好琴要有知音赏，好茶也要遇知味人，否则就如对牛弹琴、夏虫语冰。

茶事谓为雅道，除了具备别茶辨味的功夫，更在于自有其活动程式、仪轨。扎根于中国传统文化的土壤，所谓茶道，和传统诗、书、画、乐等一般，不过是艺以载道，既讲究形式表达，却又不拘泥于程式规制，是追求形神合一、道艺合一的思想表达与精神创作。因此，传统叙事体系中的一场茶事是以"洁性不可污，为饮涤尘烦"（［唐］韦应物《喜园中茶生》）、"乃知高洁情，摆落区中缘"（［唐］孟郊《题陆鸿渐上饶新开山舍》）为精神旨归的生命信仰与修持，重在亲身体验，自证自悟。

所谓"山僧活计茶三亩，渔夫生涯竹一竿"，不以感官欲望为目的，中国人总是能在俗世日常中活出生命独有的风情雅致。丰子恺在《缘缘堂随笔·忆儿时》写道：

父亲说："吃蟹是风雅的事，吃法也要内行才懂得。"

吃蟹之所以是风雅的事，只因吃蟹是不以果腹、口舌之欲为目的的考究——是歇心息虑的闲情，也是长期润养出来的娴熟而优雅的技艺：带着一种愉悦和趣味亲自拆剥一只蟹，以专业的工具、精到的力度、娴熟的技巧，把蟹肉一点点从复杂的壳子里分离出来，蟹肉入腹而蟹壳竟可全部完整复原，绝无狼藉，观之赏心悦目，于繁复中见悠闲，于悠闲中见雅致。

向道：慕诗客，爱僧家

茶

香叶，嫩芽。

　　　　　　　　　　　　　　　　　一碗茶的诗礼禅

　　　　　慕诗客,爱僧家。

　　　　碾雕白玉,罗织红纱。

　　　铫煎黄蕊色,碗转麴尘花。

　　夜后邀陪明月,晨前命对朝霞。

　洗尽古今人不倦,将知醉后岂堪夸。

　　　　　　　——[唐]元稹《茶》

　　陆羽的"茶,至寒;为饮,最宜精行俭德之人"(《茶经·一之饮》),在刘禹锡的《西山兰若试茶歌》一诗中,被解为"眠云跂石人";在元稹的宝塔诗《茶》中,被解作"慕诗客,爱僧家"。说的都是茶品与人品相宜,自然也涵盖了对茶侣的选择,尤指精神修养方面,其中最重要的就是要有一颗向道、修道、行道之心。

　　道,是中国文化的渊源;"志于道",是几千年来儒家对读书人的教诲。朱权把超凡脱俗归结为骚人墨客、高人隐士的共通之处,并以为这样的客人才配得到主人的礼遇,清谈把盏,参玄论道:

　　凡鸾俦鹤侣,骚人墨客,皆能志绝尘境,栖神物外,不伍于世流,不污于时俗。(《茶谱》)

类似的表达在明人茶著中简直成了不断重弹的老调:

　　自古名山留以待羁人迁客,而茶以资高士,盖造物有深意。(沈周《书岕茶别论》)

　　饮茶宜翰卿墨客,缁衣羽士,逸老散人,或轩冕中之超轶世味者。(陆树声《茶寮记》)

　　饮茶须择清癯韵士为侣,始与茶理相契,若腯汉肥伧满身垢气,大损香味,不可与作缘。(徐惟起《茗谭》)

　　诗,在中国传统文化中向来是寄情、载道的。诗人超拔尘俗的诗意情怀总是与僧道的向道之心契合,并融汇于一碗茶汤的色味香中。事实上,中国品茗文化自开创之初,就是僧道文人的雅集盛宴。唐大历年间严维(?—约784)、吕渭(734—

800)等人在越州云门寺举行的两次茶宴,是最早有文字资料记载明确题名为"茶宴"的文人雅集,并有《松花坛茶宴联句》《云门寺小溪茶宴怀院中诸公》联句诗传世,其中"焚香忘世虑,啜茗长幽情""暂与真僧对,遥知静者便"都表达了出尘忘忧、离世得乐、修禅悟道的旨趣。差不多同一时期,陆羽在湖州著述立言,彼时风云际会,围绕湖州刺史颜真卿发起的《韵海镜源》编撰,聚集了皎然、钱起、皇甫曾、皇甫冉、陆士修、张荐、崔万、法海、李萼、灵晔、张志和等几十位由朝官、高僧、隐士组成的文化名流。他们茶宴雅集,吟诗联句,有《七言重联句》《五言月夜啜茶联句》联句诗流传于世。以"茶"为名的文人僧道雅集无疑渗透着他们的情感、态度、价值和信仰。"名僧高士,谈宴终日"(《新唐书·陆羽传》)形成的"群星效应",在推动中国茶文化发展的同时,也注入独特的精神内核。后世,无论是丛林禅僧聚集的传灯说法,还是民间世俗的人伦交往,茶宴都传递着文人僧道的诗情与禅意。

中国的一碗茶汤既有"尝茗议空经不夜"([唐]喻凫《蒋处士宅喜闲公至》)的谈玄论道、怡情悦志,也有"僧言灵味宜幽寂"([唐]刘禹锡《西山兰若试茶歌》)的参禅悟道、无为静寂;是融汇诗、茶、禅的共通境味:

诗言与禅味,语默此皆清。([唐]喻凫《冬日题无可上人院》)

敏感而多情的诗人渴望天下人听到他的感叹赞美,可是越是在毫厘之别的微妙之处,人与人之间的距离又何止于天壤?孤寂的诗人选择与无言的僧人共饮,诗言、禅味都在默然品啜的茶味之中,化作不可言说的丰富意味:

有情惟墨客,无语是禅家。背日聊依桂,尝泉欲试茶。([唐]陆龟蒙《寂上人院联句》)

草堂尽日留僧坐,自向前溪摘茗芽。([唐]陆龟蒙《谢山泉》)

半夜招僧至,孤吟对月烹。([唐]曹邺《故人寄茶》)

得来抛道药,携去就僧家。([唐]薛能《蜀州郑使君寄鸟嘴茶,因以赠答八韵》)

蜀茶倩个云僧碾,自拾枯松三四枝。([唐]成彦雄《煎茶》)

妙供来香积,珍烹具大官。([宋]苏轼《僧怡然以垂云新茶见饷,报以大龙团戏作一律》)

江南风致说僧家,石上清香竹里茶;法藏名僧知更好,香烟茶晕满袈裟。([明]陆容《送茶僧》)

我欲寻僧采茶去,更入此峰西更西。([清]彭孙贻《茗斋集》)

入僧寮啜茗,品和尚家风,是经久不衰的饮茶风尚:

山房寂寂箄门开,此日相期社友来……茶烟袅袅笼禅榻,竹影萧萧扫径苔。([唐]年融《游报恩寺》)

今日鬓丝禅榻畔,茶烟轻飏落花风。([唐]杜牧《题禅苑》)

白鸽飞时日欲斜,禅房寂历饮香茶。([唐]王昌龄《题净眼师房》)

雅燕飞觞,清谈挥尘,使君高会群贤。([宋]米芾《满庭芳·与周熟仁试赐茶甘露寺》)

倩人汲水时煎茗,就佛分灯夜照眠。([宋]宋庆子《寓武昌报恩寺》)

茶好临泉试,松宜带雪看。([明]袁宏道《雪中投宿栖隐寺,寺去大冶五十里,在乱山中》)

僧馆高闲事事幽,竹编茶灶瀹清流。([明]王绂《题真上人竹茶炉》)

禅茶渐熟三泉活,社雨初晴一燕飞。([清]张问陶《灵泉寺僧楼》)

饮茶有嘉客,其中惬意自不必言说。反之,则"柴门反关",茶就是知己。总之,有客共饮、无客独饮,各有其趣:

屠纬真曰:"茶熟香清,有客到门可喜;鸟啼花语,无人亦自悠然。"([明]曹臣《舌花录》)

明人饮茶显然更重茶本身带来的味觉体验和空间意境,而不是以茶为媒质的茶宴雅集:

> 饮茶以客少为贵。众则喧,喧则雅趣乏矣。独啜曰幽,二客曰胜,三四曰趣,五六曰泛,七八曰施。(张源《茶录》)

一人独饮,是人与茶的沟通、人与自然的沟通、人与自己的沟通,此为茶之幽趣;人递增则幽寂境味递减,五六人简直泛滥,七八人就是布施茶汤,毫无意境可言。明人著述多有记述与禅客参玄悟道的茶境:

> 其禅客过从予者,每与余相对,结跏趺坐,啜茗汁,举无生话。(陆树声《茶寮记》)

> 茶灶疏烟,松涛盈耳,独烹独啜,故自有一种乐趣。又不若与高人论道,词客聊诗,黄冠谈玄,缁衣讲禅,知己论心,散人说鬼之为愈也。对此佳宾,躬为茗事,七碗下咽而两腋清风顿起矣。较之独啜,更觉神怡。(屠隆《茶说·八之侣》)

画家陈洪绶在《品茶图》中画下了自己心中和徐渭对饮的胜境:一石桌、一古琴,瓷瓶荷花,火炉烹茶,一人位于蕉叶之旁,一人坐于石上,手捧茶杯,木讷若愚,肃穆安祥,落款:"老莲洪绶画于青藤书屋"。

若能偷得浮生半日闲,邀来二三素心同调、志趣相投的茶侣,在煎水烹茶的细致功夫中,瀹壶涤心,养性怡情,是一件古今同调的赏心乐事。清人郑板桥在一首《题画》诗中,描写了这样一种诗意生活:

> 不风不雨最清和,翠竹亭亭好节柯。
> 最爱晚凉佳客至,一壶新茗泡松萝。

若是雅兴突发而未及安排发帖邀友,那就以茶为知音——"未裁帖子试芳草,且覆茶杯觅淡欢"(文徵明《立春相城舟中》),在茗碗中默然体会"人间有味是清欢"(苏轼《浣溪沙》),这样一种冲淡闲适的人生况味。

吾诗便把当茶经

卢仝陆羽事煎烹,谩自夸张立户庭。

别向人间传一法，吾诗便把当茶经。

——[元]汪炎昶《咀丛间新茶二绝》之二

诗歌是社会生活的反映，也是古代记载、传播文化的主要形式。茶，脱离"俗饮"步入雅道就是一个全面诗化的过程。

根据浙江余姚田螺山考古发现的人工种植茶树根遗存，证明中国人远在6000年前就开始了茶树种植。在"茶"这个字被创造出来之前，"荼"是包括"茶"在内的所有带苦味的植物饮料。中国第一部诗歌合集《诗经》有7首诗写到了"荼"：

谁谓荼苦，其甘如荠。（《邶风·谷风》）

周原膴膴，堇荼如饴。（《大雅·绵》）

采荼薪樗，食我农夫。（《豳风·七月》）

予手拮据，予所捋荼。（《豳风·鸱鸮》）

出其闉阇，有女如荼。（《郑风·出其东门》）

民之贪乱，宁为荼毒。（《大雅·桑柔》）

其镈斯赵，以薅荼蓼。荼蓼朽止，黍稷茂止。（《周颂·良耜》）

除了"有女如荼"，剩下的都是指带苦味的饮料，在《诗经》里只是作为客观描写的物质对象而存在。《茶经·七之事》辑录了早期诗人创作的茶诗赋：

姜桂茶荈出巴蜀。（[晋]孙楚《出歌》）

芳茶冠六清，溢味播九区。（[晋]张载《登成都白菟楼》）

吾家有娇女，皎皎颇白晰。……心为茶荈剧，吹嘘对鼎䥶。

（[晋]左思《娇女诗》）

或说茶产地，或说茶饮流行程度，或反映茶已经进入日常家庭生活。南朝王微的《杂诗》描写了一个采桑女因战争丧失夫婿而悲伤独自品饮苦茗的画面，涉及精神层面：

……寂寂掩高门，寥寥空广厦。待君竟不归，收颜今就槚。

寂寂、寥寥,高门、广厦……都是情绪的铺陈和渲染,仅最后一句涉及茶,已经有了精神抚慰的意味,大意是"久等你不来,如今的我只能喝茶以解愁闷了"。其中,"槚"为茶的假借字。这些为数不多的涉茶诗、赋,还算不上真正意义上的咏茶诗,直到杜毓《荈赋》的问世,茶才第一次作为审美对象而不是物质对象出现在诗赋中。

"自从陆羽生人间,人间相约事春茶。"([宋]梅尧臣《次韵和永叔尝新茶杂言》)陆羽创设饮茶程式和二十四器,使茶事活动成为一种"有意味的形式"。茶饮的艺术化迅速获得知识阶层的普遍接受与推崇,并以歌咏的方式表达他们的热衷与赞叹。茶为诗人助雅兴,诗人给茶传神写照。据不完全统计,唐代流传下来的咏茶诗约 500 多首,宋代约 1000 多首,从元至近代约 2000 多首,涉及茶的品种、采制、种植、制茶、风俗、烹煮、品泉、茶器、斗茶、茶宴等诸多方面,反映了茶事活动全面诗化的过程,也为中国茶文化提供了丰富的文献价值。

诗是一切艺术的灵魂。茶入诗,诗咏茶,在赋予茶事一整套美词系统的同时,还与绘画、书法、音乐、插花、品鉴等艺术活动交融共鸣,进一步推动茶事活动的诗意化、审美化、艺术化。围绕品茗展开的茶事活动,成为中国人生活艺术化和艺术生活化的典型方式。

一个曾经的诗歌王国,恰好又是茶的故乡,那么,诗人与茶的邂逅,就如茶与水的结缘,是极其自然而又美好的一件事情。当南方嘉木以盈盈之姿出现在神游万仞的诗人视野,恰如休眠的茶遇到唤醒它的沸腾泉水,而历史的宏大精神也在一碗茶汤的叙事中演进——在追求极致茶味的道路上,是唐人的热情与浪漫,宋人的洒落与飘逸,明人的任性与旷达……

杜毓清文传最先

《荈赋》的创作早于陆羽《茶经》400 多年。典雅富丽的诗赋歌咏的茶事,折射出晋人的艺术心灵和一个时代的唯美气质,呈现茶事活动精神化、艺术化的雏形,在中国茶文化中具有里程碑式的价值和意义。

作者杜毓是西晋末年人,生卒年不详,晋"永嘉之乱"中,在洛阳沦陷时援兵被俘,于晋怀帝永嘉五年(311)被处死,卒时不到30岁。杜毓少有才名,人称神童。成人后,风姿俊美,文韬武略,时人尊称杜圣。清人严可均辑纂的《全晋书》载:

> 毓字方叔,襄城人。初与石崇等为贾谧二十四友,永兴中拜汝南太守,永嘉中进右将军,后为国子祭酒。有《易义》若干卷,集二卷。

"二十四友"是西晋以潘岳为首的文学群体,其成员包括陆机、左思、刘琨、石崇、陆云等名流,杜毓作为其中一员,另参见其所任官职,足见其学问修养。由于常年征战,加之英年早逝,杜毓留下的著述并不多,虽有《易义》和两卷文集收入《隋书》和《旧唐书·经籍志》的记载,可惜未传于今世,包括这首迄今发现的最早专门歌吟茶事的诗赋作品——《荈赋》,也只剩几行残篇。

杜毓与茶结缘,大概与他年少时随父迁居湖北有关。荆巴地区作为茶饮的发源地,在当时当地已成为风俗,并有向中原及北方地区传播扩展之势。杜毓特以"茶"为题材和歌咏的对象,以"赋"这一古体散文诗的形式描写了饮茶的审美趣味和滋味享受:

> 灵山惟岳,奇产所钟。瞻彼卷阿,实曰夕阳。厥生荈草,弥谷被岗。承丰壤之滋润,受甘霖之霄降。月惟初秋,农功少休。结偶同旅,是采是求。水则岷方之注,挹彼清流;器择陶简,出自东隅;酌之以匏,取式公刘。惟兹初成,沫沉华浮,焕如积雪,晔若春藪。若乃淳染真辰,色绩青霜;氛氲馨香,白黄若虚。调神和内,慵解倦除。(《艺文类聚》卷八二)

全赋骈四骊六、音韵和谐,从茶的产地、生长环境、采摘的时令、劳作的情景、采用的泉水、器具的款式以及茶汤的面貌、功效等角度,全面叙写了茶事活动,也因此为中国茶文化保存了丰富的史料信息,史上诸多的"首次"都可以上溯到这首茶赋,其中择水、选器、酌茶和鉴汤等方面,也被《茶经》多次引注。苏东坡有一首堪称茶史的五言诗,从周公写起,一直写到宋代,千秋茶史历历在目,杜毓的价值不容忽视:

赋咏谁最先,厥传惟杜毓。唐人未知好,论著始于陆。(《寄周安孺茶》)

宋人吴淑将杜毓"清文"比肩陆羽"精思":

清文既传于杜毓,精思亦闻于陆羽。(《茶赋》)

歌赋浓墨重彩地描写了茶树的规模、生长环境、采摘时节及劳动场景:高耸入云的灵山,是钟灵毓秀的宝地;黄昏的时候,仰望那蜿蜒的山岭,目之所及是山的西面。那里生长着漫山遍野的茶树,下得肥沃土壤的滋润,上受雨露甘霖的洗礼。初秋时节,农事稍闲,大家伙邀伴同行,到灵山一起采茶制茶。

"卷阿",见《诗经·大雅》篇名,首章二句:

有卷者阿,飘飘自南。

卷,曲貌;阿,大陵。泛指蜿蜒的山陵。结合后面的"水则岷方之注",推测诗歌中茶树"弥谷被岗"的景象可能讲的巴蜀。传统意义上的"岷江",以发源于四川松潘县岷山南麓的一支为岷江正源,自北向南流经茂汶、汶川、都江堰市,穿过成都平原的新津、彭山、眉山,再经青神、乐山、犍为,于宜宾市注入长江。

中国饮膳文化中,药食不分家。民间日常生活的吃茶法大约有两类,一种是用茶掺其他可食物料,调制成茶菜肴、茶糕点、茶膳等含茶的食物。如与粥菜一起煮,称为茗粥或茗菜:

(西晋)傅咸《司隶教》曰:"闻南方有蜀妪作茶粥卖。"(《茶经·七之事》)

另一种属于茶饮料,叫作茗饮。以《茶经·七之事》所辑录三国时期魏国张揖撰的"《广雅》云"为证:

荆巴间采茶作饼,叶老者,饼成以米膏出之。欲煮茗饮,先炙令赤色,捣末置瓷器中,以汤浇覆之。用葱、姜、橘子芼之。其饮醒酒,令人不眠。

从《荈赋》来看,杜毓对茶珍而重之的情感,已经远远超越了对待日常吃食的态度。当茶不再是吃食,而是作为审美对象和精神抚慰品,茶事就上升为一种富有审美愉悦的精神活动。

美感之道,充满诗歌的情怀。魏晋是一个张扬精神、洋溢诗意,崇尚美的时代,客观世界的美与人的心灵相映照,塑造了晋人的风骨:

> 汉末魏晋六朝是中国政治上最混乱、社会上最苦痛的时代,然而却是精神史上极自由、极解放,最富于智慧、最浓于热情的一个时代。因此也就是最富有艺术精神的一个时代。(宗白华《论〈世说新语〉和晋人的美》)

《荈赋》作为西晋茶文学的集大成之作,反映了茶在这个历史时空进入诗人的视野,渐从客观的物质对象走向审美对象,茶事活动被赋予的高洁、空灵、超逸等种种精神意味,也经由选茶、择水、备器、取火、候汤、分茶、鉴汤等程式、仪轨和技艺,得到艺术化、诗意化呈现。

1. 择水:"水则岷方之注,挹彼清流。"

对煮茶的水有特别的要求,必须汲取流经岷江之地的清澈山泉。陆羽在《茶经·五之煮》中,就以此句为"其水,用山水上,江水中,井水下"这一论点作注。

2. 选器:"器择陶简,出自东隅。"

茶器要选用产自东隅的瓷器精品。"东隅",即东边的角落,大约在今浙江上虞一带,历史上出产瓷器,也是陆羽推崇的青色越瓷的产地。陆羽在《茶经·四之器》依然首推越瓷——"碗,越州上",并通过越瓷与邢瓷的比较,进一步阐述选择越瓷的理由:

> 若邢瓷类银,越瓷类玉,邢不如越一也;若邢瓷类雪,则越瓷类冰,邢不如越二也;邢瓷白而茶色丹,越瓷青而茶色绿,邢不如越三也。

并以"晋杜琉《荈赋》所谓'器择陶拣,出自东瓯'",为该论点作注。

3. 分茶："酌之以匏，取式公刘。"

匏，即对半剖开的葫芦，作为舀汤的器具，又叫作"瓢"。杜毓说，用"匏"作酌器，是效法公刘。公刘是前16世纪左右周族首领，传为后稷的曾孙。见《诗经·大雅·公刘》：

> 执豕于牢，酌之用匏。食之饮之，君之宗之。

《生民》《公刘》《绵》三篇共同谱写了周部族发展史。第一篇，写周人始祖在邰（今陕西武功县境内）从事农业生产；第二篇，歌颂公刘在夏代末年率领族人由邰迁豳（今陕西旬邑和彬县一带），大举开疆创业的伟大业绩；第三篇，续写古公亶父自豳迁居岐下（今陕西岐县），以及文王据此拓展部族基业的事迹。

明人陈继儒在《茶说》中说，自己通过读书，方知礼贤设茶、分茶待客由来已久，非由陆羽开创：

> 昔人以陆羽饮茶比于后稷树谷，及观韩翃书云：吴王礼贤，方闻置茗，晋人爱客，才有分茶。则知开创之功非关桑苎老翁也。

其实，陆羽自己从来就没有窃功。《茶经·四之器》将"瓢"纳入"二十四茶器"之一，经文以注明确说明：

> 晋人杜毓《荈赋》云："酌之以匏。"

4. 鉴汤："沫沉华浮，焕如积雪，晔若春瑶蕤。"

茶汤刚刚煮好，杜毓以诗人的审美眼光和烂漫风情对汤花大加赞美，茶汤的泡沫在碗面浮泛，犹如堆积的白雪般灿烂耀眼，又如春花般光华夺目；汤色在黄、青、白之间，色彩自然淳和，似真似幻。仅仅赏爱汤华茶色，就令人沉醉不已。陆羽撰写《茶经》可谓惜墨如金，说起茶汤，言：

> 《荈赋》所谓"焕如积雪，晔若春蕤"，有之。

又不吝用大段文字描写了茶汤泡沫"焕然若积雪"的美：

> ……如枣花漂漂然于环池之上。又如回潭曲渚，青萍之始生；又

　　　　　　　　　　　　　　　　　一碗茶的诗礼禅

如晴天爽朗,有浮云鳞然。其沫者,若绿钱浮于水渭,又如菊英堕于尊俎之中。饽者以滓煮之。及沸则重华累沫,皤皤然若积雪耳。

汤花,像枣花一样轻轻飘荡在圆若池塘的碗面上,又像回环曲折的潭水、洲渚上新生的青萍,又像晴朗天空中鳞鳞白云;汤沫,则好似细小的浮萍飘浮在水边,又如菊花的片片花瓣飘落杯中;汤饽,是茶渣煮沸时在汤面上堆起的层层浮沫,如积雪一般灿烂夺目。

这样一种对茶色汤华的审美情趣成为中国品茗艺术的重要方面,被宋人推向极致,发展出比斗茶色、汤华的斗茶。浮云、积雪、春花,也成为诗人歌咏茶色汤花的最爱:

色是春光染,香惊日气侵。([唐]姚合《寄杨工部,闻毗陵舍弟自鄮溪入茶山》)

素瓷雪色缥沫香,何似诸仙琼蕊浆。([唐]皎然《饮茶歌诮崔石使君》)

碧云引风吹不断,白花浮光凝碗面。([唐]卢仝《走笔谢孟谏议寄新茶》)

桂凝秋露添灵液,茗折香芽泛玉英。([唐]李绅《别石泉》)

离觞愁怯。送君归后,细写茶经煮香雪。([宋]辛弃疾《六幺令》)

点处未容分品格,捧瓯相近比琼花。([宋]赵佶《宣和宫词》)

玉白夜敲苍雪冷,翠瓯晴引碧云稠。([明]王绂《题真上人竹茶炉》)

枣花泼过翠萍生,沫碎茶沈雪碗轻。([清]黄遵宪《日本杂事诗·茶道》)

5. 辨茶:"若乃淳染真辰,色绩青霜;氤氲馨香,白黄若虚。"

有其性,必有其味;有其味,必有其理。茶喝到嘴里是味道,品在心里是茶理。

"辰"是木气旺盛的农历三月,是万物感受阳气上升、雷电震动,而萌发伸展的意思:

辰,震也。三月,阳气动,靁(雷)電振,民农时也,物皆生。从
乙、匕,象芒达;厂,声也。辰,房星,天时也。([汉]许慎《说文》)

这里的"若乃淳染真辰,色绩青霜",就是说如果是春茶,则得三月天地之旺盛
木气,此时茶味醇厚,馥郁芬芳,色泽嫩绿。所以,《荈赋》尽管写的是初秋的茶事,
推崇的还是"淳染真辰"的春茶。到了陆羽,写《茶经》就只写最佳,除了春茶,其余
皆不论。

最后,讲述茶之功效——"调神和内,慵解倦除"。

杜毓择泉、选器、分茶、鉴汤,及其对茶郑重珍惜之情感,都有着茶艺滥觞的意
味。遗失残篇仅存120个字,但其丰美的文辞在一开始就把"茶"推到审美愉悦的
高度。杜毓对茶的认知和赞美,受到400多年后茶圣陆羽的高度重视,并在《茶经》
中多处引用并作注。

杜毓之后的漫长时空里,围绕品茗的茶事活动以及茶文学并没有值得特别称
道的发展。这是唐末皮日休经年研究之后,得出的结论:

> 然季疵以前称,复饮者必浑以烹之,与夫瀹蔬而啜者无异也。
(《茶中杂咏诗序》)

在战乱频发、政局动荡的年代,茶和杜毓都可谓生不逢时。唐朝结束长期的政
权争霸,经济社会迅速发展,四海升平,万国来朝,文化上也呈现三教合流、通融共
生的繁荣景象。受胎得孕400多年的茶文化,在以陆羽为代表的僧道文人、诗文巨
匠们的亲身参与下,共同开创了一个崭新的时代。

皎然三饮便得道

释皎然(约720—804),和陆羽是忘年交。现代人受日本茶道文化影响,进而
探源中国之"茶道",因其在《饮茶歌诮崔石使君》一诗中,首次用到"茶道"一词,同
时阐述以茶助修的仙佛思想,为世人所重视,被冠以"茶道之父"。

《宋高僧传·唐湖州杼山皎然传》中记有其生平:

一碗茶的诗礼禅

字昼,姓谢氏,长城人也。康乐侯(谢灵运)十世孙也。幼负展异才,性与道合。初脱羁绊,渐加削染,登戒于灵隐戒坛守直律师边,听毗尼道,特所留心于篇什中。吟咏情性,所谓造极微矣。文章隽丽,时号为释门伟器哉!

皎然博学多才,精通佛教经典,精研经史诸子,在诗歌、诗学、佛学、茶学等许多方面都有论著。其中,《全唐诗》收其诗 7 卷 486 首,《全唐文》收其文 3 卷 34 篇,另有《茶诀》《茶议》等茶学专著,惜已散佚。明代著名茶史专家陈师在《茶考》中说,皎然的《茶诀》不但陆羽引用过,陆龟蒙亦看到过:

陆龟蒙作《品茶》一书,继《茶经》《茶诀》之后。

(《茶经》)及览事类赋,多引《茶诀》。此书间有之,未广也。

《茶诀》在唐代其他典籍中,如《百丈清规》《禅林清规》《五灯会元》等,也多有引用。皎然于茶学上的成就或为其学问与诗名所掩。

皎然诗作颇丰,其体涉五言律诗、五言古诗、五言歌行、七言律绝、七言古体、七言歌行、乐府古题、杂体诗以及道教《步虚词》等。唐代写诗的僧人很多,各有千秋,刘禹锡评价皎然——"独吴兴昼公能备众体"(《澈上人文集纪》)。

皎然由儒入道最终皈依佛门,其诗学、茶学兼具三家思想。《妙喜寺达公禅斋寄李司直公孙房都曹德裕从事方舟颜武康士骋四十二韵》一诗,抒写了诗人儒道释三修的精神历程:

我祖传六经,精义思朝彻。

方舟颇周览,逸书亦备阅。

墨家伤刻薄,儒氏知优劣。

弱植庶可凋,苦心未尝辍。

中年慕仙术,永愿传其诀。

……

自述年轻时遍览群经尤其是儒家经典,中年时又仰慕神仙道教,进行修习并希望自己能得传其中真诀。《步虚词》表达其求仙问道的坚定道心:

予因览真诀,遂感西城君。

玉笙下青冥,人间未曾闻。

日华炼精魄,皎皎无垢氛。

谓我有仙骨,且令饵氤氲。

俯仰愧灵颜,愿随鸾鹄群。

俄然动风驭,缥缈归青云。

顾名思义,"步虚词"是和神仙道教相关的曲调行腔:

> 步虚词,道家曲也,备言众仙缥缈轻举之美。(《乐府诗集》卷
> 七八引《乐府解题》)

据南朝宋刘敬叔《异苑》记载,相传陈思王曹植游山时忽闻空中诵经之声,清远
遒亮,随后按曲调音律记录下来,称"神仙声"或"步虚声"。道教将其作为斋醮娱神
的乐章,后人据步虚调填写的词,都叫作"步虚词"。

皎然正式出家应在天宝十四载(755)以后——"忽值胡雏起,芟夷若乱麻。脱
身投彼岸,吊影念生涯"(《早春寄少府仲宣诗》)。"胡雏起",即指发生于天宝十四
载的"安史之乱"。但,直到年过花甲,皎然才专心禅道——"贞元初,于溪东草堂欲
屏息诗道,非禅道之意,而自诲之曰"(《宋高僧传》)。贞元(785 年正月—805 年八
月)是唐德宗李适的年号,也就是在大约 66 岁之后,皎然放弃了先前的诗学思想,
转而以禅悟之境为最高追求。《赠李中丞洪》一诗表达了在遇见李洪后,诗人思想
上产生的重大转折:

> 安知七十年,一朝值宗伯。
>
> 言如及清风,醒然开我怀。
>
> 晏息与游乐,不将衣褐乖。
>
> 海底取明月,鲸波不可度。
>
> 上有巨蟒吞,下有毒龙护。
>
> 一与吾师言,乃于中心悟。
>
> 咄哉冥冥子,胡为自尘污。

皎然仿佛一朝顿悟，诗风转而充满禅机奥理。见《禅思》：

> 真我性无主，谁为尘识昏。
>
> 奈何求其本，若拔大木根。
>
> 妄以一念动，势如千波翻。
>
> 伤哉子桑扈，虫臂徒虚言。
>
> 神威兴外论，宗邪生异源。
>
> 空何妨色在，妙岂废身存。
>
> 寂灭本非寂，喧哗曾未喧。
>
> 嗟嗟世上禅，不共智者论。

以诗境观道境，诗人由"俗人多泛酒"（《九日与陆处士羽饮茶》）的僧俗两别，达到"野风吹酒瓶"（《奉酬李中丞洪湖州西亭即事见寄兼呈吴任处士时中丞量移湖州长史》）的圆融无碍。

皎然和陆羽结缘于湖州乌程杼山山麓妙喜寺。陆羽于唐肃宗至德二年（757）前后来到吴兴，客居妙喜寺，皎然是住持。二人在此期间以诗、茶为媒，成"缁素忘年之交"（《全唐文·陆文学自传》）。如果说陆羽追求茶之至味，并以易理和儒家伦理为茶之形而上者，更重视茶之熏陶德化的社会功能，那么，皎然显然以道佛思想为茶之形而上者，更重视以茶助修悟道的精神旨趣。这一思想集中体现在《饮茶歌诮崔石使君》一诗：

> 越人遗我剡溪茗，采得金牙爨[cuàn]金鼎。
>
> 素瓷雪色缥沫香，何似诸仙琼蕊浆。
>
> 一饮涤昏寐，情来朗爽满天地。
>
> 再饮清我神，忽如飞雨洒轻尘。
>
> 三饮便得道，何须苦心破烦恼。
>
> 此物清高世莫知，世人饮酒多自欺。
>
> 愁看毕卓瓮间夜，笑向陶潜篱下时。
>
> 崔侯啜之意不已，狂歌一曲惊人耳。
>
> 孰知茶道全尔真，唯有丹丘得如此。

这是一首歌行体的咏茶诗。歌行体为南朝鲍照仿乐府诗所创,以放情长言为艺术特征,写人状物、抒情议论,内容不拘,篇幅长而不限;形式以七言为主,间或三言、五言、九言,可以换韵,不必一韵到底。

开篇两句,诗人即以烂漫飞扬的文字表达获友人馈赠好茶之欣悦,并不惜浓墨重彩渲染"剡溪茗"不亚于仙品之珍贵,继而珍之、惜之、敬之,饮之再三,从涤昏寐、清我神,直至进入得悟大道的妙境。随后借茶、酒之分,讲精神境界之别。皎然慨叹:茶,实为道境之媒介,而世人只会自欺欺人,以酒的短暂迷醉来逃避现实。如东晋雅士毕卓、陶渊明之流,作出诸如夜间盗酒、篱下等酒、纵声狂歌之举,世人以为风雅的情形,在诗人眼中却是令人发愁、发笑的行为,因为他们没有体会过以茶助修的好处与真谛。但能知道茶之妙术并得道的真人,据诗人所知,大概只有传说中的丹丘子了。

诗中"茶道"一词有明显的神仙道教痕迹。"丹丘子"是传说中修仙得道的人物,陆羽《茶经·七之事》中有两则转载,一则是晋惠帝时的道士王浮所著《神异记》记载:

> 余姚人虞洪入山采茗,遇一道士牵三青牛,引洪至瀑布山曰:"予丹丘子也,闻子善具饮,常思见惠山中有大茗可以相给,祈子他日有瓯牺之余,乞相遗也。"因立奠祀。后常令家人入山,获大茗焉。

另一则,是南北朝时期梁朝道士陶弘景在《杂录》中所录:

> 苦茶轻身换骨,昔丹丘子、青山君服之。

茶为芝草类,在道教门中历来用作养生延命、助修的药食。此时的皎然虽然皈依佛门,但与道家思想兼容,尤其对道家养命仙术颇为执着。见同一时期诗作《湖南草堂读书招李少府》:

> 削去僧家事,南池便隐居。
> 为怜松子寿,还卜道家书。
> 药院常无客,茶樽独对余。

　　　　　　　　　　　　　　　　一碗茶的诗礼禅

有时招逸史，来饭野中蔬。

正因为如此，皎然对《茶经》不能道出修佛悟道之"灵味"，不涉以茶助修之功效，始终深表遗憾，并在《饮茶歌送郑容》一首诗中，认为是《茶经》之疵：

丹丘羽人轻玉食，采茶饮之生羽翼。

名藏仙府世莫知，骨化云宫人不识。

云山童子调金铛，楚人《茶经》虚得名。

霜天半夜芳草折，烂漫缃花啜又生。

常说此茶祛我疾，使人胸中荡忧栗。

日上香炉情未毕，乱踏虎溪云，高歌送君出。

"楚人《茶经》虚得名"，可说是对《茶经》的直言批评了。皎然的另外一首《白云上人精舍寻杼山禅诗兼示崔子向何山道上人》诗，一向被认为是象征其佛学思想高度的里程碑，事实上，换个角度看，未尝不是其以茶修佛、悟道的茶道思想新境界：

望远涉寒水，怀人在幽境。

为高皎皎姿，及爱苍苍岭。

果见栖禅子，潺湲灌真顶。

积疑一念破，澄息万缘静。

世事花上尘，慧心空中境。

清闲诱我性，遂使烦虑屏。

许共林客游，欲从山主请。

木栖无名树，水汲忘机井。

持此一日高，未肯谢箕颍。

夕霁山态好，空月生俄顷。

识妙聆细泉，悟深涤清茗。

此心谁得失，笑向西林永。

诗歌清机逸响，栖禅子、灌真顶，一念破、万缘静，花上尘、空中境，无名树、忘机井……一派远、幽、寒、空、静的寂然禅境。虽然诗中涉茶的仅"识妙聆细泉，悟深涤清茗"一联,字虽寥寥,却为全诗收力落脚之处。所谓"高怀见物理"(杜甫《赠郑十八贲》)。皎然开篇自称"怀人",于幽境中,感应天地山川万物之奥理,心游万仞。尾句笔锋一转,其实欲得妙悟何须远求,泉茗之中便蕴妙道奥理,若善于聆听——三饮未尝不可得道。

卢仝七碗风生腋

卢仝以一首"七碗茶歌"(即《走笔谢孟谏议寄新茶》)跻身茶中"亚圣",成为中国茶文化的象征,诗中喉吻润、破孤闷、搜枯肠、发轻汗、肌骨清、通仙灵、清风生等关于饮茶的七个境界演变为日本茶道的仪程,也奠定了卢仝在日本茶道中的尊崇地位。

卢仝号玉川子,济源(今属河南)人,祖籍范阳(今河北涿县),常年隐遁避世于王屋山,笃信佛老,一生儒释道兼修,自称山人。生卒年不详,后人对此有很多说法及考证。一说卢仝死于"甘露之变"。据《唐才子传》等史料记载,835 年,卢仝和几个朋友正在宰相王涯府邸做客,因晚上留宿,遭池鱼之殃而枉死。刘克庄也根据传说在《后村诗话》记载:

> 唐人多传卢仝因留王涯第中,遂预甘露之祸。仝老无发,奄人于脑后加钉焉,以为"添丁"之谶。

卢仝中年得子,名"添丁",后人认为这是应了谶语。结合贾岛《哭卢仝》诗言"……平生四十年,惟著白布衣"句,推断卢仝的生卒年大约在 795—835 年。

另一说,来自对诗文的考证。贾岛《哭卢仝》有"托孤遽弃移"句;韩愈写于唐宪宗元和六年(811)的《寄卢仝》,诗中有"去岁生儿名添丁"句;卢仝在元和五年前后所写《与马异结交诗》,自述"卢仝四十无往还",此后不久又写《示添丁》一诗,中有"惭愧瘴气却怜我,入我憔悴骨中为生涯"句;等等。由此推断,其生卒年大约在 773—813 年,比韩愈小 5 岁,比贾岛长 6 岁。根据三人诗歌往来的情谊,卢仝与二人是同时代人更为可信。

"范阳卢氏"是名门望族,卢仝也是"初唐四杰"之一卢照邻的嫡系子孙,祖上从河北迁居到河南济源已家道中落,到卢仝这一代更加清贫。韩愈那首长达 462 字的《寄卢仝》,言及卢仝家境——"破屋数间而已矣"。中唐末叶,宦官弄权,藩镇割据,动荡不安的时代促动诗人忧国忧民的情怀。中青年时期,主要活动于洛阳、余杭、长安一带,这一时期的诗歌亢奋激昂、格调崎岖,他指斥时弊,讥讽政治,抒发抱负,表现出经世致用的人道使命意识。

卢仝共有诗集 4 卷,《春秋摘微》4 卷,《全唐诗》录其诗 80 余首。其诗语尚奇诡,似孟、韩一路,又更加放诞、怪魅,自成一体,人称"一格宗师"。贬者,不喜其不遵诗法、疏狂直白;褒者,赞其浪漫奇特、质朴高古。严羽《沧浪诗话》称为"卢仝体",将其与李贺比肩,称:

> 玉川之怪,长吉之瑰诡,天地间自欠此体不得。

《寄卢仝》说他深研经书——"春秋三传束高阁,独抱遗经究终始";好针砭时事,诗风险僻怪诞,其时争议颇多、褒贬不一——"往年弄笔嘲同异,怪辞惊众谤不已"。但韩愈认为卢仝的才华当为相,即便不做官,也能为后世立言垂范:

> 先生抱才终大用,宰相未许终不仕。假如不在陈力列,立言垂
> 范亦足恃。

但卢仝似无意出仕——"朝廷知其清介之节,凡两备礼征为谏议大夫,不起"(《唐才子传》)。也或许是"宰相未许"之故。

卢仝诗歌中,以《月蚀诗》和《走笔谢孟谏议寄新茶》两首影响最为深广。前者借月蚀天象暗刺元和逆党,怪诞奇魅,被后人推崇为"月蚀诗之祖":

> 凡遇月蚀辄吟咏,无不以卢仝为祖。([元]胡助《纯白斋类稿》)

后者为"茶诗之祖"。卢仝曾作《茶谱》,但不传,反倒是这首诗以茶而名,享誉千古。该诗作于宪宗元和七年(812)春,因挚友孟简于前一年由谏议大夫贬为常州刺史,卢仝前去探望,收到孟简派军将送到的 300 片阳羡团饼,遂感念而作:

> 日高丈五睡正浓,军将打门惊周公。
> 口云谏议送书信,白绢斜封三道印。

开缄宛见谏议面，手阅月团三百片。

闻道新年入山里，蛰虫惊动春风起。

天子须尝阳羡茶，百草不敢先开花。

仁风暗结珠蓓蕾，先春抽出黄金芽。

摘鲜焙芳旋封裹，至精至好且不奢。

至尊之余合王公，何事便到山人家？

柴门反关无俗客，纱帽笼头自煎吃。

碧云引风吹不断，白花浮光凝碗面。

一碗喉吻润，二碗破孤闷。

三碗搜枯肠，唯有文字五千卷。

四碗发轻汗，平生不平事，尽向毛孔散。

五碗肌骨清，六碗通仙灵。

七碗吃不得也，唯觉两腋习习清风生。

蓬莱山，在何处？玉川子乘此清风欲归去。

山上群仙司下土，地位清高隔风雨。

安得知百万亿苍生命，堕在巅崖受辛苦。

便为谏议问苍生，到头还得苏息否？

诗人日高五丈犹在高卧，好友遣手下兵将送来阳羡贡茶。"手阅月团"，诗人思绪飘飘，联想起新茶之珍贵与不易，不敢怠慢，万事放下，茶事为大——柴门反关，纱帽笼头，一心煎茶。看碗中碧云连绵、白花浮光，一碗一碗品来。诗人每饮一碗，都有一种全新的感动，一碗润喉，二碗忘却个人烦恼，三碗令诗兴大发，四碗忘却世俗人间的不平事，五碗身轻骨清，六碗妙悟仙道，七碗感觉要羽化飞往蓬莱仙山……茶之功效由舌至心，直至悟道羽化飞升，写尽身、心、灵不同层次的感知觉受，饮茶的审美愉悦表达得淋漓尽致。最后，以悲天悯人、体恤苍生的情怀抒发收尾。

中国诗词为雅道，用词尚典丽，平常俗语极少入诗，如传统诗人写"猫"，多以"狸奴""小狸""小狸奴"等此类雅称来避俚俗。俗词俚语入诗也无不可，倘若用得

　　　　　　　　　　　　　　一碗茶的诗礼禅

高妙,则大俗大雅;否则,极易落入粗鄙。卢仝这首诗无论是体裁、叙事方式,还是饮茶的精神性方面,显然受到皎然"三饮"茶歌的影响——饮茶涤昏寐,清我神,最后也是以茶得悟仙道:

> 一饮涤昏寐,情来朗爽满天地。
> 再饮清我神,忽如飞雨洒轻尘。
> 三饮便得道,何须苦心破烦恼。

同样都是歌行体的诗,不同的是,皎然用词典丽,某种意义上反倒落了俗套;而卢仝的诗是一贯的奇诡放诞,以"发轻汗""毛孔""吃不得也""两腋""枯肠"等俗语入诗,用词可谓险之又险,但读来非但不见鄙陋,反而慷慨多气、质朴高古,令人忘俗。"七碗茶歌"高妙的艺术境界得到历代诗人赞赏,卢仝、玉川子、七碗、两腋清风、纱帽笼头、破孤闷、搜枯肠等,典化于历代茶诗之中,几乎成为饮茶的代名词:

> 亦欲清风生两腋,从教吹去月轮旁。([宋]梅尧臣《尝茶和公仪》)
> 何须魏帝一丸药,且尽卢仝七碗茶。([宋]苏轼《游诸佛舍,一日饮酽茶七盏,戏书勤师壁》)
> 紫微仙人乌角巾,唤我起看清风生。([宋]杨万里《澹庵坐上观显上人分茶》)
> 愿君饮罢风生腋,飞到蓬莱日月长。([宋]胡寅《黄倅卒生日送茶寿之》)
> 新泉活火煮云龙。受用仙家,两腋清风。([元]姬翼《一剪梅·薄暮余霞天际红》)
> 到手纤毫皆尽力,多应不负玉川家。([元]谢宗可《茶筅》)
> 对之堪七碗,纱帽正笼头。([明]徐渭《谢钟君惠石埭》)
> 直须七碗通灵后,自习清风两腋生。([明]朱谏《雁山茶诗》)
> 那识好风生两腋,都从著力喊山来。([清]周亮工《闽茶曲十首》之一)

尽管早有皎然茶歌在前,但就影响力而言,几乎到了只知"七碗"而不知有"三饮"的地步。尤其在宋元以来,以该诗为题材的文人画作,成为中国文化艺术的一大景观。

大唐是三教汇流的伟大时代,继陆羽之后,以卢仝为代表的神仙道教思想,和以赵州从谂禅师"吃茶去"口头禅为代表的禅门佛意,逐渐汇流,茶之亦儒、亦道、亦佛的基本面貌初步成型。于"七碗茶歌"而言,不仅是承继皎然的"三饮",更是萌生于那个伟大时代的深厚土壤。饮茶作为精神洗礼、艺术享受,甚至道境媒介,在其时几为文人共识。如与皎然同时代的钱起,有诗《与赵莒茶宴》:

> 竹下忘言对紫茶,全胜羽客醉流霞。
> 尘心洗尽兴难尽,一树蝉声片影斜。

言饮茶"尘心洗尽"之功,令人体会羽化登仙的美妙境界。与卢仝同时代的诗人李涉,有诗《春山三朅来》:

> 未必蓬莱有仙药,能向鼎中云漠漠。
> 越瓯遥见裂鼻香,欲觉身轻骑白鹤。

诗人茶碗中的仙灵,恐怕更多的不是神仙道教,而是逍遥世外的道家精神,是"野泉烟火白云间,坐饮香茶爱此山"([唐]灵一《与元居士青山潭饮茶》)的超逸情怀。明清以后的冲泡茶法更为自然、简约,以闽粤工夫茶为代表,在追求茶汤之至味的同时,其歇息、放下的"工夫"与逍遥、自在的生命意识一脉相承。如清人廖燕在《半幅亭试茗记》一文中,讲待客以茶:

> ……安鼎瓯窑瓶汲器之属其中,主无仆,恒亲其役。每当琴罢酒阑,汲新泉一瓶,箑[shà]动炉红,听松涛飕飕,不觉两腋习习风生。举瓷徐啜,味入襟解,神魂俱韵,岂知人间尚有烟火哉!

后世常把卢仝与陆羽、赵州从谂相提并论:

> 卢仝诗里功堪比,陆羽经中法可依。([宋]魏野《谢长安孙舍人寄惠蜀笺并茶二首》之一)

　　　　　　　　　　　　　　　　　一碗茶的诗礼禅

两腋清风几欲仙。……不妨更举赵州禅。（〔宋〕翁元广《题临江茶阁》）

赵州古佛不同时，……搜搅枯肠无一物。（〔宋〕刘应时《谢香山禅师惠水岩新茗二首》之一）

卢仝七碗诗难得，谂老三瓯梦亦赊。（〔元〕耶律楚材《西域从王君玉乞茶》）

舍得陆羽唤谁父。……未便玉川仙去。（〔元〕冯子振《鹦鹉曲·陆羽风流》）

唤醒玉川招陆羽，共排阊阖诉诗穷。（〔元〕胡助《茶屋》）

不论赵州几碗。更不卢仝请唤。（〔金〕马钰《无梦令》）

陆羽千年梦，卢仝两腋清。（〔明〕刘仁本《建宁北元唵山造茶是日天大雷雨高奉御至》）

秋风破屋卢仝宅，夜月寒泉陆羽家。（〔明〕徐𤊹《闵道人寄武夷茶与曹能始烹试有作》）

玉川何妨尽七碗？赵州借此演三车。（〔明〕屠隆《龙井茶歌》）

卢仝七碗漫习习，赵州三瓯休云云。（〔清〕爱新觉罗·弘历《汲惠泉烹竹炉歌》）

"七碗茶歌"在后世咏茶诗中不断发酵，千年以来传唱不衰，并漂洋过海，对日本茶道产生深远影响。日本僧人高游外（1674—1763）著《梅山种茶谱略》，其中就有：

茶种于神农，至唐陆羽著经，卢仝作歌，遍布海内外。

当代日本茶人小川后乐于1994年在我国的《茶博览》杂志上发表《济源寻访卢仝故里》一文，认为"近代日本的煎茶道，就是继承了卢仝思想而诞生的"：

我学习煎茶道大概是在十七八岁的时候。最初的学习内容是七句茶歌：把七只茶碗按顺序放好，每只茶碗上分别写着"喉吻润""破孤闷""搜枯肠""发轻汗""肌骨清""通仙灵""清风生"，并将它的顺序背下来,也就在这时我知道了卢仝的名字,因为这些字句就出自卢仝的《茶歌》。以后在学习日本吃茶史、文化史的过程中,我逐渐开始对卢仝产生了兴趣,以至为其颠倒。

文中还说,日本的煎茶界将卢仝崇为理想人物,不仅因为茶歌的影响,更主要的是他出污泥而不染的品格。其实,这种精神品格,不仅流淌于"七碗茶歌",更是弥漫于中国茶脉的精神气质和文化气息。

皮陆清词咏茶具

晚唐时期,因宦官专权、藩镇割据,导致社会动荡、流民四起,诗歌作为一个时代的心声,出现以杜牧、许浑为代表的清丽感伤,以李商隐、温庭筠为代表的深婉绮艳,以司空图、陆龟蒙为代表的避世隐逸,以郑谷、韦庄、罗隐、杜荀鹤、皮日休等人为代表的怨刺讥弹……弥漫着悲凉感伤的夕阳牧歌式格调。

皮日休、陆龟蒙二人因松陵唱和诗歌合集《松陵集》10卷被并称"皮陆"。

皮日休,字逸少,后改袭美,湖北襄阳人。居鹿门山,自号鹿门子,又号闲气布衣、醉吟先生。约生于太和八年(834),曾参加黄巢起义军,任翰林学士,巢败后不知所终。早年鹿门隐读,抱着"立大功,至大化,振大名"的志向三次科考,最后以榜末及第。但身处唐末最黑暗的时代,注定不得志,只做过郡从事、著作佐郎、太常博士、毗陵副使等几任幕僚小官。著有《皮子文薮》10卷,《全唐文》收其文4卷;《全唐诗》收其诗共9卷353首。

陆龟蒙(836—881),字鲁望,别号天随子、江湖散人、甫里先生,著有《笠泽丛书》4卷。早年热衷科举,不第而外出游历,曾任湖州、苏州刺史幕僚,后回故乡松江甫里(今江苏吴县东南甪直镇)隐居。嗜茶,置茶园于顾渚山下,每年收取茶租,常常"设蓬席斋,束书茶灶"(《新唐书·隐逸传·陆龟蒙传》),逍遥于山水之间。

"命既时相背,才非世所容。"(陆龟蒙《自和次前韵》)沉沦下僚的寒士境遇、怀才不遇的苦闷人生令两位诗人惺惺相惜,成为精神知音;时局的黑暗和混乱又令他们相遇于田园山林。隐居可说是迫于时势的无奈,而非遗忘了胸中的情怀与志向,

一碗茶的诗礼禅

因此,他们不独以傲诞、萧散的个性张扬表达内心的不满和对抗,诗文也多抨击时弊、同情人民疾苦,和罗隐的小品文一起,被鲁迅誉为唐末"一塌胡涂的泥塘里的光彩和锋芒"(《小品文的危机》)。大约在 869 年后,官场失意的皮日休离京都南下遇陆龟蒙,二人在湖州、长兴一带,过了一段以茶为伴、酬唱相和的隐逸生活。"松陵唱和"是二人一生最重要的经历。唱和诗体裁"由古至律,由律至杂",各体齐备,题材自由而小碎,被后人称作晚唐牧歌。其间,陆龟蒙还效《茶经》《茶诀》,写过名为《茶书》的专著,惜不传。但皮日休的《茶中杂咏》与陆龟蒙的《奉和袭美茶具十咏》唱和组诗,却流传甚广,成为茶文化史上一段佳话。皮日休首唱,并作序说明组诗创作的缘由:

> 《周礼》酒正之职,辨四饮之物,其三曰浆。又浆人之职,共王之六饮:水、浆、醴、凉、医、酏。入于酒府。郑司农云:"以水和酒也。"盖当时人,率以酒醴为饮。谓乎六浆,酒之醨者也。何得姬公制?《尔雅》云:"槚,苦荼。"即不撷而饮之,岂圣人纯用乎?抑草木之济人,取舍有时也。自周已降,及于国朝茶事,竟陵子陆季疵言之详矣。然寄疵以前称,复饮者必浑以烹之,与夫瀹蔬而啜者无异也。季疵之始为经三卷,由是分其源,制其具,教其造,设其器,命其煮,俾饮之者,除痟而去疠,虽疾医之不若也。其为利也,于人岂小哉?余始得季疵书,以为备矣,后又获其《顾渚山记》二篇,其中多茶事;后又太原温从云、武威段碣之各补茶事十数节,并存于方册。茶之事由周至于今,竟无纤遗矣。昔晋杜毓有《荈赋》、季疵有"茶歌",余缺然有怀者,谓有其具而不形于诗,亦季疵之余恨也。遂为十咏寄天随子。

皮日休简要叙述了中国"饮料"发展史,并重点介绍茶饮,肯定陆羽的贡献,以及茶的功效。皮认为自己所收藏包括陆羽《茶经》《顾渚山记》两篇在内的文献中,由周到当时的有关茶事记载几无遗漏。有感于昔日杜毓写有《荈赋》、陆羽写有"茶歌",但对陆羽创设的那些风雅茶具却没有赋诗赞咏,引以为憾,或许也是陆羽未完成的"恨"事。于是,为茶具赋诗,以补缺憾。

《诗经》《楚辞》就多有组诗，然，歌咏茶事活动的琐事微物则以皮日休《茶中杂咏》和陆龟蒙《奉和袭美茶具十咏》为首创。皮陆之前，专门歌咏茶叶、泉水、茶山、茶宴、烹煮的诗已经不少，皮陆组诗之不同，在于按照茶事活动的环节和顺序，从茶坞、茶人、茶笋、茶籝、茶舍、茶灶、茶焙、茶鼎、茶瓯、煮茶十个不同方面依次叙写，总结自茶叶生长、采摘、烘焙、烹煮，乃至品饮等系列知识与经验，每首诗既相对独立，又与其他诗篇相互关联，共同叙述了一场完整的茶事。组诗后六首《茶籝》《茶舍》《茶灶》《茶焙》《茶鼎》《茶瓯》，以茶器具、制作场地为专题，这在中国茶文化史上还是第一次。因此，这两组茶诗的价值或不在于其艺术贡献，而在于推动茶事活动全面诗化的自觉。

一、茶坞

皮日休：

> 闲寻尧氏山，遂入深深坞。种莜已成园，栽藬宁记亩。
> 石洼泉似掬，岩罅云如缕。好是夏初时，白花满烟雨。

陆龟蒙：

> 茗地曲隈回，野行多缭绕。向阳就中密，背涧差还少。
> 遥盘云髻慢，乱簇香篝小。何处好幽期，满岩春露晓。

茶坞，即茶叶生长的地方。《茶经·一之源》有：

> 野者上，园者次。

皮在诗中描述了顾渚山茶园的自然风貌，山幽、石泉、云雾……一派宜茶之境；陆则描写了茶园的曲隈、缭绕的自然情状，还写到茶树生长的规律——向阳的茶树长得密，背对山涧茶树则长得稀；人工种植培养的茶树，规整如美人的发髻，依山势盘旋，那些长在高远山顶的茶树则长势较慢，无人管理的野生茶树也相对凌乱而矮小。在诗人眼中，茶树开花的"夏初"和茶树开采的"春露晓"之时，就是风雅而美好的时节。

一碗茶的诗礼禅

二、茶人

皮日休:

> 生于顾渚山,老在漫石坞。语气为茶荈,衣香是烟雾。
>
> 庭从㯆子遮,果任獳师房。日晚相笑归,腰间佩轻篓。

陆龟蒙:

> 天赋识灵草,自然钟野姿。闲来北山下,似与东风期。
>
> 雨后探芳去,云间幽路危。唯应报春鸟,得共斯人知。

茶人,最早见于《茶经·二之具》:

> 籝,……茶人负以采茶也。

原指从事茶叶采摘制作生产的人。皮日休以"茶人"为题赋诗,描写了一个生于茶山、老于茶山的老茶农的日常。虽然写的是老农,却带上了诗人自己的"滤镜"。若非首联交代了老茶农的出身,后面三联分明就是一个隐者淡然悠远的山林逸趣。

不同于皮诗的写实,陆龟蒙的同题奉和诗起句就借"茶"吟咏诗人情怀——天生就能感知草木的灵性,本性就钟情于山林之烂漫野趣。这绝非是一个"茶农"的襟怀,至于后面三联的访胜、探芳、踏幽,与自然的交融,与知音的酬和,更是通过诗境、道境以及茶境的交融,凸显高士的出世情怀。

现代话语体系中,"茶人"广义的概念包括从事与茶叶相关的产制、贸易、教育科研事业甚至与茶产业相关的人;狭义的概念,则是指精通茶的程式和精神内蕴的人,大约可以理解为"茶道中人"或"精于茶道的人"的简称。皮陆诗中的"茶人",已经成为诗人的精神写照,显然超出陆羽"茶人"的范畴,寄托了文人士夫超然物外的思想和情怀。

三、茶笋

皮日休：

> 褎[xiù]然三五寸，生必依岩洞。寒恐结红铅，暖疑销紫汞。
>
> 圆如玉轴光，脆似琼英冻。每为遇之疏，南山挂幽梦。

陆龟蒙：

> 所孕和气深，时抽玉苕短。轻烟渐结华，嫩蕊初成管。
>
> 寻来青霭曙，欲去红云煖。秀色自难逢，倾筐不曾满。

茶笋，指的是如笋状的茶芽。《茶经·三之造》有：

> 凡采茶在二月三月四月之间，茶之笋者，生烂石沃土，长四五寸，若薇蕨始抽，凌露采焉。
>
> 阳崖阴林，紫者上，绿者次，笋者上，芽者次。

皮诗描写优质茶芽生长的地理环境、气候环境，言茶生长的气温偏低，色泽偏红，得暖阳照射，则茶芽色泽偏紫；陆诗言茶树得天地之和气，到时令就抽出玉白色的嫩芽。鲜嫩的茶笋色如轻烟，形如管状，一大早踏着青色雾霭和蒙蒙曙光来采摘，在太阳初升的时候便离去……显然，皮陆诗中所写没有超过陆羽的论述，换句话说，二人的《茶笋》诗几乎是对陆羽论茶的诗化改造。最后，两位诗人都表达了对茶笋的珍惜之情。

四、茶籝

皮日休：

> 筤筥晓携去，蓦个山桑坞。开时送紫茗，负处沾清露。
>
> 歇把傍云泉，归将挂烟树。满此是生涯，黄金何足数。

陆龟蒙：

金刀劈翠筠，织似波纹斜。制作自野老，携持伴山娃。

昨日斗烟粒，今朝贮绿华。争歌调笑曲，日暮方还家。

籝，竹编的箱笼一类收纳工具。《茶经·二之具》有：

籝：一曰篮，一曰笼，一曰筥。以竹织之，受五升，或一斗、二斗、三斗者，茶人负以采茶也。

皮诗描写茶农拂晓携带茶籝出门，一路攀越山坞，打开盖子，将和露采摘的紫笋放入茶籝。盖上盖子背在身上，茶叶上的露水透过茶籝渗湿了衣服。累了，将茶籝搁在云泉旁边休憩片刻。回到山舍，就将茶籝挂在树上。在诗人看来，能够如此生活，人生堪称圆满，黄金多少不值得计较。"黄金何足数"是化用《茶经·二之具》引注的典故：

《汉书》所谓"黄金满籝，不如一经"。

"筥筹"应该就是陆羽所说的"筹筥"，为晾晒或放置茶叶、茶饼之用，和茶籝并非同一种器具，在皮诗中用作茶篮。

陆诗借写茶籝，描写山里人忙碌而欢快的采茶生活。茶籝是山野的篾匠制作的，用破篾的刀具将绿竹劈成篾片，再织成倾斜的波纹，山里的孩子就携着这个工具上山采茶。平时都闲置在角落积满灰尘，到采茶的时候才派上用场。采茶的山娃一路竞歌调笑，直到日暮才回家。

五、茶舍

皮日休：

阳崖枕白屋，几口嬉嬉活。棚上汲红泉，焙前蒸紫蕨。

乃翁研茗后，中妇拍茶歌。相向掩柴扉，清香满山月。

陆龟蒙：

旋取山上材，架为山下屋。门因水势斜，壁任岩限曲。

> 朝随鸟俱散,暮与云同宿。不惮采掇劳,只忧官未足。

茶舍,是茶农制茶的屋舍。皮诗描述茶农在居所制茶的情境:简陋的屋舍建在向阳的山崖,一家几口开心地做活;在棚架上方山崖汲取传说中的仙泉,屋舍前,茶焙蒸着紫笋;屋舍后,老翁在仔细察看茶茗;屋舍中,妇人拍实茶饼后稍作歇息。两扇柴扉都轻轻掩上了,只留下满山的茶香和明月。

棚,是用来烘焙茶的木制棚架。见《茶经·二之具》:

> 一曰棚,以木构于焙上,编木两层,高一尺,以焙茶也。茶之半
> 干升下棚,全干升上棚。

陆诗开篇言茶舍的建造——茶农山上就地取材,山下叠床架屋,大门向着水流的走势,墙壁顺着山岩的形态而建。后两联表达诗人的体恤之情,言茶农在采茶的季节,每天像山鸟一般早起劳作,日暮方才歇下。采摘茶叶的辛苦倒也罢了,还要担心不能满足官家的需求。

六、茶灶

皮日休:

> 南山茶事动,灶起岩根傍。水煮石发气,薪然杉脂香。
> 青琼蒸后凝,绿髓炊来光。如何重辛苦,一一输膏粱。

陆龟蒙:

> 无突抱轻岚,有烟映初旭。盈锅玉泉沸,满甑云芽熟。
> 奇香袭春桂,嫩色凌秋菊。炀者若吾徒,年年看不足。

《茶经·二之具》有:

> 灶,无用突者。

蒸茶用的茶灶,不建议用有烟囱的。皮诗描写南山茶事开动,茶农靠着山岩脚

一碗茶的诗礼禅

下垒石土为茶灶。煮水时,石头热气蒸腾,杉木燃火发出一阵阵原木的清香,蒸熟的茶芽凝结在一起,嫩绿的茶叶光泽温润。最后感叹,茶农再怎么辛苦,也换不来富足的生活。

陆诗开篇就说,制茶用的是"无突"茶灶,新鲜采摘的茶芽即刻加工制作,蒸茶的灶烟掩映着初升的朝阳,满锅的泉水沸腾,蒸熟了满甑的嫩芽,茶香赛春桂,嫩色赛秋菊。陆龟蒙本人精于茶事,他说"炀者若吾徒",夸烧灶火的人像自己手把手教出来的门徒,火候掌握得不错,甚得我心。这种赏心悦目的制茶场景,年年看也不会厌烦。

宋代杨万里《压波堂赋》有"笔床茶灶,瓦盆藤尊"句,元代张可久《黄钟·人月圆·客垂虹》有"莼羹张翰,渔舟范蠡,茶灶龟蒙"句。可见,"茶灶"与"龟蒙"的组合在当时已成为高人逸士的符号象征。

七、茶焙

皮日休:

> 凿彼碧岩下,恰应深二尺。泥易带云根,烧难碍石脉。
> 初能燥金饼,渐见干琼液。九里共杉林,相望在山侧。

陆龟蒙:

> 左右捣凝膏,朝昏布烟缕。方圆随样拍,次第依层取。
> 山谣纵高下,火候还文武。见说焙前人,时时炙花脯。

《茶经·二之具》有:

> 焙,凿地深二尺,阔二尺五寸,长一丈,上作短墙,高二尺,
> 泥之。

皮诗描述的就是这样一种依岩而建的茶焙。如陆羽所言,凿地深二尺,依岩而建的短墙上糊了一层山上挖来的泥巴,所以烧火的时候不会烧坏山岩。茶焙能烘焙干燥金色的茶饼,其后,再慢慢晾干茶饼上残余的水分。在连绵的杉木林里,依

岩而建的茶焙首尾相望,蔚为可观。

《茶经·三之造》言茶必须在晴天日出之前采摘,然后"蒸之,捣之,拍之,焙之,穿之,封之,茶之干矣"。陆诗就具体描写了朝阳未出之时,茶人捣膏、拍茶、焙烘等制作茶饼的一系列过程。茶人一边唱着山歌,一边注意着火候。诗人还听烘焙的茶人说,他们也时常顺带用茶焙烘炙花脯。

八、茶鼎

皮日休:

> 龙舒有良匠,铸此佳样成。立作菌蠢势,煎为潺湲声。
> 草堂暮云阴,松窗残雪明。此时勺复茗,野语知逾清。

陆龟蒙:

> 新泉气味良,古铁形状丑。那堪风雪夜,更值烟霞友。
> 曾过赪石下,又住清溪口。且共荐皋卢,何劳倾斗酒。

茶鼎,即用于生火的"风炉"。因其"如古鼎形""凡三足"的器形,故又得名"茶鼎"。见《茶经·四之器》:

> 风炉,以铜铁铸之,如古鼎形。厚三分,缘阔九分,令六分虚中,致其坋墁,凡三足。

皮诗说,安徽舒城手艺好的铁匠打作出来的茶鼎,样子就像菌芝、春虫一般质朴、高古。在日暮时分,就着松窗照残雪映入草堂的亮光舀水烹茶,自是别有一番清幽野趣。

陆诗言茶鼎古朴丑拙,伴随诗人在风雪之夜、烟霞之中,以及赪石下、清溪口等不同地方煮茶。加上泉水亦佳,所以茶汤极佳,比美酒还要醉人。

"皋卢"即瓜芦、皋芦。《茶经·一之源》用"瓜芦"来描述茶树的树型特征——"其树如瓜芦",并作注:

瓜芦木，出广州，似茶，至苦涩。

瓜芦似茶而非茶，是分布于我国南方的一种叶大而味苦的树木。《本草纲目》认为是"苦登"，即今人所谓的"苦丁茶"：

皋芦，叶状如茗，而大如手掌，捼碎泡饮，最苦而色浊，风味比茶不及远矣，今广人用之，名曰苦登。

诗人以"皋卢"代指茶茗。

值得注意的是，皮陆分别以"菌蠢势""形状丑"描述茶鼎，可见追求朴拙天真之趣，已成为茶器鉴赏的美学趣向。

九、茶瓯

皮日休：

邢客与越人，皆能造兹器。圆似月魂堕，轻如云魄起。

枣花势旋眼，蘋沫香沾齿。松下时一看，支公亦如此。

陆龟蒙：

昔人谢堀埏，徒为妍词饰。岂如圭璧姿，又有烟岚色。

光参筠席上，韵雅金罍[léi]侧。直使于阗君，从来未尝识。

瓯，为饮茶用的器皿，又叫作碗、盏、杯。《茶经·四之器》有：

瓯，越州也，瓯越上。口唇不卷，底卷而浅，受半升以下。

碗，越州上，鼎州次，婺州次；岳州上，寿州、洪州次。或以邢州处越州上，殊为不然。若邢瓷类银，越瓷类玉，邢不如越一也；若邢瓷类雪，则越瓷类冰，邢不如越二也；邢瓷白而茶色丹，越瓷青而茶色绿，邢不如越三也。

皮日休在诗中描述了邢窑与越窑的茶碗，线形圆润似月魂幻化，轻薄精致如云魄在手,饮茶时带来视觉、味觉和嗅觉等多重美好体验。诗人还时时在松下把玩,联想到爱鹤而放鹤高飞的支公,认为爱茶之人的爱物、尽物之性的行为堪比支公。诗中的"枣花""蒴沫"皆出自《茶经·五之煮》:

> 如枣花漂漂然于环池之上。又如回潭曲渚,青萍之始生;又如晴天爽朗,有浮云鳞然。其沫者,若绿钱浮于水湄,又如菊英堕于尊俎之中。

陆诗言,昔人谢堰埏只知以华丽的语言夸饰茶瓯,岂不知茶瓯其质如美玉,色如烟岚,光洒筠席,雅比金罍,就连出产美玉闻名于天下的于阗君主,也从未见过此等茶瓯。金罍是唐代魏伯阳在上虞炼丹之物,由此可见,陆龟蒙写的是产于同地的越瓷。他另有《秘色越器》一诗:

> 九秋风露越窑开,夺得千峰翠色来。
> 好向中宵盛沆瀣,共嵇中散斗遗杯。

诗人以秘色瓷瓯饮茶,仿佛与嵇康建立了某种精神上的联系。上虞是嵇康的故里。根据诗中最后一句推断,秘色越瓷当产于浙江上虞。

十、煮茶

皮日休:

> 香泉一合乳,煎作连珠沸。时看蟹目溅,乍见鱼鳞起。
> 声疑松带雨,饽恐生烟翠。尚把沥中山,必无千日醉。

陆龟蒙:

> 闲来松间坐,看煮松上雪。时于浪花里,并下蓝英末。
> 倾余精爽健,忽似氛埃灭。不合别观书,但宜窥玉札。

煮茶十分讲究候汤。《茶经·五之煮》谓煮水有三沸:

一碗茶的诗礼禅

其沸如鱼目,微有声为一沸,缘边如涌泉连珠为二沸,腾波鼓浪为三沸,已上,水老不可食也。

又描写煮茶汤之美:

沫饽,汤之华也。华之薄者曰沫,厚者曰饽,细轻者曰花,如枣花漂漂然于环池之上。又如回潭曲渚,青萍之始生;又如晴天爽朗,有浮云鳞然。其沫者,若绿钱浮于水湄,又如菊英堕于尊俎之中。

皮诗中,以连珠沸、蟹目溅、鱼鳞起等语词,精准而形象地表达水沸的不同程度。其中,"蟹目",是指水熟初沸在镀底泛起的细小水泡泡。候汤时,多以虾眼、蟹眼、鱼眼来比拟水泡大小,以判断水之老嫩和沸腾程度。宋人蔡襄说:

候汤最难,未熟则沫浮,过熟则茶沉。前世谓之蟹眼者,固熟汤也。(《茶录》)

苏轼的《试院煎茶》有"蟹眼已过鱼眼生,飕飕欲作松风鸣"句,是从视觉、听觉两个维度候汤之老嫩。皮诗最后说,如果昔人刘玄石在中山把瓯饮茶,则不会有千日之醉了。

陆的唱和另出蹊径,只写煮茶的意境之美:以松上雪水烹茶,在翻滚的浪花中,投下茶末。在松下喝下一瓯雪水茶,精神爽健,忘却尘俗烦忧。此时不宜看别的书,最惬意的是读知己的信札。

值得一提的是,除了茶事活动,皮陆二人还围绕樵渔之事、丑怪古杉等诗歌唱和,如《樵家》《樵火》《樵歌》《樵斧》《蓑衣》《射鱼》《叉鱼》《钓车》《渔梁》《背篷》《钓矶》等等。将前人认为不能或不宜入诗的琐事、微物作为歌咏的主题,这在皮陆之前均不多见,但在宋以后就较为普遍。宋人围绕饮茶琐事、微物的歌咏,推动茶事活动进入全面诗化。如,宋代苏轼的《次韵周种惠石銚》《次韵黄夷仲茶磨》、王质的《茶声》,元代谢宗可的《茶筅》,明代瞿佑的《茶铛》等等。正如缪钺先生《论宋诗》所说:

> 凡唐人以为不能入诗或不宜入诗之材料，宋人皆写入诗中，且往往喜于琐事微物逞其才技。

后世有诗歌评论者认为此类诗歌逞才使气，夸博示巧，缺乏主旨意义。然而，撇开艺术审美的争论，皮陆二人以茶事活动细节、器物入诗，涉及方法、过程、步骤、场地、审美、精神等方方面面，在带动茶事活动全面诗化的同时，也留下了重要的史料价值。

六百多年后，文徵明因抱疾不能赴约虎丘品泉试茶，只能在家独饮，翻阅唐诗，悠然神往于皮陆的诗风茗韵。于是，提笔绘《茶具十咏图》，并依韵作诗10首。二百多年后，乾隆帝为之唱和，作《次文徵明〈茶具十咏〉韵》，并在《煮茶》一诗中，高度评价了前三位诗人：

> 皮陆首唱和，清词寄真静。
> 文翁继其韵，契神非认影。

胜若登仙范仲淹

范仲淹（969—1052），字希文，世称范文正公。祖籍邠州（今陕西省彬县），后迁居苏州吴县。有《范文正公集》20卷传世，流传下来的茶诗仅有两首，其中《和章岷从事斗茶歌》，反映了宋代斗茶风尚，后人简称《斗茶歌》。这首歌行体的诗浪漫、夸张，读来清亮、爽朗。与范仲淹唱和斗茶歌的章岷，是浦城人，从事是官名，为州郡长官的僚属。

唐宋都是充满诗情画意的时代，如果说，盛唐是酒文化的代表，彰显意气风发、志在四海的风神气度，那么，北宋则是茶文化的典型，流露"冲澹闲洁，韵高致静"（《大观茶论》）、"体势洒落，神观冲淡"（黄儒《品茶要录》）的气韵格调。北宋结束战乱之后，国家长期安定，"自国初已来，士大夫沐浴膏泽，咏歌升平之日久矣"（《品茶要录》）。社会物质生活充裕，城市经济发达，市民文化兴起，这些都为茶文化的世俗化提供了土壤，上至帝王将相、达官显贵，下至市井小民，无不以为雅事而乐在其中：

> 时或遑遽，人怀劳悴，则向所谓常须而日用，犹且汲汲营求，惟
> 恐不获，饮茶何暇议哉！（[宋]赵佶《大观茶论》）

闲暇是文化之母。宋代茶文化诞生于这样一种社会富足、人多闲暇的大环境下，而文人群体的索玩又进一步推动并引领茶事活动走向清雅精致，并拓展到社会各个阶层，成为"竞为闲暇修索之玩"的社会娱乐活动，尤以"斗茶"为最。在宋徽宗这个艺术天才皇帝看来，品茶习尚、风化育民非但无关奢靡，反而说明"天下之士，励志清白"，堪称"盛世之清尚"（《大观茶论》）。

"斗茶"，又称茗战、斗试、斗碾等。唐代已有"斗茶"，如白居易《夜闻贾常州崔湖州茶山境会想羡欢宴因寄此诗》一诗中，就有"青娥递舞应争妙，紫笋齐尝各斗新"，说的就是常州、湖州交接之地年年比斗新茶，选胜出者为当年贡品。晚唐出现冲点茶的萌芽，唐人冯贽在他的逸闻集《记事珠》中，就有"斗茶，闽人谓之茗战"的记载。唐时"斗茶""茗战"发展到宋代，成为社会各阶层的娱乐和审美活动。范文正公的《和章岷从事斗茶歌》再现了宋人斗茶的情境与精神风貌：

> 年年春自东南来，建溪先暖冰微开。
> 溪边奇茗冠天下，武夷仙人从古栽。
> 新雷昨夜发何处，家家嬉笑穿云去。
> 露芽错落一番荣，缀玉含珠散嘉树。
> 终朝采掇未盈襜，唯求精粹不敢贪。
> 研膏焙乳有雅制，方中圭兮圆中蟾。
> 北苑将期献天子，林下雄豪先斗美。
> 鼎磨云外首山铜，瓶携江上中泠水。
> 黄金碾畔绿尘飞，碧玉瓯中翠涛起。
> 斗茶味兮轻醍醐，斗茶香兮薄兰芷。
> 其间品第胡能欺，十目视而十手指。
> 胜若登仙不可攀，输同降将无穷耻。
> 吁嗟天产石上英，论功不愧阶前蓂。

众人之浊我可清，千日之醉我可醒。

屈原试与招魂魄，刘伶却得闻雷霆。

卢仝敢不歌，陆羽须作经。

森然万象中，焉知无茶星。

商山丈人休茹芝，首阳先生休采薇。

长安酒价减千万，成都药市无光辉。

不如仙山一啜好，泠然便欲乘风飞。

君莫羡，花间女郎只斗草，赢得珠玑满斗归。

诗中用来试斗的茶产自福建建溪，故名建溪茶、建茶，以凤凰山一带所产为最佳。在大宋建立之前，凤凰山曾有一个叫作"闽国"的政权在此建有官苑，因在其都城北面，又名北苑，故产自凤凰山的茶，也叫北苑茶。由于地处偏远，福建茗茶在唐时尚未被世人所知。《茶经·八之出》言及该地所产茶叶，也只是说：

……岭南生福州、建州、韶州、象州。……未详。往往得之，其味极佳。

直到宋代，建溪一代所产茗茶跃为茶中绝品、皇家御贡。苏轼《荔枝叹》述及其"高贵"出身：

武夷溪边粟粒芽，前丁后蔡相宠加。
争新买宠各出意，今年斗品充官茶。

"前丁后蔡"指的是北宋丁谓、蔡襄前后两任福建漕使，负责督造贡茶。龙凤团茶为丁谓始创，蔡襄加以改造制成更加精绝的小龙团，其后又出现更加精致小巧的"密云龙""龙团胜雪"等，十分珍贵：

其品精绝，谓小团，凡二十饼重一斤，其价值金二两，然金可有而茶不可得。（[宋]欧阳修《归田录》）

《斗茶歌》首句言建溪地处岭南，春天比其他地方来得都要早。山上绝冠天下的武夷奇茗，传说是古时武夷仙人所栽种。

"新雷"即惊蛰，是建溪茶开采的最早节气：

> 每岁分十余纲，惟白茶自惊蛰前兴役，决日乃成，飞骑疾驰，不出仲春，已至京师，号为头纲。（[宋]丁谓《北苑茶录》）
>
> 建溪茶比他郡最先。北苑、壑源者尤早。岁多暖，则先惊蛰十日即芽；岁多寒，则后惊蛰五日始发。先芽者气味俱不佳，唯过惊蛰者最为第一。民间常以惊蛰为候。（[宋]宋子安《东溪试茶录》）

采茶要踩着时令，含珠带露的嫩芽长在漫山遍野的茶树上，一大早家家户户都穿云翻山去采茶。采摘唯求精粹，不可贪多，因此，往往忙碌一早上，采摘的鲜芽还不满一兜围裙。摘下的新鲜茶叶不可过夜，必须即刻按照规制研膏焙乳，制成方如圭、圆如月的团饼，再快马加鞭，将连日来赶制的头纲茶进贡天子，确保京师能最快品尝到当年的春茶：

> 建安三千里，京师三月尝新茶。（[宋]欧阳修《尝新茶呈圣俞》）
>
> 二月制成输御府，经时犹未到人家。（[宋]苏颂《太傅相公以梅圣俞寄和建茶诗垂示偻次前韵》）

为保证贡茶品质，先得邀请当地懂茶的名流高士来茶山品斗一番。品茶先品器，斗茶先鉴水。"首山铜"，是传说中黄帝铸鼎用的材料：

> 黄帝采首山铜，铸鼎荆山下。（[汉]王充《论衡·道虚篇》）

所谓"鼎磨云外首山铜"，铜的材质或可做磨的把手，并不适合做磨盘。而用作茶鼎，则要通过工艺改进，避免铜锈、铜腥气污染茶味。

"中泠水"，就是扬子江南零水。张又新《煎茶水记》言刘伯刍品泉排序，将中泠水排天下第一；陆羽将其排在第七。然，诗无达诂。所谓的首山铜做鼎、中泠水烹茶，不过是表达斗茶中追求极致的精神和态度。

备器择水的准备工作做好，就开始捣碎茶饼，用黄金碾碾末，再磨成粉，然后候汤、投茶、调膏、注水、击拂。此时，碧玉般的茶瓯中但见翠绿的水涛泛起。黄金碾与碧玉瓯是诗歌对仗的雅致表达。由于黄金较软，并不适合做茶碾，一般只作为鎏金装饰,或干脆就是指的铜器。宋代点茶法要求茶末细如粉尘,茶碾不再用木质的碾槽,而是采用石质或金属。"绿尘""翠涛"分别形容茶末和茶汤之色。据说,蔡襄曾就此向文正公提过修改建议:

> 蔡君谟问范文正公曰:"公采茶歌曰:'黄金碾畔绿尘飞,碧玉瓯中翠涛起。'今茶绝品,其色甚白。翠绿乃下者耳。欲改为玉尘飞、素涛起,如何?"希文曰:"善。"([宋]刘斧《青琐高义》)

故事真假不知,但反映了宋代鉴别茶叶、汤色以白为贵的观念。宋子安在《东溪试茶录》中将茶分为七类,第一类为白芽茶:

> 芽叶如纸,民间以为茶瑞,取其第一者为斗茶。

常人一般得不到,那就选择次一等的茶芽。品汤色的标准也是以纯白为上,青白、灰白、黄白等而下之。汤色纯白,表明茶芽鲜嫩,蒸青火候恰到好处;色偏青,表明茶叶非白芽茶,或茶青偏老;色泛灰,表明蒸时火候太过;色泛黄,则采制不及时;色泛红,则是烘焙火候过了头。除了查看汤色,还要查看汤花:

> 点处未容分品格,捧瓯相近比琼花。([宋]赵佶《斗茶词》)

"琼"强调色白,"花"指汤面泛起的泡沫,也叫作沫饽。比斗汤花,考察三个维度:

其一,汤花颜色。因汤花的色泽与茶汤的滋味密不可分,色越白,味越鲜。

其二,汤花的持久性。对此,宋人多有论说:

> 建安斗试,以水痕先者为负,耐久者为胜。故较胜负之说,曰相去一水两水。(蔡襄《茶录》)
>
> 沙溪北苑强分别,水脚一线谁争先?(苏轼《和蒋夔寄茶》)
>
> 斗赢一水,功敌千钟。(苏轼《行香子》)

最后,判断茶末与水的交融程度。这个与冲点的技艺密切相关:

> 茶少汤多,则云脚散;汤少茶多,则粥面聚。([宋]蔡襄《茶录》)

冲点的技艺贯穿每一个细节，包括水温的控制，茶末的碾、罗、筛，投茶和注水的体量，杯盏的加热与保温，注汤的粗细与老嫩，击拂的手势和力度等各个方面，这些都直接关系到品斗的结果。如果一切都恰到好处，则汤花匀细，如疏星淡月，久聚而不散，这种效果称作"咬盏"。最终，还是要回归"审味"，即在"味"上一较高下：

> 夫茶以味为上，香甘重滑，为味之全。（［宋］赵佶《大观茶论》）

茶的品质好，冲点的技艺又好，则茶汤的美妙滋味胜过醍醐，香气怡人赛过兰芷。"醍醐"，实指从牛乳中精炼出的油，在汉译佛经中为"本质""精髓"之意，常用作令人开悟的意思，如"醍醐灌顶"。"兰芷"，通常好茶自带香气——"入盏则馨香四达，秋爽洒然"（《大观茶论》）。此处特指武夷茶独特的"岩骨花香"，同时暗喻品格超逸的君子之德。

斗试，斗的是色、香、味、形。为突出茶汤的美感，茶瓯的选择尤受点试者重视。因茶色尚白，以黑釉为代表的深色系茶盏应运崛起：

> 茶色白，宜黑盏，建安所造者绀黑，纹如兔毫，其坯微厚，烧之久热难冷，最为要用。出他处者，或薄或色紫，皆不及也。其青白盏，斗试家自不用。（［宋］蔡襄《茶录》）

"碧玉瓯"，是典化陆羽在《茶经·四之器》中所推崇的青色越瓷。
"十目视而十手指"，语出《礼记·大学》：

> 曾子曰："十目所视，十手所指。其严乎？"

整个品斗的过程都在众目睽睽之下进行，众人目观手指，高下好坏的评定，来不得半点虚假。斗赢者飘飘然如登仙境，斗输者则好比打了败仗的降将，羞愧无地。诗至此从叙事转向抒情，语调也渐次高亢。《茶经·一之源》说茶叶——"上者生烂石"。诗人感慨，茶堪称石上生长精华，说起茶的功效，比传说中尧帝阶下那株叫作"蓂"［míng］的瑞草也不遑多让。传说这株草每日长出一片荚，长到十五荚后开始每日落一荚，逢月大则荚都落尽，月小则留一荚，焦而不落，这一荚称为"蓂"。人们可据蓂荚的更换而知日月，故称"历荚"；以蓂荚的更换来纪日月，又称"蓂历"。

茶可以荡涤尘俗,清胸臆。刘玄石中山饮酒醉千日,而我有茶可解千日之醉。茶之功,可以招来"举世皆浊我独清,众人皆醉我独醒"(屈原《渔夫》)的屈子魂魄;也可以雷霆之威,惊醒终日喝得不省人事的刘伶。卢仝怎能不为之讴歌,陆羽也必须专为它著经!

"酒星",即酒旗星。《晋书·天文志》有关于酒旗星座的记载:

> 轩辕右角南三星曰酒旗。酒官之旗也,主宴飨饮食。五星守酒旗,天下大酺。

古代星相学中以轩辕命名十七颗星,其右角南方三颗星呈"一"字形排列,为酒旗星,被古人视作主管人间美酒与宴飨饮食的星官令旗。诗人说,既然天界有酒星,万象森罗的大千世界,又怎知没有茶星?有了茶,商山四皓何必采食芝草,伯夷、叔齐又何必以野菜充饥;有了茶,长安的酒价下降百万,成都药市也不复昔日景气。因为所有的这一切,都不如到武夷仙人种茶的仙山啜饮几瓯仙茗,茶中清冷的滋味令人两腋生风得道飞升。真正爱茶的君子何必羡慕花间女子斗草赢得满斗珠玉,因斗茶的乐趣绝非珠玉能比。

刘伶,与阮籍、嵇康、山涛、向秀、王戎和阮咸并称为"竹林七贤"。著《酒德颂》,认为酒最能体现道家逍遥自在、自然无为的思想和精神。一生"唯酒是务",嗜酒不羁,被称为"醉侯"。

商山四皓,是秦末汉初的四个道家隐士,分别为东园公、夏黄公、绮里季、角[甪]里先生。据《史记·留侯世家》记载,四人曾是秦始皇时七十名博士官中的四位,后隐居商山,有《紫芝歌》以明志。四位眉皓发白的隐士曾出山,向汉高祖刘邦劝谏不可废去太子刘盈(即后来的汉惠帝),故被后世称"商山四皓"。

伯夷、叔齐是商末孤竹君的两位王子。据《吕氏春秋·诚廉》《史记·伯夷列传》记载,孤竹君遗命立三子叔齐为君,但二人彼此谦让,最后都放弃继位,结伴前往周国考察,路遇周武王伐纣,二人扣马谏阻。武王灭商后,他们耻食周粟,采薇而食,最后饿死于首阳山。

文人的参与,使"斗茶"充满理趣玄思:茗中高手不仅善于格物致知、明理鉴物,掌握万物之间的微妙差别,还善调和制宜之道、美感之道。冲点的过程,是至诚竭

　　　　　　　　　　　　　　　　　一碗茶的诗礼禅

力而又小心翼翼的"试探"：

> 虽人工有至有不至，亦造化推移不可得而擅也。（［宋］黄儒
> 《品茶要录》）

人的工艺有时能够达到极致，有时却不能，就像造化的推移一样，一切都不是静止的，都在变化之中，每一道茶汤都是独一无二、无法完整复制的。"试点"，是中国宇宙生命哲学映照在一碗茶汤中的智慧。

点茶对汤花审美和技艺的要求，进一步演化为汤戏、茶百戏、水丹青等分茶技巧，即化汤花为笔墨，使汤花水纹成为禽、兽、虫、鱼、花、草等各种物象，甚至可以幻化出诗句来。"分茶何似煎茶好，煎茶不似分茶巧。"（［宋］杨万里《澹庵坐上观显上人分茶》）分茶炫技，已不再是以饮为目的。宋人陶穀的《清异录》记载了当时斗茶的各种奇巧技艺及其流行程度：

> 近世有下汤运匕，别施妙诀，使茶纹水脉成物象者，禽兽虫鱼花草之属纤巧如画，但须臾即就幻灭。此茶之变也，时人谓之茶百戏。
>
> 沙门福全能注汤幻字成诗一句，如并点四碗，共一首绝句，泛乎汤表。檀越日造门求观汤戏。

诗分唐宋，茗风亦然。用宋人严羽的话说——"本朝人尚理，唐人尚意兴"（《沧浪诗话》）。唐人饮茶如饮酒，三饮、七碗，意态潇然，超逸出尘；宋人试点、品斗，碗盏汤花穷理尽性，彰显理趣、技艺。

东坡炉铫行相随

苏轼（1036—1101），字子瞻，号东坡居士，眉州眉山（今属四川）人。其一生在诗词、文章、书画等领域的成就及美学风神，对中国传统文化艺术以及传统文人精神品格的影响和塑造是极其深远的，于茶之一道亦然。

苏轼的一生沉浮跌宕。21岁进士及第，位列号称"千年科举第一榜"嘉祐二年

榜单。这一年的主考官是文坛领袖欧阳修,宋仁宗亲临,进士榜群星璀璨,《宋史》有传的共有 24 人,无论政治、文学、经学、军事都有独领风骚的人物出现,苏轼、苏辙、曾巩、张载、程颢、程颐都赫然在列。苏轼初入官场便得欧阳修的赏识与提携,并受皇帝器重,但其仕途多舛。其时,王安石和司马光围绕变法斗争,朝堂分为新旧两党。苏东坡在政治上恪守儒家经义,奉行"中庸",因此,新党当政,他反对新党的激进;旧党掌权,他又反对旧党的拔除异己、全面废除新政的做法。这种不求事功、但为信念的执着,得到好友黄庭坚的理解,赞其"忠义贯日月"(《山谷题跋·卷二·跋子瞻醉翁操》)。然而,这种两头不讨好的行为,无疑引来两方阵营的排斥和倾轧,也因此开启了不断遭受贬谪的政治生涯。近乎流放的生活使东坡的足迹遍及大江南北,开阔了眼界胸襟;人生的起伏跌宕、现实和理想的深刻矛盾,又迫使他向内寻求解脱。如此,佛道超凡脱俗的思想就成为重要的精神抚慰,与儒家匡济天下的情怀互补,成为调和并化解一切矛盾的良药——谈禅,而不佞佛;好道,而不避世。这样一种人生信仰、生命情态和生活态度在其文学艺术作品中得到淋漓尽致的表达,后人高度概括为"豪放"二字:豪,是意兴勃发的生命自觉;放,是对人生无奈、生命无常的觉悟,对空虚寂寞的排解,对超逸现世的精神追求。

苏东坡贬官之地多偏远而穷顿,这也给他提供了品尝天下茗茶的机会——"我官于南今几时,尝尽溪茶与山茗"(《和钱安道寄惠建茶》)。他一生"砖炉石铫行相随"(《试院煎茶》),留下 70 多首咏茶诗。饮茶作为与审美倾向、思想情趣、人生态度等密切相关的特定情境,苏东坡于中国茶文化的意义,或不在于留下多少数量的名篇佳句,而在于其注入茶汤之中的心境、意绪等生命哲学、意识和情态,折射出一个时代"三教"融汇的思想潮流和美学风神,推动茶事活动上升到艺术、哲学甚至宗教的高度,充满寻求宁静、慰藉和解脱的精神意味。

一、入世的浓情:人间有味是清欢

细雨斜风作晓寒,淡烟疏柳媚晴滩,入淮清洛渐漫漫。

雪沫乳花浮午盏,蓼茸蒿笋试春盘,人间有味是清欢。

——《浣溪沙》

苏轼常以老饕本色自居。他在《书东皋子传后》一文中说自己酒量不大，"天下之不能饮，无在予下者"，又谓"天下之好饮亦无在予上者"。《曲洧旧闻》记载，苏东坡与客笑谈天下绝品至味，最后以"东坡先生'赤壁前后赋'"为绝唱收尾：

> 苏东坡与客论食次，取纸一幅以示客云："烂蒸同州羊羔，灌以杏酪香粳，荐以蒸子鹅，吴兴庖人斫松江鲙；既饱，以庐山玉帘泉，烹曾坑斗品茶。少焉解衣仰卧，使人诵东坡先生'赤壁前后赋'，亦足以一笑也。"

茶宴以庐山玉帘泉号称天下第一泉，烹点产于武夷名坑的斗品级龙凤团饼——"龙焙今年绝品，谷帘自古珍泉"（《西江月》），"二绝"相逢的人间至味，方不负"老饕"真爱。东坡嗜茶，曾笑谈自己大概因为嗜茶一项可以位列仙班，但仙班的儒者大都清瘦（不像我这么"腴"），倒也有一样相同，就是得了和爱茶的司马相如同款的消渴病：

> 列仙之儒瘠不腴，只有病渴同相如。（《鲁直以诗馈双井茶次韵为谢》）

工欲善其事，必先利其器。嗜茶的诗人对烹茶用具很有见地。《次韵周种惠石铫》一诗，介绍了一款非常适合煮茶的石铫：

> 铜腥铁涩不宜泉，爱此苍然深且宽。
> 蟹眼翻波汤已作，龙头拒火柄犹寒。
> 姜新盐少茶初熟，水渍云蒸藓未干。
> 自古函牛多折足，要知无脚是轻安。

诗人说，这种石铫没有异味，不会损害茶的真味，外表苍朴，容量大，汤已沸腾翻滚，但龙头手柄还是凉的，非常适合煮茶。宋人煮茶，通常只用中等以下的茶为原料，并佐以新姜和少量的盐。最后说它体形大而又无脚，容易安放，又没有大鼎折足之虞，倒也令人心安。整首诗含蓄蕴藉，颇有弦外之音，仿佛意有所指。另有

《次韵黄夷仲茶磨》一诗,介绍一款茶磨:

> 前人初用茗饮时,煮之无问叶与骨。
> 浸穷厥味白始用,复计其初碾方出。
> 计尽功极至于磨,信哉智者能创物。
> 破槽折杵向墙角,亦其遭遇有伸屈。
> 岁久讲求知处所,佳者出自衡山窟。
> 巴蜀石工强镌凿,理疏性软良可咄。
> 予家江陵远莫致,尘土何人为披拂。

诗人介绍了茶臼、茶碾、茶磨的发展过程。煎茶用的茶末,只需用到茶碾,粉末如米粒大小最佳。宋代点茶直接调膏冲点,茶末要细如粉尘,这就要对细如米粒的茶末进行再加工,茶磨就是这个工具。诗人称赞饮茶人为求至味,智计百出、登峰造极的创造力。被淘汰的碾如破烂般被堆放墙角,就和人的遭遇一样有伸屈、起伏。经得起岁月检验的好东西必要讲求出处,上好的石磨要衡山石、巴蜀工,石头纹理疏而质地偏软十分好用,值得称道。诗人遥想远在江陵的家里就有这么一款石磨,可惜路途遥遥不能亲自擦拭,不知是否有人给披个罩或者时常拂拭一番,以保持清洁。

有好茶、好器,还得有好泉。惠山泉号称天下第二泉。神宗熙宁七年(1074)八月,苏东坡在赴镇江途中,迫不及待地携带御赐小团到无锡惠山来试泉;随后,又逸兴无穷,登临惠山,远眺太湖,作《惠山谒钱道人烹小龙团登绝顶望太湖》诗:

> 踏遍江南南岸山,逢山未免更留连。
> 独携天上小团月,来试人间第二泉。
> 石路萦回九龙脊,水光翻动五湖天。
> 孙登无语空归去,半岭松风万壑传。

此后,又经年难忘,作《寄伯强知县求惠山泉》一诗,向无锡知县求乞惠山泉:

> 兹山定空中,乳水满其腹。
> 遇隙则发现,臭味实一族。

浅深各有值，方圆随所蓄。

或为云汹涌，或为线断续。

或流苍石缝，宛转龙鸾蹙。

或鸣空洞中，杂珮间琴筑。

瓶罂走千里，真伪半相渎。

贵人高宴罢，醉眼乱红绿。

赤泥开方印，紫饼截圆玉。

倾瓯共欢赏，窃语笑僮仆。

岂如泉上僧，盥洒自挹掬。

故人怜我病，箬笼寄新馥。

欠伸北窗下，昼睡美方熟。

精品厌凡泉，愿子致一斛。

　　惠山泉作为集自然与人文为一体的泉中绝品，自是别有一番滋味。诗人以瑰丽的想象，从味、形、声以及动态等多个方面描写泉水的美妙。又猜想，史上李赞皇（李德裕）"水递"惠泉千里，估计到了丞相府也是真假各半，贵人们酒后以紫笋饼茶煎煮，醉醺醺已分不清真假。而内行又保持清醒者嘴上赞叹，却私下里暗自嘲笑其被僮仆所欺瞒。哪里知道惠山寺的僧人可谓近水楼台，盥洗洒扫都是汲取的惠山泉水。现在我这里有朋友体恤我的癖好寄来几笼新茶，人生的美事莫过于美美地睡个午觉，在北窗下伸个懒腰而茶此时正好烹熟。唯一的缺憾就是精品好茶没有名泉来冲点，唯愿赐我一斛惠山泉，以救"风雅渴"。

　　苏东坡的咏茶诗沉淀着宋代文人的生活世相与生命情怀。饮茶是自上而下、席卷社会各阶层的风雅时尚——"天下之士，励志清白，竞为闲暇修索之玩，莫不碎玉锵金，啜英咀华"（赵佶《大观茶论》）。这在东坡的茶诗中也屡处可见：

　　颇见纨绮中，齿牙厌粱肉。小龙得屡试，粪土视珠玉。（《寄周安孺茶》）

　　君不见斗茶公子不忍斗小团，上有双衔绶带双飞鸾。（《月兔茶》）

文人爱茶,还钟情于"人在草木间"的山水情怀。《次韵曹辅寄壑源试焙新茶》一诗就充满茶的丰富隐喻和意味,"东坡式"的诙谐、戏谑、轻松之下,是一派透彻了悟、萧散自在的禅风:

> 仙山灵草湿行云,洗尽香肌粉未匀。
> 明月来投玉川子,清风吹破武林春。
> 要知玉雪心肠好,不是膏油首面新。
> 戏作小诗君勿笑,从来佳茗似佳人。

　　武林是今浙江省杭州市的别称,也是诗人当时的任职之地。在诗人眼中,茶是明月(团饼茶之象形),是清风(典出卢仝《走笔谢孟谏议寄新茶》中的"两腋习习清风生"),汤华好似雨中湿云。诗人冲点之际感受到春天的美好,再看看手中的佳茗,就好像见到理想的"佳人"——别茶如择佳人,茶的本色如玉似雪,不能被表面抹的那层好看的膏油欺骗上当,榨膏碾末好比"洗尽香肌",任你再高明的上妆敷粉都无法掩饰本质内里。心田舒适,人间便是神仙境。无论是"欲把西湖比西子",还是"从来佳茗似佳人",都是以感官之美来呈现诗人对现世生活的安适享受。古诗中,"美人""佳人""玉人""香草"都是"高士"的象征。因此,诗中"佳人"也可作宽泛解,取茶品如人品之意。

　　宋代斗茶风盛,诗人精于茶术,是其中翘楚。《行香子·茶》则描写了宋代文士一天酒茶歌舞的生活世相:

> 绮席才终,欢意犹浓,酒阑时高兴无穷。
> 共夸君赐,初拆臣封。
> 看分香饼,黄金缕,密云龙。
> 斗赢一水,功敌千钟,觉凉生两腋清风。
> 暂留红袖,少却纱笼。
> 放笙歌散,庭馆静,略从容。

　　欢席已终,酒阑珊但兴犹高,于是继续茶会斗茶。大家都为拥有皇帝赐赏的龙团为傲。有人拿出密云龙,小心翼翼地拆开金色的包装,取出一小块拿来斗茶。赢

　　　　　　　　　　　　　　　　　　　　一碗茶的诗礼禅

了一水,比喝了一千盅还要飘飘然。不是卢仝的纱帽笼头自煎茶吃,而是红袖在旁添香、笙歌助兴。直至人去歌尽,一切又复归平静。

二、出世的放达:何须魏帝一丸药

示病维摩元不病,在家灵运已忘家。

何须魏帝一丸药,且尽卢仝七碗茶。

——《游诸佛舍一日饮酽茶七盏戏书勤师壁》

于苏轼而言,饮茶这样的人生美事并非得意之时的消遣,更多的是自我排遣和圆融世相的一帖良药。任杭州通判第二年,苏轼因病告假,游湖上净慈、南屏诸寺,晚上又到孤山谒惠勤禅师,一路饮茶不觉病消。于是,提笔在禅师粉壁上题写下"何须魏帝一丸药,且尽卢仝七碗茶"。茶汤好比灵药,不仅能调理诗人身体的不适,或也能协和他一肚皮的不合时宜:

乳瓯十分满,人世真局促。意爽飘欲仙,头轻快如沐。(《寄周安孺茶》)

宋神宗熙宁五年(1072),因与王安石政见不合,苏轼自请出京任杭州通判。一日,苏轼在试院监考后,与二三个监考官打水煎茶,并作《试院煎茶》诗:

蟹眼已过鱼眼生,飕飕欲作松风鸣。

蒙茸出磨细珠落,眩转绕瓯飞雪轻。

银瓶泻汤夸第二,未识古人煎水意。

君不见,昔时李生好客手自煎,贵从活火发新泉。

又不见,今时潞公煎茶学西蜀,定州花瓷琢红玉。

我今贫病长苦饥,分无玉碗捧蛾眉,且学公家作茗饮。

砖炉石铫行相随,不用撑肠拄腹文字五千卷,但愿一瓯常及睡足日高时。

诗人形象生动描写了点茶过程,又说,即便银瓶里煮的是号称天下第二的惠山泉,也不见得明白古今煎水候汤的至理。李约,是唐代有名的知茶人,善候汤:

> 性能辨茶,常曰:"茶须缓火炙,活火煎。"([唐]温庭筠《采茶录》)

潞国公文彦博是诗人同时代人,他向西蜀人学煎茶,用的是定州窑烧制的珍贵花瓷。诗人思古思今,反观自己贫病苦饥,没有美人也没有好的茶碗来分茶,穷得没法讲究,还学着那些官长品茗。然而,这并不影响自己的人生态度:我就与砖炉石铫相陪伴,何必像卢仝那样喝个茶还搜肠刮肚,只要常有一瓯茶汤相伴,一觉睡到日头高照,人生可谓足矣。

在人生的低谷,一人孤饮更易生空虚落寞之情。元丰二年(1079)三月,苏东坡由徐州调任太湖滨的湖州。本着例行公事,作《湖州谢上表》,却忍不住说几句含沙射影的话:"陛下知其愚不适时,难以追陪新进;察其老不生事,或能牧养小民。"其中"新进""生事"授御史台于柄,上奏其"愚弄朝廷,妄自尊大",由此揭开"乌台诗案"序幕。重临故地,诗人并没有意识到即将到来的牢狱之灾,然时隔五年,心绪已有不同。《游惠山》一诗,诗人怅古忧今,联想起自己年过不惑、仕途坎坷,顿生灰心之叹:

> ……
> 敲火发山泉,烹茶避林樾。
> 明窗倾紫盏,色味两奇绝。
> 吾生眠食耳,一饱万想灭。
> 颇笑玉川子,饥弄三百月。
> 岂如山中人,睡起山花发。
> 一瓯谁与共?门外无来辙。

山泉烹茶,明窗紫盏,色味奇绝。可是我这辈子就是吃饱就睡,饱食终日已无念想。笑那卢仝,饿着肚皮还摆弄那三百片阳羡团饼,还不如我这样的山中人,一觉醒来,就见满山花开。和谁一起喝呢?穷在闹市无人问,唯有独自品味。

第二年春天,苏轼从"乌台诗案"勉强脱身,又贬黄州。人生遭此大变,何以对

　　　　　　　　　　　　一碗茶的诗札禅

抗现实的灰暗和精神的挫败？苏轼幼时就接受道教启蒙，道士张易简是启蒙老师，后来载入《仙鉴》的知名道士陈太初还是他当时的同学。苏轼常穿道袍，游访道士，许多诗文都可见道家的痕迹，如《放鹤亭记》中对道人大加赞赏，《后赤壁赋》中以道人入梦结尾等等。苏轼出生于号称天府佛国的四川，眉州紧邻峨眉山，与乐山大佛也相距不远。他曾称自己的前世是五戒和尚，与佛界高僧多有交游，尤与佛印禅师接机往来留下许多佳话。佛道思想塑造了诗人放旷、萧散的人格特征，也是其文风洒脱、豪放、空漠的哲学根源。在人生低谷的时候，他常去黄州的安国寺住僧房、吃僧斋、焚香默坐，深自省察，求"物我相忘，身心皆空"（《安国寺记》）。他还托朋友为他请得城东荒地数十亩，开荒种地。借由这块"城东坡地"，联想自己喜爱的诗人白居易的诗句：

> 东坡春向暮，树木今如何？（《东坡种花》）
>
> 朝上东坡走，夕上东坡步，东坡何所爱，爱此新生树。（《步东坡》）

于是，"东坡居士"的雅号也应景应情而出。元丰四年（1081），苏轼建了一幢自题"东坡雪堂"的房子。雪堂西南是北山之微泉，南面是四望亭的后丘，堂前掘井种柳，堂后种有松、竹、桑、桃、橘、枣等，唯缺茶树。因有缘尝过大冶的桃花茶，苏轼希望能在东坡种上桃花茶。于是作《问大冶长老乞桃花茶栽东坡》，只为乞茶——"不令寸地闲，更乞茶子艺"。虽说种茶如种菊，自称"江南老道人"的诗人却无陶潜归田园居的飘逸之情，只有沧桑无奈、寂寥空漠的心绪，如烟似雾，缭绕心间，拨不开，也挥不去。

元符三年（1100），苏轼谪居儋州（今属海南），作《汲江煎茶》，把人生几近落幕的深沉寂寥与空漠渲染到极致：

> 活水还须活火烹，自临钓石取深清。
>
> 大瓢贮月归春瓮，小杓分江入夜瓶。
>
> 雪乳已翻煎处脚，松风忽作泻时声；
>
> 枯肠未易禁三碗，卧听山城长短更。

不过是汲水煎茶,却写出瑰丽恢弘之势。后人多赞此诗想象奇特,且道尽烹茶之妙。宋人魏庆之的《诗人玉屑》对诗中精妙之处,一一评述:

> 东坡《煎茶》诗云:"活水还将活火烹,自临钓石汲深清。"第二句七字而具五意:水清,一也;深处取清者,二也;石下之水,非有泥土,三也;石乃钓石,非寻常之石,四也;东坡自汲,非遣卒奴,五也。"大瓢贮月归春瓮,小杓分江入夜瓶",其状水之清美极矣。"分江"二字,此尤难下。"雪乳已翻煎处脚,松风仍作泻时声",此倒语也,尤为诗家妙法,即杜少陵"红稻啄余鹦鹉粒,碧梧栖老凤凰枝"也。"枯肠未易尽三碗,卧听山城长短更",又翻却卢仝公案。全吃到七碗,坡不禁三碗;山城更漏无定,"长短"二字,有无穷之味。

忙碌的煎煮,是寂寥的诗人背影;喝不下的茶汤,是荒寒、空漠的复杂况味。

三、九死而不悔:啜过始知真味永

> 我官于南今几时,尝尽溪茶与山茗。
> 胸中似记故人面,口不能言心自省。
> 为君细说我未暇,试评其略差可听。
> 建溪所产虽不同,一一天与君子性。
> 森然可爱不可慢,骨清肉腻和且正。
> 雪花雨脚何足道,啜过始知真味永。
> 纵复苦硬终可录,汲黯少戆宽饶猛。
> 草茶无赖空有名,高者妖邪次顽懭。
> 体轻虽复强浮泛,性滞偏工呕酸冷。
> 其间绝品岂不佳,张禹纵贤非骨鲠。
> 葵花玉夸不易致,道路幽险隔云岭。
> 谁知使者来自西,开缄磊落收百饼。
> 嗅香嚼味本非别,透纸自觉光炯炯。

粃糠团凤友小龙，奴隶日注臣双井。

收藏爱惜待佳客，不敢包裹钻权幸。

此诗有味君勿传，空使时人怒生瘿。

——《和钱安道寄惠建茶》

宋人朋九万《东坡乌台诗案》记录了《和钱安道寄惠建茶》一诗的来历：

> 熙宁六年（1073），轼任杭州通判日，因本路运司差往润州勾当公事，经过秀州，钱颢字安道，在秀州监酒税，曾作台官，始于秀州与之相见。得颢作诗一首，送茶与轼，复与诗一首谢之。

钱颢，是反对王安石变法的中坚分子，诗人此诗虽和寄惠茶，也是有意表明自己的政治立场，因而，这首诗被收入"乌台诗案"册子。这首诗的创作时间距离乌台诗案还有六年，然而，通过以茶品喻人品，可以清晰感受到诗人始终不渝的信仰和心志，如此品格在风波诡谲的朝堂难脱危局。

诗歌前半部分以建茶喻君子。诗人说，自己离开权力的中心很久了，贬途一路喝的都是各地的草茶，收到朋友寄惠的建茶，就好像他乡遇故知，口不能言心下快活自省。此句化自好朋友黄庭坚的《品令·茶词》：

> 恰如灯下，故人万里，归来对影。口不能言，心下快活自省。

诗人紧接着说，建茶与他茶的差别没法细说，只能概括地说几句，建溪所产虽然也各有差别，但总的来说都有一个共同点，即与生俱来的"君子性"——"骨清肉腻和且正"，可谓文质彬彬。因此，这样的自然天性值得郑重对待，不可轻慢。冲点茶时讲究的雪花、雨脚其实不足一提，茶汤的真味只有细细品味才能体会。建茶纵然有味道苦硬者，但终有其可圈可点之处，就好比西汉直臣汲黯、盖宽饶的憨直不讳。

诗的后半部分以草茶喻小人，这在《东坡乌台诗案》中有解：

> "草茶无赖空有名，高者妖邪次顽犷。"以讥世之小人，乍得权用，不知上下之分，若不谄媚妖邪，即须顽犷狠劣。又云："体轻虽

复强浮泛,性滞偏工呕酸冷。"亦以讥世之小人,体轻浮而性滞泥也。又云:"其间绝品非不佳,张禹纵贤非骨鲠。"亦以讥世之小人如张禹,虽有学问,细行谨饬,终非骨鲠之人。"收藏爱惜待佳客,不敢包裹钻权幸。此诗有味君勿传,空使时人怒生瘿。"以讥世之小人,有以好茶钻要贵者,闻此诗当大怒也。

苏轼自言此诗有味外之味,亦即借茶论道、借题发挥。清人纪昀评价这首诗:

将人比物,脱尽用事之痕,开后人多少法门。(《阅微草堂笔记》)

晚于苏轼一个世纪的朱熹,也以"中庸"之德论建茶。他反对《南轩集》所说"草茶如草泽高人,腊茶如台阁胜士",以为"俗了建茶,却不如适间之说两全也"(《朱子语录杂类》),说建茶兼具两者优点,有高士之德,又有济世之能。台阁胜士、草泽高人以融合交融互补为至上。

苏轼和朱熹都以"中庸"论茶、论人,典型地反映了宋代文人的生命信仰。正是因为这份信守与坚持,诗人放旷萧散的外表之下,内心却有着屈子"亦余心之所善兮,虽九死其犹未悔"(《离骚》)的执着,虽历经磨难,颠沛流离,依然初心不改,发出"九死南荒吾不恨,兹游奇绝冠平生"(《六月二十日夜渡海》)的豪兴。然而诗人的这种豪兴,时常被无常、空漠、寂寥所侵蚀。他一边说着"有笔头千字,胸中万卷,致君尧舜,此事何难。用舍由时,行藏在我,袖手何妨闲处看"(《沁园春·孤馆灯青》);却在另一边,又"哀吾生之须臾,羡长江之无穷"(《赤壁赋》)、"世事一场大梦,人生几度秋凉"(《西江月·世事一场大梦》)、"拣尽寒枝不肯栖,寂寞沙洲冷"(《卜算子·黄州定慧院寓居作》)……诗人的豪放,是以鼓努之力对空漠人生的自我消解,成为后世文人群体的精神知己。

人至老境、诗至老境,而茶最知味。"唯能剩啜任腹冷,幸免酪酊冠弁斜"(〔宋〕梅尧臣《次韵和再拜》)。纷乱复杂的心境意绪,需要一碗茶汤来涤襟去烦、致清导和。苏东坡的茶境,不是陶潜归遁的武陵胜境,不是皎然的飘然世外,也不是卢仝的闭门悟道,而只是心境、意绪,是深刻的矛盾冲撞后的平静与淡泊。

诗画茗醉文徵明

文徵明(1470—1559),初名璧,字征仲,号衡山,江苏长洲(苏州)人,《明史·文苑传》收录其诗 15 卷、文 20 卷,为诗、文、书、画无一不精的全才,与明中期活跃于苏州(别称"吴门")的沈周、唐寅、仇英,并称"吴门四家"或"吴门四杰",与唐伯虎、祝枝山、徐祯卿并称"江南四大才子"。晚年继沈周之后,成为吴门领袖。

艺术的诞生和发展,伴随着人的生命意识觉醒和探寻。如果说哲学是一个时代的灵魂,那么高雅的艺术和尘俗的生活则是生命情态的呈现与表达。元代,由于政权核心屏蔽汉族,迫使传统文人退避朝堂,一腔匡济天下的情怀无处安放,只能寄情山水,优游艺术。不求形模,强调笔墨趣味和抒发"逸兴"的"文人画"就是这一文化心理结构的产物。这样一种文艺思潮持续泛滥,在明代形成一股"独抒性灵、不拘格套"的浪漫主义洪流,文学艺术得到空前发展,"吴门四家"继"元四大家"之后,成为文人画的旗帜。

在明代才子的世界中,品茗是他们愉悦自己、独抒性灵的艺术生活方式。元末明初领袖文坛四十年的杨维桢猖狂不羁,任性洒脱,他在《煮茶梦记》中,描绘自己在松江园圃以诗书茶茗为伴的神仙日子,并在《梦洲海棠城记》中放言:

吾尝谓世间无神仙则已,有则自是吾辈中人耳。

曾官至礼部尚书的吴宽以一首《爱茶歌》,表达自己超逸的襟怀:

《茶经》续编不借人,《茶谱》补遗将脱手。
平生种茶不办租,山下茶园知几亩。

虽是高官,但心寄茶亩,更别说活动在江南一带包括"吴门四家"在内的才子们了。他们常常亲身参与茶的栽种、采摘、炒焙、制作,还就制作工艺、品味等方面进行研究探讨、推陈出新,并为之题诗、作画、著书,使得围绕品饮的茶事活动全面融入诗情画意之中,共同谱写了一种表现生命理想和生活美学的、"风流才子式"的文化样本。这种风光旖旎的生活是一种率性而为、适情适性的生命样态,是当下的、人间的、现世的，而不再是逃避现实的出世逍遥，既有精英追求的超拔不凡，亦有着世俗钦慕的安适华美。

据其子文嘉《先君行略》记述，文徵明是在57岁弃官放舟南还之后，开始他心中理想的"神仙"生活的。他在住舍之东建了一间小室，名曰"玉磐山房"，为平日吟诗、写字、绘画之所，并在庭院中亲手种下两株桐树，"日徘徊啸咏其中，人望之若神仙焉"。而此前，据《明史》记载，出身官宦世家的文徵明一直考运不佳，十次乡试不第，直到53岁受知于应天巡抚李充嗣，推介于尚书林俊，被举荐朝廷授翰林院"待诏"一职，负责应对皇帝有关文史方面的提问。在吴门风流才子的群体中，有别于唐伯虎、徐渭等名士的任情恣意，文徵明循规蹈矩、平和沉稳，故有"风流当如唐伯虎，做人要学文徵明"一说。然《明史·本传》却介绍了文徵明"其为人和而介"的另一面。说是巡抚俞谏想要赠送他金钱，指着他所穿的蓝衫说："敝至此邪?"文徵明装傻："遭雨敝耳。"俞谏最后都没敢说送钱的事。晚年的文徵明显示了他厚积薄发的艺术创造力，更在六十多岁以后达到艺术巅峰。盛名之下，一画难求。然文徵明怜贫惜弱、不畏权贵，给不给画但凭心意，和雅温润的面貌底下，是执着和清高到几近狷介的风骨：

> 衡山先生于辞受界限极严。人但见其有里巷小人持饼饵一箸来索书者，欣然纳之，遂以为可浼。尝闻唐王曾以黄金数笏，遣一承奉赍捧来苏，求衡山作画。先生坚拒不纳，竟不见其使，书不肯启封。此承奉逡巡数日而去。（〔明〕何良俊《四友斋丛说》卷十五）

文徵明一生嗜茶，精研茶事，曾研究考证蔡襄《茶录》著《龙茶录考》，对《茶录》的创作时间、书法艺术、版本、收藏等情况作详细的考述。生活中，煮泉论茗和诗文书画一样，是其日常不可或缺的内容。与元人一味追求空寂意境不同，文徵明的画融合宋代文人叙事画的传统，将主题视野扩大到日常生活场景，尤其是那些品茗试泉、吟诗唱和中逸兴遄飞、高雅快意的美好时光，在《惠山茶会图》《乔林煮茗图》《汲泉煮茗图》《品茶图》《茶事图》《试茶录》《真赏斋图》《松下品茗图》《煮茗图》《林榭煎茶图》《茶具十咏》等传世名画中一一得以呈现，并留下约150首茶诗。其中不少诗作是为茶画题诗，或者说不少画作是为茶诗所作。

文徵明的诗一如其画,围绕日常展开,款款叙事,妥帖稳顺,语言浅切平易而不失典丽。朱彝尊在《静志居诗话》记载文徵明在《告何良俊之言》一文中的自谦语:

> 吾少年学诗,从陆放翁入,故格调卑弱,不若诸君皆唐音也。

王世贞在《艺苑卮言》中,自述自己"少年时不经事意,轻其诗文",随着欣赏水平的提高,终于能够体会其中冲淡平和的高远韵味:

> 先生好为诗,传情而发,娟秀妍雅,出入柳柳州、白香山、苏端明诸公。
> 如素衣女子,洁白掩映,情致亲人。
> 如仕女淡妆,维摩座语,又如小阁疏窗,位置都雅。

清人纪昀在《甫田集》提要中,同样给出很高评价:

> 徵明秉志雅洁,其画细润而潇洒,诗格亦如之。

文徵明富有纪实意味的诗画作品,为后人还原了其时江南文士风流蕴藉的生活美学与风尚。

文徵明一生游历不多,离苏州百里之遥的无锡惠山、虎丘均是他常去的地方,只因那里有着名重天下的泉水——在张又新《煎茶水记》中,刘伯刍评泉七品,其中惠山泉居第二,虎丘泉第三;陆羽评水二十品,惠山泉仍居第二,虎丘泉排名第五。文徵明在35岁时第一次踏足惠山,十年夙愿一朝得尝,激动之余写下《秋日将至金陵泊舟惠山同诸友汲泉煮茗喜而有作》,记录初品惠山泉的情景和心情:

> 少时阅茶经,水品谓能记。
> 如何百里间,惠泉曾未试。
> 空余裹茗兴,十载劳梦寐。
> 秋风吹扁舟,晓及山前寺。
> 始寻琴筑声,旋见珠颗泌。
> 龙唇雪渍薄,月沼玉淳泗。
> 乳腹信坡言,圆方亦随地。

不论味如何，清彻已云异。

俯窥鉴须眉，下掬走童稚。

高情殊未已，纷然各携器。

昔闻李卫公，千里曾驿致。

好奇虽自笃，那可辨真伪。

吾来良已晚，手致不烦使。

袖中有先春，活火还手炽。

吾生不饮酒，亦自得茗醉。

虽非古易牙，其理可寻譬。

向来所会尝，虎阜出其次。

行当酌中泠，一验遗翁智。

返程时还不忘以小瓶汲泉将此"妙绝龙山水"带回苏州——

解维忘未得，汲取小瓶回。(《还过无锡同诸友游惠山酌泉
试茗》)

《惠山茶会图》是诗人49岁时所作，记录了与好友蔡羽、王守、王宠、汤珍等人
至无锡惠山游览，以古鼎烹泉饮茶、吟诗唱和的情景。构图设色继承了赵孟頫的小
青绿山水画法，采用截取式构图突出"茶会"场景：青山绿树、苍松翠柏、竹炉山房、
茅亭泉井，诸人或环亭而坐，或倚石对谈，或冶游其间。清人顾文彬在《过云楼书画
记》一书中，详细介绍了这幅画作，并言画后有"九逵、子重、履吉精楷书纪游诗各数
首，惟衡山无诗"，以为憾事。又认为文徵明《甫田集》中的《煎茶赠履约》一诗，与此
画十分契合：

嫩汤自候鱼生眼，新茗还夸翠展旗。

谷雨江南佳节近，惠泉山下小船归。

山人纱帽笼头处，禅榻风花绕鬓飞。

酒客不通尘梦醒，卧看春日下松扉。

并称"移题此画，觉有九龙峰下，松风茶烟，飘堕襟袖矣"。文徵明约有20多首

诗写到惠山。《再游惠山》一诗最能反映其平淡天真的艺术风格：

忆得新秋惠山路，小舰归来及秋暮。

东行不负酌泉盟，一笑再理登山屦。

山中草木渐衰歇，依旧灵泉雪流乳。

肠胃聊涮肉食腥，须眉净洗京尘污。

雅致仍携小笕茶，旧游愧读南墙句。

墨痕凌乱犹昨日，老衲依稀说前度。

三旬才到一何稽，一月两番无乃屡？

人情嗜好信有偏，至理自知非可谕。

我生坚固万缘轻，泉石娱人却成痼。

那能过此但空归，纵不可留须一晷。

小奚解事走相从，瓶罂预洁提泉具。

斜阳一抹滞奔程，好奇正得舟人怒。

回视舟人笑不言，就中有理无相苦。

《中庭步月图》作于诗人 62 岁之时，描绘其与二友人小醉后，起步中庭赏月、烹茗的情景。长篇题诗和跋文叙述了大致的经过，几乎写满画面上半部分的空白：

十月十三日夜，与客小醉，起步中庭，月色如画，时碧桐萧疏，
留影在地，人境俱寂，顾视欣然，因命僮子烹苦茗啜之，还坐风檐，
不觉至丙夜。东坡云：何夕无月，何处无竹柏影，但无我辈闲适耳。
嘉靖壬辰徵明识。

满篇诗画是文徵明向苏轼《记承天寺夜游》的精神致敬，诗人对明月、啜苦茗，苍然、空漠的意绪弥散于字里行间：

明河垂空秋耿耿，碧瓦飞霜夜堂冷。

幽人无眠月窥户，一笑临轩酒初醒。

庭空无人万籁沉，惟有碧树交清阴。

褰衣径起踏流水，拄杖荦确惊栖禽。

风檐石鼎燃湘竹，夜久香浮乳花熟。

银杯和月泻金液，洗我胸中尘百斛。

更阑斗转天苍然，满庭夜色霏寒烟。

蓬莱何处亿万里，紫云飞堕阑干前。

何人为唤李谪仙，明月万古人千年。

人千年、月犹昔，赏心且对樽前客。

愿得长闲似此时，不愁明月无今夕。

《林榭煎茶图》（又名《登君山图并行书登君山卷》），上有"徵明顿首上禄之选部侍史"款识，表明是赠给学生王谷祥（字禄之）的画作。画面右侧山峦起伏，江水蜿蜒；左侧绿树竹篱环绕茅舍二间，恍如一个与尘寰隔绝的结界。中屋一红衣人凭窗而坐，看栏边茶童煎茶；右侧板桥上，一白衣人正急步而来。题诗《同江阴李令君登君山二首》：

浮远堂前烂漫游，使君飞盖作邀头。

烟消碧落天无际，波涌黄金日正流。

禽鸟不知宾客乐，江湖空有庙廊忧。

白鸥飞去青山暮，我欲披缞踏钓舟。

云白江清水映霞，夕阳栏槛见天涯。

乱帆西面浮空下，双岛东来抱阁斜。

万顷胸中云梦泽，一痕掌上海安沙。

扁舟便拟寻真去，春浅桃源未有花。

据史书记载，这个与文徵明登君山的江阴友人李令君，曾开办"社仓"辅助官府救济灾民。文徵明将此诗题在画上，又自言"拙图引意"，可见其德馨教化的意味。另，诗首联第二句"使君飞盖作邀头"，典出深受百姓爱戴的正义清官崔盰，其意更明。江湖之乐终不忘庙堂之忧，他期待学生王谷祥能胸怀家国，经世致用，心系黎民。

在沸水中焕然觉醒、宛然天真的叶芽，何尝不是明人本心、童心、真心至上的生

　　　　　　　　　　　　　　　一碗茶的诗礼禅

命哲学？率性而为、独抒性灵、适情适性的生命情态？人、茶尽性，抛弃过度加工的繁复工艺，在天然可爱的真茶、真香、真味中展开一茶一性，是明人在一碗茶汤中的叙事方式，一如他们疏狂、狷介、倜傥、任侠、慷慨、放旷、豪宕、慢世、傲世、磊落、重气、权倚、豪举、疏放等（［清］钱谦益《列朝诗集小传》），极致张扬而丰富多样的个性。自称"吾生不饮酒，亦自得茗醉"（《咏惠山泉》）的文徵明，堪称最得"平淡天真"之一味，如此，也最能诠释明代茶风任尚自然、追求天真的品位格调。

袁枚徐啜得真味

袁枚（1716—1797），字子才，号简斋，晚号随园老人，钱塘（今浙江杭州）人，乾隆四年（1739）进士，33岁辞官归田园居。著有《小仓山房集》《子不语》《随园诗话》《随园食单》等，跻身"清代骈文八大家"，与蒋士铨、赵翼并称"乾嘉三大家"或"乾隆三大家"，与赵翼、张问陶并称乾嘉"性灵派"三大家，与大学士纪晓岚齐名，人称"北纪南袁"。有茶诗30余首。

"今人吟茶只吟味"（［清］吴嘉纪《松萝茶歌》）。清代汉族文人亡国反思，最后归因于"以明心见性之空言，代修己治人之实学"（顾炎武《日知录》卷七《夫子之言性与天道》），批评心学误国，崇尚"实""用"。然而，在政治高压和保守的小农经济社会条件下，经世之"实学"也沦为"避世"之学问——钻入故纸堆中的碑学、考据之风兴盛。这种压抑的性情亦流露于日常生活，呈现在一碗茶汤之中。随着茶叶种植扩大和制茶工艺日趋成熟，茶与清人的世俗生活结合得更加紧密，然而，在封建末世复古主义、禁欲主义和伪古典主义的回光返照中，茶汤中唯美的、纯粹的、优雅的、烂漫的古典意境，被现实的、实用的、世俗的客观情境所压抑，品茗的艺术美感所带来的对精神世界的探求，让位于舌尖滋味，在高度仪程化的工夫茶道和林立的茶馆之间，一碗茶的叙事风格不再是浪漫潇洒的诗篇，更像是沉浸于市井的、感官的戏曲小说。

"康乾盛世"期间，政治高压有所缓和。尚个性、重情欲，斥宋儒、嘲道学的"性灵说"，以"真、新、活"为艺术创作的追求，成为压抑的文艺思潮中的一股清流。这样的文艺主张也成为袁枚艺术人生的注脚——他不仅生活中重品"味"，更将"味"

提升到追求极致的精神高度，并认为这在本质上是诗意的——

> 味欲其鲜，趣欲其真，人必知此，而后可与论诗。(《随园诗话》)

袁枚在 60 岁以后开始了他的游历。作为一个文化通才，诗人行走的视野是极其广阔的；作为一个食中饕客，注定会是一场"舌尖"之旅；作为一个嗜茶人，必定是茶道意义上的行走。袁枚足迹遍及江西、安徽、广东、广西、湖南、福建等地，遍尝天台、雁荡、四明、雪窦、黄山、庐山、洞庭、罗浮、南岳、潇湘等地名茶，一一品评辨味，并将其中佳绝者总结其形、色、味等特征，载入《随园食单·茶酒单》。袁枚自谓"尝尽天下之茶"，最终将武夷茶排首位，其次是龙井，再次是常州阳羡茶和洞庭君山茶，"此外如六安、银针、毛尖、梅片、安化，概行黜落"。袁枚对家乡龙井茶知之甚深，认为号称"莲心"的明前龙井味淡，冲泡时宜多用为妙；一旗一枪，绿如碧玉的雨前龙井最好。对于龙井保鲜，他也有妙法：

> 收法须用小纸包，每包四两，放石灰坛中，过十日则换石灰，上用纸盖札住，否则气出而色味又变矣。

《随园食单·茶酒单》记录了诗人对武夷茶的认识过程。在游历武夷山之前，袁枚的偏见还很深：

> 余向不喜武夷茶，嫌其浓苦如饮药。

直到 1786 年，年已 70 的袁枚亲身来到武夷山，喝到僧人冲泡的武夷茶，大为倾倒：

> 余游武夷到曼亭峰、天游寺诸处。僧道争以茶献。杯小如胡桃，壶小如香橼，每斟无一两。上口不忍遽咽，先嗅其香，再试其味，徐徐咀嚼而体贴之。果然清芬扑鼻，舌有余甘，一杯之后，再试一二杯，令人释躁平矜，怡情悦性。始觉龙井虽清而味薄矣，阳羡虽佳而韵逊矣。颇有玉与水晶，品格不同之故。故武夷享天下盛名，真乃不忝。且可以瀹至三次，而其味犹未尽。

并欣然写下《试茶》一诗：

闽人种茶当种田，郊车而载盈万千。
我来竟入茶世界，意颇狎视心迥然。
道人作色夸茶好，磁壶袖出弹丸小。
一杯啜尽一杯添，笑杀饮人如饮鸟。
云此茶种石缝生，金蕾珠蘽殊其名。
雨淋日炙俱不到，几茎仙草含虚清。
采之有时焙有诀，烹之有方饮有节。
譬如曲蘗本寻常，化人之酒不轻设。
我震其名愈加意，细咽欲寻味外味。
杯中已竭香未消，舌上徐停甘果至。
叹息人间至味存，但教卤莽便失真。
卢仝七碗笼头吃，不是茶中解事人。

近代瀹茶法的精致化、程式化、礼仪化，最典型的便是工夫茶的诞生。袁枚这首诗虽没有"工夫茶"名称，却是完整叙写了当时兴于闽粤地区的工夫茶。初来乍到，袁枚被眼中的万千"茶世界"所震撼，但东南文士见多识广的文化优越感，并没有令他将眼前这个边远蛮荒之地的茶文化放在眼里。尽管僧人郑重其事，恭敬有加，但"狎视""迥然"都表明了袁枚的轻视与排斥。其后，诗中进一步描述了瀹茶的茶器："弹丸"一般的阳羡小磁壶，以及如"饮鸟"一般的小杯；品饮时，一杯啜尽再添一杯。

壶、杯是瀹茶法兴起后才兴起的。与冲泡饮法相应，在用器方面，茶瓯配上盖子，再配一盏托，就是天地人合一的"三才"盖碗。至明末，饮茶日益注重滋味、香气的品鉴。在品饮时，不宜超过三四瓯，须小口慢品：

徐徐啜之，始尽其妙。（［明］冒辟疆《岕茶汇抄》）

与此相应，茶壶、茶杯亦越做越小：

茶壶以小为贵……壶小则香不涣散，味不耽搁。（［明］冯可宾

《芥茶笺》)

  故壶宜小不宜大,宜浅不宜深;壶盖宜盘不宜砥,汤力茗香俾
得团结氤氲。([明]周高起《阳羡茗壶系》)

杯,一般如酒盏大小,较之唐宋的茶碗、茶盏小很多:

  ……见其水火皆自任,以小酒盏酌客,高自矜许。([清]周亮
工《闽小纪》)

乾隆初年彭光斗在《闽琐记》中说自己路过福建龙溪,邂逅一野叟,烹茗相待,
"盏绝小,仅供一啜"。略晚于袁枚时期的俞蛟,写于嘉庆六年(1801)的《梦厂杂
著·潮嘉风月·工夫茶》,详细记载了潮州工夫茶的茶具及其品饮程式:

  工夫茶,烹治之法,本诸陆羽《茶经》,而器具更为精致。炉形
如截筒,高约一尺二三寸,以细白泥为之。壶出宜兴窑者最佳,圆
体扁腹,努咀曲柄,大者可受半升许。杯盘则花瓷居多,内外写山
水人物,极工致,类非近代物。然无款志,制自何年,不能考也。炉
及壶、盘各一,惟杯之数,则视客之多寡。杯小而盘如满月。此外
尚有瓦铛[chēng]、棕垫、纸扇、竹夹,制皆朴雅。壶、盘与杯,旧而
佳者,贵如拱璧,寻常舟中不易得也。先将泉水贮铛,用细炭煎至
初沸,投闽茶于壶内冲之;盖定,复遍浇其上;然后斟而细呷之,气
味芳烈,较嚼梅花更为清绝,非拇战轰饮者得领其风味。

白泥炉、宜兴砂壶、瓷盘、小瓷杯、茶铛、棕垫、纸扇、竹夹等,已经是后世工夫茶
的标准配置,而治器、候汤、纳茶、冲点、淋壶、斟茶、细啜、嗅香、品味等仪程安排,
已见工夫茶的主要特征。这样一种冲泡和品饮方式显然和袁枚熟悉的龙井茶冲泡
方式不同:

  烹时用武火,用穿心罐,一滚便泡,滚久则水味变矣。停滚再
泡,则叶浮矣。一泡便饮,用盖掩之则味又变矣。此中消息,间不
容发也。

一碗茶的诗礼禅

显而易见，以上描述的是用茶壶泡龙井茶。以刚刚沸腾的水冲泡，鉴于茶芽嫩，并不用盖，也不能过时，要一泡便饮，否则，茶芽闷黄失去鲜爽清冽的味道，则"其苦如药，其色如血"，成为袁枚口中的"熬茶"，如"肠肥脑满之人吃槟榔法也。俗矣！"（《随园食单·茶酒单》）

惯饮家乡龙井茶的袁枚，因有过饮武夷茶如饮药的不愉快经历，对这样一种另类的冲泡法，以"作色""弹丸""笑杀""饮鸟"等轻慢调笑的口吻写来。冲饮前，道人对茶品来历一一道来：好的武夷岩茶都长在没有雨淋日晒的山谷岩缝之中，得天地轻阳之和气，这样的好茶数量以株计，如金似珠十分珍贵，都有独一无二的名字——"金蕾珠蘖殊其名"。雍正年间做过福建崇安县令的陆廷灿在《续茶经》中，录《随见录》：

> 武夷茶在山上者为岩茶，水边者为洲茶。岩茶为上，洲茶次之。岩茶北山者为上，南山者次之。两山又以所产之岩为名，其最佳者，名曰"工夫茶"。工夫之上，又有"小种"，则以树为名，每株不过数两，不可多得。

道人介绍的应该就是这种"小种"茶。在实地考察了解后，袁枚终于明白以前所饮武夷茶或为下品，或冲泡不得法，随即书以笔墨为武夷茶正名，同时，还侧面验证了宋代建茶以白为贵，确是味中之道，并强调此茶之珍稀：

> 尝尽天下之茶，以武夷山顶所生、冲开白色者为第一。然入贡尚不能多，况民间乎？（《随园食单·茶酒单》）

从资料记载来看，"工夫茶"的本意原是指武夷岩茶制作工艺耗时耗工的精细程度——"采之有时焙有诀"，后来才演变成用小壶小杯冲泡饮用青茶的独特程式——"烹之有方饮有节"。"譬如曲蘖本寻常，化人之酒不轻设"，就说到了武夷岩茶的发酵工艺。袁枚以"曲蘖"发酵酿出美酒作比，说发酵工艺说起来简单，但经过这样制作出来的茶却非比寻常。《续茶经》转载了康熙五十六年（1717）王草堂的《茶说》，详细叙说了武夷茶的杀青、萎凋、摇青、发酵、烘焙等制作工艺和过程，描绘了经过炒焙的武夷茶外观形态：

> 独武夷炒而兼焙,烹出之时,半青半红,青者乃炒色,红者乃
> 焙色。

又引用明末清初隐身武夷天心禅寺释超全的诗,以概括其总体特性:

> 诗云,"如梅斯馥兰斯馨""心闲手敏工夫细",形容殆尽矣。

孟臣壶、若琛杯、榄核炭等是冲泡工夫茶的标配,在光绪年间张心泰的《粤游小记》中就已出现,是一种很费钱的风尚,甚至有酷爱者为之破产:

> 潮郡尤尚工夫茶,有大焙、小焙、小种、名种、奇种、乌龙等名
> 色,大抵色香味三者兼全。以孟臣制胡桃大之宜兴壶,若琛制寸许
> 之杯,用榄核炭煎汤,乍沸泡如蟹眼时,以之瀹茗,味尤香美。甚有
> 酷嗜破产者。

袁枚听了道人的娓娓介绍,收起轻慢之心,细细体会以小壶、小杯冲泡小种茶所带来的全新味觉、嗅觉体验:杯中茶汤小口慢品、徐徐下咽,汤已尽,而香未消,舌上还留有武夷茶特有的甘果味。最后,就"七碗生风"翻案,说"卢仝七碗笼头吃,不是茶中解事人"。在诗人看来,卢仝一碗接一碗,连饮七大碗,确实精神飞扬,但于茶味而言,终究失之于卤莽漫浪,无法领略至味茶汤之中所蕴含的天地至理,而这正是茶之"真"味。

中国人的一碗茶汤,说到底,就是让你愿意花工夫去品味,在慢下来的时光里,静下心来徐徐啜饮、细细品咂味中之道、味外之味……

不如吃茶赵朴初

赵朴初(1907—2000),安徽安庆人,"生长在四代翰林之家,国学涵濡,得天独厚;佛家经典烂熟于心……"(孔凡礼《浅谈周磊纪念朴老二联》),为当时佛门领袖、圣门旗帜,是中国民主促进会创始人之一、杰出的书法家、著名的社会活动家和爱国主义者。赵朴初博学多才,在文学、诗词方面都有很高的造诣,精通禅学,著有《滴水集》《片石集》《佛教常识答问》《灵山集》《赵朴初诗词曲手迹选》《赵朴初韵文

集》《赵朴初文集》《赵朴初墨迹选》《赵朴初书法集》等。

赵朴初喜爱饮茶，自称"茶蒌子"，一生以茶为侣，可谓"一壶苦茗半床书"，即使生病卧床，也是"茶香朝夕药香俱"，须臾不离。他以茶彰德，曾以一首《老人何所好》，表达其精行俭德、恬淡闲雅的心性品格和生命情态：

> 老人何所好？陈醋与新茶。
>
> 陈醋助饱食，百忧驱海涯。
>
> 新茶烫心胸，文思发奇葩。
>
> ……

他精于茶道，遍尝中外名茶，熟悉茶文化的掌故，常以古典诗词曲的方式歌咏茶事。在他去世后的百年诞辰之际，《赵朴初咏茶诗集》（李敏生主编）出版面世，收集选编其跨越六十多年的七十余首古典咏茶诗，其中不少作品是为重要茶事活动题诗，故而多半写成书幅，诗书兼美，堪称双绝。所谓诗品如人品。赵朴初诗作以禅味、茶味入诗味，语言平近浅易、质朴典雅，品格恬淡高远、蕴藉隽永，一如其书法之精神气韵，超逸神秀，冲淡闲雅，静穆从容。

20世纪是一个中国传统文化受重创、物质主义甚嚣尘上的年代；于茶之一道，是日本茶道风靡，乃至世界只知道有日本而不知有中国的一个时代。作为活跃于世界文化交流中心的社会活动者和爱国者，赵朴初对此耿耿于怀、念念不忘，常以"故土茶""故乡茶"表达"故土情深"，大声陈述"中国是茶的故乡"之事实。

赵朴初祖籍的安徽省太湖县盛产茗茶。1986年，诗人收到家乡政府惠赠的茶叶，赶紧冲泡，细细体味，写下心得：

> 友人赠我故乡安徽太湖茶，叶的形状像谷芽，产于天华峰一带，所以名叫"天华谷尖"。试饮一杯，色碧、香清而味隽。今天，斯里兰卡的锡兰红茶、日本的宇治绿茶，都有盛名。我国是世界茶叶的发源地，名种甚多，"天华谷尖"也于其中之一，比起驰誉远近的茶叶来，是有它的特色的。

并作诗《咏天华谷尖茶》回赠太湖县政府，表达自己虽然常年远游在外，遍尝天下名茶，但对故乡的思念与眷恋就如手中的这一壶故乡"天华谷尖"，始终是独一味的清芬情味，萦绕心头：

> 深情细味故乡茶，莫道云踪不忆家。
> 品遍锡兰和宇治，清芬独赏我天华。

诗人情牵故土，品尝到友人惠赠的黄山茶，细心品啜体会，都是家乡情味。见《谢史钧杰赠茶》：

> 碧鲜玉润清留色，仿佛兰香远益清。
> 梦寐黄山云雾妙，感君启我故乡情。

对于蜚声国际的日本宇治产的玉露茶，斯里兰卡（古称楞伽）出产的红茶，诗人干脆以一首《中国——茶叶的故乡》，直抒胸臆，直指史实：

> 东瀛玉露甘清香，楞伽紫茸南方良。
> 茶经昔读今茶史，欲唤天涯认故乡。

作为佛门领袖、圣门旗帜，赵朴初精通禅学，深谙禅理，通达茶禅发展历史。在世人皆奉日本为茶禅之宗时，赵朴初深有感触，一方面，以禅茶文化的研究和复兴为使命，建议在中国佛学院开设禅茶课程，通过以茶载道，推动饮茶精神的世俗化、普遍化、大众化，实现其风流化民的功能和使命。为庆贺中华茶人联谊会建立，赵朴初赋诗一首，以"茶经广涉天人学，端赖君贤仔细论"警勉诸位茶人，指出中国茶文化是"天人合一"观照下的学问，不可自以为是，停留于知识的理解或文字的考据。另一方面，诗人以禅入茶、以茶入诗，将一千多年来的茶学、禅理融入一碗茶汤滋味，彰显中华博大精深的茶禅文化、源头活水的精神法脉。在1989年北京举办的"茶与中国文化展示周"活动上，诗人题写一首无题五绝古体诗致贺。这首诗有着佛门偈颂的精炼和深意，空灵洒脱，富有禅机。诗人自己也尤为喜爱，曾多次写成条幅赠人或贺会：

> 七碗受至味，一壶得真趣。
> 空持百千偈，不如吃茶去。

诗中"七碗",典化唐代诗人卢仝的《走笔谢孟谦议寄新茶》（又称《七碗茶歌》）。

诗中"吃茶去",则典化唐代高僧赵州从谂禅师"吃茶去"的禅林法语,取其"言语截断""以心印法"的禅学真谛。"吃茶去"又叫作"赵州茶",是茶禅一味的渊源之一,在赵朴初茶诗中多次出现。又如《安上法师赠碧螺春新茶》：

> 殷情意,新茗异常佳。远带洞庭山色碧,好参微旨赵州茶,清味领禅家。

饮茶如参禅,二者都注重主体的感知觉受,故需以身证道、细加体会——"如人饮水,冷暖自知"。"千百偈"是佛病,语言只是工具,是指月之指、载道之筏,而佛意、道意不在"偈"、不在佛典,就在彼岸。禅意正如茶味,言语不能到达,只能截断言语,亲身感受、用心体会;饮茶如参禅,都要歇下汲汲营营的心,停驻追名逐利的脚——吃茶、珍重、歇,澄心息虑,把握当下,行住坐卧都是道场,品茗煮泉都是妙道。

真趣,乃"自然"之真、天真之趣,其对立面是人为之造作。自然,就是自然而然,是"道"的运行,妙藏万物生灭变化的一切奥秘,是天地的至高准则,是人道效法的对象。无论是儒家的"格物致知",还是道家的"道法自然",都是以"自然"为最高真理和终极目标。而中国传统的艺术审美,不过是这样一种生命哲学和信仰的表达与呈现：

> 晨游任所萃,悠悠蕴真趣。（［南梁］江淹《杂体诗·效殷仲文》）
> 素心自此得,真趣非外惜。（［唐］李白《日夕心中忽然有怀》）
> 上有致君却敌之良策,下有逍遥傲世之真趣。（［宋］苏舜钦《吕公初示古诗一编因以短歌答之》）

陆羽将茶从浑饮中解放出来,回归一碗真茶、真味的茶汤,并通过确立茶境、茶器的美学规范,凸显其对"自然真趣"的审美追求。一千多年来,中国茶文化沿着陆羽"求真"的法脉顺流而下,由煎茶至点茶乃至冲泡茶,始终万变不离其"求真"的宗旨——对真茶、真味、真香、真形的极致追求,正是中国人手中一碗茶汤的道意所在。

卢仝的《七碗茶歌》和从谂禅师的"吃茶去",分别代表中国茶诗与茶禅的无上高度,赵朴初的这首五绝古体诗典化二者于茶诗之中,用词洗练、字字珠玑,含蓄典丽、意蕴深远。茶味如禅味,都是无法言说的存在;以茶味通禅味,佛法就在一碗茶汤之中,无须"百千偈",别在文字上、佛典上咬词嚼句、逻辑推理,且去体验、体会!棒喝一声——吃茶去!

1991 年,他为"中日茶文化交流 800 周年纪念"题一诗幅。这首七绝古体诗,同样表达了一碗茶汤"以味通禅、茶禅一味"的发展源流,可与前诗共参详、品味:

> 阅尽几多兴废,七碗风流未坠。
>
> 悠悠八百年来,同证茶禅一味。

作为一个集茶、禅、诗、墨四雅于一体的大成者,赵朴初咏茶诗回光返照出一个传统文人士夫的精神风骨、生命情态和生活旨趣。1990 年,84 岁高龄的赵朴初在武夷山御茶园饮茶后,书写下了《十一月三日御茶园饮茶》:

> 云窝访茶洞,洞在仙人去。
>
> 今来御茶园,树亡存茶艺。
>
> 炭炉瓦罐烹清泉,茶壶中坐杯环旋。
>
> 茶注杯杯周复始,三遍注满供群贤。
>
> 饮茶之道亦宜会,闻香玩色后尝味。
>
> 一杯两杯七八杯,百杯痛饮莫辞醉。
>
> 我知醉酒不知茶,茶醉何如酒醉耶。
>
> 只道茶能醒心目,哪知朱碧乱空花。
>
> 饱看奇峰饱看水,饱领友情无穷已。
>
> 祝我茶寿饱饮茶,半醒半醉回家里。

访山拜水,炭炉瓦罐,活火烹泉,以茶会友,闻香玩色,茶亦醉人,身心如洗,情味若醉。同样的精神旨趣见《林林同志惠赠八仙茶赋此为谢》一诗:

> 不学酒人之八仙,但愿日饮八仙茶。
>
> 虽无甘泉与瓦罐,天马敢以敝辔加。

电炉煮沸密云水，妙香扑鼻如仙葩。

入口心开意气发，羽化登仙非然耶？

迩来屡玩怀素帖，喜其苦茗异常佳。

我欲持此报君惠，还忆武夷茶艺家。

君子之交淡如水，小人之交甘若醴。友人往来，以茶惠友。以茶抒臆气，以茶通仙灵，琴棋书画诗曲花茶是艺术，也是生命于道中的优游之态，是诗人超脱尘浊的轻盈之姿。

【礼篇】

茶礼人情

相鼠有皮，人而无仪。
人而无仪，不死何为！
相鼠有齿，人而无止。
人而无止，不死何俟！
相鼠有体，人而无礼。
人而无礼，胡不遄死！

——《诗经·鄘风·相鼠》

茶礼，是扎根于中国传统礼乐文化土壤开出的一朵花。

在孔子"兴于诗，立于礼，成于乐"（《论语·泰伯》）的仁学体系中，如果说，"诗"是个体生命的自由绽放和尽性抒发，那么，"礼"则是从社会秩序的向度，对自由放任的性情予以"适当"的克约与规范。在孔子看来，无论社会还是个人，都只有在调节好自我与他人、个体与共同体、情与理等关系的前提下，才能真正实现或维护一种"和乐"的理想状态。"和乐"不仅是"仁"的效果，还是其终极意义所在：

合之以仁而不安之以乐，犹获而弗食也。（《礼记·礼运》）

仁，并非终极目的，它只是人道辛苦耕耘并收获的果实，是用来享用并体验愉悦的。"和"之于个体，是人之感性与理性的和解；于社会，是人之自然属性与社会属性的调和。而"乐"，是一种"无过""无不及"的理想状态，同时内涵"于无序中创造有序"的意蕴。如此，中国文化中的"乐"，既是音韵和谐的节奏旋律，也是情理协和的生命情态。孔子以诗、礼教子孔鲤："不学诗，无以言""不知礼，无以立"。孔子庭训，陈亢"得三"：读诗、知礼、诗礼传家（《论语·尧曰》）。随着儒家学派作为正统文化的确立，在漫长的历史时空里，"诗"与"礼"共同锻造了中国传统文人的风雅气韵与骨骼担当，形成独立于名教之外的价值取向——从留下生命绝响"广陵散"的嵇康，到"天子呼来不上船"的李白，以及"奉旨填词"的柳永……在诗情画意、文采风流的历史叙事中，是令人悠然神往的汉唐气象、魏晋风度、宋明风韵。它们是诗的，也是礼的。

礼也者，理也

> 子曰："礼也者，理也。乐也者，节也。君子无理不动，无节不作。不能诗，于礼缪；不能乐，于礼素；薄于德，于礼虚。"
>
> ——《礼记·仲尼燕居》

在近代中西方文化的交流中，有西方学者试图将中国的礼制文化介绍给西方社会，却苦于找不到一个对应的词。这个在西方文化语词中缺位的词，却塑造了华夏上下五千年以礼为核心的制度文明。

在中国传统文化中，礼涵盖一切调整和指导人道社会活动关系的制度、规范、程式、仪轨、习俗等等：

> 道德仁义，非礼不成。教训正俗，非礼不备。分争辨讼，非礼不决。君臣上下父子兄弟，非礼不定。宦学事师，非礼不亲。班朝治军，莅官行法，非礼威严不行。祷祠祭祀，供给鬼神，非礼不诚不庄。（《礼记·曲礼上》）

作为对人道关系、秩序的调整，礼的安排必须有其不容置疑的、权威的理由或依据。中国文化从字源上就给出了解释。礼的繁体字为"禮"，从示：

> 示，天垂象，见吉凶，所以示人也。从二。三垂，日月星也。观乎天文，以察时变。示，神事也。（［汉］许慎《说文》）

日、月、星代表"天"。中国文化意义上的"天"，也叫作"天道""天神"或"皇天"（《尚书·大禹谟》），作为万物的渊源、母亲，也是礼的渊源、理由、依据。而礼的发端，就起于对鬼神（天、天道、皇天）的祭祀。汉字作为象形文字，兼具表音、表意功能，字的构型因此就具直观意义，词与物之间的关系也直观明了。王国维在《释礼》中释"曲"为"二玉在器"，下面那个"豆"为盛饮食的器，象征上古时代的祭祀仪式。又有学者沿此脉络进一步推论出，"豊"从"豆"从"珏"，"豈"就是"鼓"字，是鼓的象形初文，说明礼的本源是以玉帛、钟鼓为代表的祭祀仪式和乐舞。《礼记·礼运》记述的原始初民祭祀的朴素之礼，可见些许端倪：

> 夫礼之初，始诸饮食，其燔黍捭豚，污尊而抔饮，蒉桴而土鼓，犹若可以致其敬于鬼神。

礼的最初，就是以饮食祭献鬼神（自然）。为向鬼神致最崇高的敬意，人们拿出赖以生存的、最珍贵的饮食——把谷物和撕开的肉作简单的烧烤加工，在地上挖个土坑当杯子盛水并用双手掬水，用装土的草包当鼓槌击打土堆当作鼓乐，以期奏告鬼神来飨用。

在中国的哲学中，"鬼神"是阴、阳的两个极处，或者说是阴、阳的正反两种作用，所以，也是实实在在的道理。在这个阴阳演变的"二元"世界，鬼神塞满天地，是不可猜度的，不会因为你看不见或不喜欢就不存在：

> 神之格思，不可度思，矧可射思。（《诗经·大雅·抑》）

出于对天地阴阳"妙用"的祈愿，就有了鬼神的崇拜：

> 天地间物，有其妙用，则有其神焉，赖其利用，则报以祀焉。
> （［清］汪绂《参读礼志疑》）

　　　　　　　　　　　　　　　　　　　一碗茶的诗礼禅

起于对鬼神的祭祀崇拜的礼，其终极目的却是对人道的规范和导引，以趋吉（神）避凶（鬼）：

> 禮，履也。所以事神致福也。（［汉］许慎《说文》）

"履"，为履行、践履，即导引民众如何措手足——"履，足所依也"（《说文》）。作为"道"的显性的、形式的载体，礼的价值和意义就是教导人如何不悖逆"道"（或"理"，或"鬼神"）来做人做事。所以，遵礼，实际上是遵道、循理，如此，人的行为就不会悖道、逆理，不悖道、逆理就能顺应道的"妙用"，做人做事如有"神"——吉；反之，则如走夜路，走多了终将遇见"鬼"——凶。周易"履卦"高度抽象地喻示了"礼"的内涵，卦辞与爻辞诠释了主客关系处理的柔刚原则："道"是不可悖逆的，就像危险的老虎，人履于道中就好比"履虎尾"，而"礼"就是导引人如何循道而行以趋吉避凶，不被老虎反噬。

老虎"不咥人"，必有其道理和方法，但小心谨慎是首要的，所以曾子说自己的一生都"战战兢兢，如临深渊，如履薄冰"（《论语·泰伯》）。《道德经》用七段话形容"古之善为士者"对道的敬畏谨慎的情态，其中"豫兮若冬涉川，犹兮若畏四邻，俨兮其若客"，与曾子如出一辙。礼作为"理"的形式载体，源于"道"，所以曾子和古之士遵循并敬畏的，是那个自然而然、自自然然、造化万物的"道"。

礼制文明发展到夏商时已日趋成熟，在西周达到鼎盛，此后走向衰落，东周时期出现"礼崩乐坏"，自此一去不复返。孔子于某日参加完蜡祭礼，来到外面的楼台上游览，喟然而叹大道不存、人心不古的世道演变。言偃在一旁问道："老师为什么叹息呢？"孔子说，尧舜时期大道盛行的时候，以及夏商周三代明主执政时期，自己虽都没能赶上，但依然可以从现存的文字资料中想象"大道之行也，天下为公"时的人道盛况，而这也正是自己的"复古"之志。"天下为公"的社会被"天下为家"的社会所终结。家，是私心、私欲、私产。在天下为家的社会状态下，以城墙、护城河来巩固既得的利益，以礼为纲纪限制人的私欲膨胀以维护人伦秩序——"城郭沟池以为固，礼义以为纪"。既然如此，如果人人都能遵守这些固有和礼义，这样的社会虽不是理想的"大公"，却也算得上是"小康"（《礼记·礼运》）。但"履霜，坚冰至"（《易传·文言传·坤文言》），春秋时代的人道境况令孔子心忧。

同样是"礼",在大道之行时,作为"道"的显性化身,礼是一切符合"公"义的行为;在"大道既隐、天下为家"时,礼作为圣人效天法地制定的人道行为准则——纲纪,用以解决人心不古、私欲祸乱带来的人道生存与发展的问题。孔子自觉自身的人道使命,一生致力于恢复礼制文明,试图通过规范个人的行为准则和完善人类社会的组织行为,来克伐制约人欲之私,阻止由人欲的放纵无度而导致的人道灾难。孔子把这一切统一在他的仁学体系中。

承天道,治人情

为何要反本修古,恢复古礼呢? 孔子就礼的渊源、含义、功能等作了回答:

> 夫礼,先王以承天之道,以治人之情。(《礼记·礼运》)

> 是故,先王本之情性,稽之度数,制之礼义。合生气之和,道五常之行,使之阳而不散,阴而不密,刚气不怒,柔气不慑,四畅交于中而发作于外,皆安其位而不相夺也。然后立之学等,广其节奏,省其文采,以绳德厚。律小大之称,比终始之序,以象事行,使亲疏贵贱长幼男女之理,皆形见于乐。故曰:乐观其深矣。(《礼记·乐记》)

以上可以从两个方面来理解:

其一,礼的渊源是天道。
"天之道"是礼的渊源。这个"道"本不可言说,一旦诉诸语言表达只能被叫作"理"。这个源于"天之道"的"理",是造化之理,也叫天理。

为了寻求古礼,孔子得到两部论著,并从中得到深刻启发——一部是《坤乾》,约与宇宙生成(造化)演绎有关;另一部《夏时》,约与时令节次推演有关:

> 《坤乾》之义,《夏时》之等,吾以是观之。(《礼记·礼运》)

《易传》是孔子对"易"所作的解说,而《礼记》作为对《仪礼》的理论解释,将礼与"易"的宇宙发生论(造化之理)联系在一起,也就理所当然了:

是故夫礼，必本于大一，分而为天地，转而为阴阳，变而为四时，列而为鬼神。（《礼记·礼运》）

"一"为"道"之始生，为创世之初先天浑蒙一气；由一生二，即，轻清为天、在上，重浊为地、在下，此为阴阳两仪二气；阴阳二气的冲和运动形成"四象"，即五行、四时的运转和轮换，于是就有了万物的生灭变化。"一"之"大"和"小"，都是就"一"的普遍、周到性而言：

至大无外，谓之"大一"；至小无内，谓之"小一"。（《庄子·天下》）。

礼的制设，初衷正是为了将造化之理运用于人道的运转。根据"气—象—理"的宇宙发生论思想，事（物）从理生，理必包事（物），本末一贯，本能摄末，故通"理"之"礼"具有天地法则的本义，内涵万事万物的至理：

礼也者，物之致也。（《礼记·礼器》）

所以，礼是"理"的形式表达。从这个意义上来说，人对客观事物的认识也必然是依"礼"（理）而行：

无节于内者，观物弗之察矣。欲察物而不由礼，弗之得矣。（《礼记·礼器》）

一个内心没有法度的人，他虽能看到事物却不懂得如何观察事物；而不遵循一定的法则去观察事物，最终还是无法把握事物的本质。礼所彰显的"理"，是事理、物理，反映事物的本体、本质，故依礼而行，做人做事才能得体：

礼，体也，得事体也。（〔汉〕刘熙《释名·释言语》）

在中国传统礼制文明中，礼秉承天理，并贯穿于一切人道活动：

夫礼必本于天，动而之地，列而之事，变而从时，协于分艺。其居人也曰养，其行之以货力、辞让、饮食、冠昏、丧祭、射御、朝聘。（《礼记·礼运》）

中国文化还回答了同样是造化的产物,为什么人能效天法地制礼作乐:

> 故人者其天地之德,阴阳之交,鬼神之会,五行(金、木、水、火、土)之秀气也。(《礼记·礼运》)

人秉承"五行之秀气"而生,得天地之德,能感应五行的端绪,是位于天、地之后宰辅天地、化育万物的第三个"造物者",是"天地之心",而不是生物学意义上的"动物"。当然,这只能是"天下至诚"之人才有的功能和使命:

> 唯天下至诚,为能尽其性。能尽其性,则能尽人之性;能尽人之性,则能尽物之性;能尽物之性,则可以赞天地之化育;可以赞天地之化育,则可以与天地参矣。(《礼记·中庸》)

如此,就为圣王效法天地造化而制礼作乐提供了依据:

> 故圣人作则,必以天地为本,以阴阳为端,以四时为柄,以日星为纪,月以为量,鬼神以为徒,五行以为质,礼义以为器,人情以为田,四灵以为畜。(《礼记·礼运》)

由圣人作则的目的和意义,自然而然引申出礼的功能。

其二,礼的功能是治人情、事理。

人情,《礼记》归纳为喜、怒、哀、惧、爱、恶、欲七情。在中国的哲学范畴中,人情(欲)和天(事)理是一对二元结构,二者动静变化如阴阳两仪。作为承载"天之道"的"礼",其功能是调节"人之情",并以和为贵,即将"和"作为目的、标准、方法或理想。《礼记·中庸》描述了人情和天理的消长及其对人性以及人道的影响:

> 人生而静,天之性也。感于物而动,性之欲也。物至知知,然后好恶形焉。好恶无节于内,知诱于外,不能反躬,天理灭矣。夫物之感人无穷,而人之好恶无节,则是物至而人化物也。人化物也者,灭天理而穷人欲者也。于是有悖逆诈伪之心,有淫泆作乱之事,是故强者胁弱,众者暴寡,知者诈愚,勇者苦怯,疾病不养,老幼

一碗茶的诗礼禅

孤独不得其所。此大乱之道也。(《礼记·中庸》)

造化之理一动一静。人生而静,这是人的先天禀性;人由外物所感而动,积年累月下来形成后天习性。初生婴儿动静平衡,处于一种沉静无欲的定中状态,此后在成长的过程中不断受外物的刺激和诱惑有了感知觉受,进而形成好恶,人欲由此而生。物对人的感化是无穷尽的,而如果人的好恶之情得不到节制,那么人就彻底被物化了。人被物化的过程,就是人的先天禀性(天理)消失灭绝而人欲无限膨胀的过程。不被节制的人欲必然滋生悖、逆、诈、伪的念头,会做出淫泆作乱的事,由此形成以强凌弱,以众欺寡,聪明人欺诈老实人,胆大的欺凌胆小的,疾病、老幼、孤独等社会的弱势人群都得不到应有的照顾等等人道问题。在孔子看来,这都是因为人欲放纵没有适当节制所产生的"人患",是世道大乱的根源。

礼,在儒道两家看来,都不过是道德仁义丧失后的"补丁"。因为"大道为公"的时候,人质朴、忠信、厚道,所思所行无不合道(理),可谓"大礼无礼",无需人为造作的"礼":

失道而后德,失德而后仁,失仁而后义,失义而后礼。(《道德经》)

人为造作的"礼",说到底是失道、失德、失仁、失义之后对人道的补救,即,通过礼节仪轨调节情理关系,导引做人做事——"以治人之情"。尽管如此,人心之"忠信"(道德仁义)依然是礼的根本:

忠信,礼之本也。(《礼记·礼器》)

从"天下为公"到"天下为家",其间,道德坍塌、人心不古是人道不得不面对的现实。天下无非人心。圣王对天下的治理,就是种好"人情"这块田:

故人情者,圣王之田也。(《礼记·礼运》)。

礼作为治人情、事理的工具,其功能就是以天理来节制和协调人欲,维护人道生存与发展的秩序:

礼者何也？即事之治也。（《礼记·仲尼燕居》）

礼也者，合于天时，设于地财，顺于鬼神，合于人心，理万物者也。（《礼记·礼器》）

万物各有其情，也各有其理。作为"理万物"和"即事之治"的礼，就是以万物之情、万物之理，以理万物。儒家的礼治思想被法家强化，与儒家"执其两端而用其中"的思想不同，法家更重事理而轻人情：

凡治天下，必因人情。人情者，有好恶，故赏罚可用。赏罚可用，则禁令可立而治道具矣。（《韩非子·八经》）

突出刑、赏，效果可说立竿见影，而由此产生的"趋利避害"的心理和行为则完全丧失"政教德化"的功能，可谓"失礼而后法"，这也是儒法两家本质上的差别。在儒家看来，礼不过是导引，其终极意义指向人心、人性之初：

礼也者，返本修古，不忘其初者也。（《礼记·礼器》）

指向"道"——与道合一：

知进退存亡，而不失其正者，其唯圣人乎！夫大人者，与天地合其德，与日月合其明，与四时合其序。先天而天弗违，后天而奉天时，天且弗违，而况于人乎！况于鬼神乎。（《周易·文言传·乾文言》）

合道，或者说"天人合一"，是中国文化追求的最高境界，这个境界是庄子的"逍遥游"，是孔子的"从心所欲不逾矩"。

礼别异，乐和同

礼，是效仿天地法则制定的人道制度，通过人的行为规范来实现人道秩序：

乐者，天地之和也；礼者，天地之序也。和，故百物皆化；序，故

一碗茶的诗礼禅

群物皆别。乐由天作,礼以地制。过制则乱,过作则暴。明于天
地,然后能兴礼乐也。(《礼记·乐记》)

礼者,天理之节文,人事之仪则也。([宋]朱熹《朱子集注》)

礼以礼仪、规则、程式等形式,来彰显或表达"天理",并由此来安排、导引人的
行为规范。以秩序为目的的"安排"是刚性的,然而,"秩序"本身内涵了"和"之于
"礼"的终极意义和价值。事实上,礼正是通过这两方面的内在属性,发挥其人道关
系调节的功用。

其一,礼是分。

中国天人哲学认为,这个世界是从"无"中生出来的"有";这个初生的"有"叫作
"一",是浑然一气的创世之初,是没有分别的大同。"无"内涵绝对的理,中国人把
它叫作"道"。"无"中生"有"即"道生一","一"生"万有"即"一生二,二生三,三生
万物"。从"一"有到"万"有,正在于有分别、有不同;无分别、无不同,则无万物。
一方面,"分别"意味着"名"的不同称谓,换句话说,"名"意味着万事万物分别的开
始——"有名万物之始"(《道德经》)。另一方面,"分别"意味着"序",即排序或秩
序。如"一生二"是天地的分别,也是天地的秩序。有了万事万物,秩序的安排就成
为万事万物共生、共存的关键,在儒家看来,这正是天地的伟大之处:

万物并育而不相害,道并行而不相悖……此天地之所以为大
也。(《礼记·中庸》)

孔子认为人类社会的秩序应该效仿天地秩序,首先就是要"分",而"分"意味着
以"名"副其"实",于是提出"正名"说。所谓"正名",就是确立"名"及其与之相匹
配的责权利分配关系和等次结构,以消除矛盾、解决纷争。儒家的"礼"就承载了
"分""别",或者说"正名"的功能——"礼别异"(荀子《乐记·乐论》)。儒家按照君
臣、父子、夫妇、兄弟、朋友这五伦来确立"名分、位分",并以此作为基本的人道治理
结构,形成涵盖一切制度、法律和道德的社会行为规范:

夫礼者,所以定亲疏,决嫌疑,别同异,明是非也。(《礼记·曲

礼上》）

名至实归、名副其实，则"礼达而定分"（《礼记·礼运》）。在"天下为家"的人道治理结构中，儒家将"治亲"，即家族人伦秩序，作为士、君子迈出家门走向治国、平天下的前提。

在儒家看来，经纶天下的"礼"并非人的主观意志，而应该是遵"道"合"理"的。祭祀天地的"大礼"作为礼的起源，最能体现其与天地节律合一的本质内涵：

> 大乐与天地同和，大礼与天地同节。和，故百物不失；节，故祀天祭地。（荀子《乐记·乐论》）

天地命令主宰万物生杀，如四季轮替——春生、夏长、秋割、冬藏。祭祀天地的大礼都是按照时令来举行的，表达人道对天地命令的遵从。

所谓"智者作法，愚者制焉；贤者更礼，不肖者拘焉"（[汉]司马迁《史记·商君列传》）。礼的内容和形式当与时偕行，但礼的本质属性、基本精神和社会功能则是不变的，承载着儒家"天下无争"的人道理想——"道并行而不相悖"，人各得其位分"而不相害"。

其二，礼是合。

中国天人哲学认为，宇宙的生成和发展是由阴阳二气运动变化所主导：

> 物之始终，莫非阴阳合散之所为。（[宋]朱熹《朱子集注》）

五行，是阴阳二气的结构（即阴阴/冬水、阴阳/秋金、阳阳/夏火、阳阴/春木，以及阴阳和合的"中"/季土）及运行方式。"分"与"合"是表述阴阳二气运动变化的基本概念。而"合"作为"分"的意义和价值所在，意味着"分"本身就内含了它的反面"合"。阴阳二气一合、一散之间，蕴含着万物生化的奥理。而这个"合"即是"和"：

> 万物负阴而抱阳，冲气以为和。（《道德经》）

> 天阳地阴，二气交感，妙合而凝，一点中虚，乃成冲和。纯粹至精者，为人。杂糅不正者，为物。（[元]杜道坚《道德经原旨》）

　　　　　　　　　　　　　　　一碗茶的诗礼禅

致中和，天地位焉，万物育焉。（《礼记·中庸》）

于形而言，谓之"合"；于神而言，谓之"和"。造化之妙，尽在阴阳和合。

礼，寄托了儒家的人道理想——通过合理的仪式和规则，从外部约束导引内部心性调节，使人不忘初心，回归性初，不断发扬光大，直至恢复"大道之行也，天下为公"的大同社会。而大同，就是没有分别的"大一"。

然而，这种对人情、事理的调节达到什么样的程度或状态，才算合情合理呢？

《礼记·中庸》给出回答：

喜怒哀乐之未发，谓之中。发而皆中节，谓之和。

中也者，天下之大本也；和也者，天下之达道也。

"中"，是中国文化对宇宙不变本体的命名；"和"，是万变不离其"中"的调变之用，也是最高的价值追求与理想境界。儒家将这个"和"作为礼的最高精神和准则，用以调节人与自身、人与人、人与客观世界的准则，指导人道的生存与发展。正如天地间至高的秩序是天地和合、万物化育，人类社会由"礼达而定分"所实现的秩序，也正是为了走向礼的另一面——合，即："和不同"。

那么，如何有助于达到"和"这样一种理想的状态呢？

儒家认为，"和"的理想状态表现于外就是"乐"（通"悦"）：

乐也者，和之不可变者也。（荀子《乐记·乐论》）

而最能表现"乐"的形式是音乐之"乐"：

和而发之以钟鼓，则为乐。（[宋]朱熹《朱子集注》）

礼者理也，属人的理性层面；乐者乐也，为人的感性层面。礼与乐，理性与感性，一阴一阳，二者不可缺一，也不可偏胜。无论是个人，还是家、国、天下，礼制过了头和乐作过了头一样，都会出大问题：

过制则乱，过作则暴。（《礼记·乐记》）

从人伦来讲，礼过，则显得亲者不亲；乐过，又显得关系散漫随便：

礼胜则离，乐胜则流。(《礼记·乐记》)

天下之治无外乎人情、事理，而人情事理又无外乎"人心"之"和"：

礼乐之统，管乎人心矣。(荀子《乐记·乐论》)

礼与乐，一内一外、相互制约，目的是达到一个"和"的状态。和，在礼的具体实践中并没有具体的标准，一方面，它指的是不会"过"，也不会"不及"：

是故，先生之制礼也，不可多也，不可寡也，唯其称也。(《礼记·礼器》)

这个"称"，就是不多不少、恰到好处。既是指对时间、空间、财力、人员、利害等多重要素和变量的一种权衡：

于精微曲折处曲尽其宜，以济经之所不及耳。(《朱子集注》)

又是基于"合情合理"的权变法则：

……秃者不髽(zhuā)。伛者不袒。跛者不踊。老病不止酒肉。凡此八者，以权制者也。(《礼记·丧服四制》)

按照丧服之制，服丧者必须以麻束发髻、肉袒、哭踊，并在服丧期间不得饮酒食肉等，但对于身有残疾和老病体弱者不作硬性要求。

礼，效天法地，以"和"为最高标准，内涵了"乐"的终极目标价值，并在"礼义"层面提出了实事求是、制宜调变的运用原则问题——"礼之用，和为贵"(《论语·学而》)。

行教化，美风俗

礼作为"道"的显象和形式，其顺天应时、持中守正、刚柔相济、贞常不变的中和之道，随着儒家正统地位的确立，逐渐内化为传统社会价值判断的最高准则。同时，作为人道活动的规制，礼也成为传统社会关系调节的介体——向下，对社会生活全面渗透，为人与人之间的互动关系提供规范；向上，为国家统治和人类社会发

　　　　　　　　　　　　　　一碗茶的诗礼禅

展提供治理的制度资源。所谓"经礼三百、曲礼三千"(《礼记·礼器》),礼贯穿于传统社会的方方面面——从人的生老病死、婚丧嫁娶、宴聚往来、揖让周旋,到国家的祭祀、用兵、外交等,无不以礼规范、依礼运行:

> 冠、婚、朝、聘、丧、祭、宾主、乡饮酒、军旅,此之谓九礼也。
>
> (《大戴礼记·本命》)

礼在国家、社会以及个人层面发挥作用,是通过一定的形式载体来实现的。如,针对某个具体事务,综合考量并协调其中的"事理"与"人情",形成一系列步骤、程式、仪轨,包括人在其间的言谈举止、表情态度,以及相配套的礼节、礼乐、礼器等等。礼以"合义"(即情理之所应当)为其内在规定性,故统称"礼仪"。

礼仪的功用在于从内、外两个方面调和主客体的关系,"和谐"是其最高秩序。中国传统文化将秩序的本源归于道,将人道的秩序本源归于内,即"心源",也就是人的本性、本心。在儒家看来,"格物致知"就是悟道明理,把握普遍性、规律性、标准性;"诚意正心"就是明心见性,修正心性以遵道循理,而"修身、齐家、治国、平天下",不过是一个以个体正心、修身为根本,由内而外、正己后发、不断发扬光大的过程。"大学之道"作为儒家君子人格的培养之路,承天道、治人情的礼被赋予政教德化的功能——"修道之谓教"(《礼记·中庸》)。礼有本,就有末;有质,就有文:

> 忠信,礼之本也。义理,礼之文也。(《礼记·礼器》)

礼的教化功能正是来自其文、质两个方面。

其一,"忠信"之质,以真为善,敦厚人心。

礼,集中体现了儒家敬天、事天、畏天、法天的思想。礼主敬,和所有的宗教一样,无敬不行:

> 庄敬恭顺,礼之制。(荀子《乐记》)
>
> 礼,国之干也。敬,礼之舆也;不敬则礼不行。(《左传·僖公十一年》)
>
> 经礼三百,曲礼三千,可以一言以蔽之曰:"毋不敬。"(《朱子集

注》引范氏注)

敬,是内心对"道"(真、真理、天理等)的真诚信仰和追求,表现为真诚、笃信、庄重、严肃、谨慎、戒惧等诸多心理、情感、态度和行为。《诗经·小宛》描绘了这样一种形貌:

温温恭人,如集于木。惴惴小心,如临于谷。战战兢兢,如履薄冰。

发自内心的"敬"是忠的——内尽于心,是信的——外不欺于物。内诚外敬、内忠外信,是对道(天理)的信仰与遵从。"忠信"作为人的内在品质,成为能否学礼的前提:

甘受和,白受采。忠信之人,可以学礼。(《礼记·礼器》)

所以,没有"忠信"素质的人,还是不要学礼了,否则,就好比天生丑陋之人搔首弄姿,不仅令人作呕,还败坏了那些本来美好的"风仪"。《诗经·卫风·硕人》形容美人"美目盼兮,巧笑倩兮",顾盼、巧笑的美妙风姿以天生丽质为底子,这就叫"素以为绚兮""白受采",用孔子的话说就是"绘事后素"(《论语·八佾》)。素,即素质,于纸绢,指其白净不染;于水,指其甘淡不杂;于人,指其忠信的人格品质。人之忠信才是学礼的最基本素质,恰如白纸才好上色画美图、甘淡的清水才能调和五味、天生丽质的美人才能顾盼生辉。

在儒家看来,"敬"作为忠信于外的表现,是礼之所以能引人向道、敦厚人心的关键所在,礼如果没有了"敬",就彻底沦为形式主义,只是"貌"或"仪式"罢了。儒家将"敬"贯穿于儒者人道行走的一切行为规范,并直指人心——

修身要诚敬:

修己以敬。(《论语·雍也》)

事亲不仅仅是赡养,要孝敬:

至于犬马,皆能有养。不敬,何以别乎?(《论语·雍也》)

　　　　　　　　　　　　　　　　　　　一碗茶的诗礼禅

对待上下级关系,要彼此尊敬:

> 用下敬上,谓之贵贵;用上敬下,谓之尊贤。贵贵尊贤,其义一
> 也。(《孟子·万章下》)

君子之交,要彼此敬让:

> 尊让、洁敬也者,君子之所以相接也。君子尊让而不争,洁敬
> 则不慢……(《礼记·乡饮酒义》)

平常待人处世,不论高低贵贱,都要待人尊重:

> 夫礼者,自卑而尊人,虽负贩者,必有尊也。(《礼记·曲礼上》)

祭祀中,要庄敬肃穆并保持距离,以示敬畏:

> 敬鬼神而远之。(《论语·雍也》)

…………

其二,"义理"之文,以善为美,风流化民。

棘子成对子贡说"君子质而已矣,何以文为",质疑外在形式之于礼的必要性。子贡为其浅陋深表遗憾:君子作为掌握话语权的社会公众领导者,其话语的传播速度很快,影响面也很广,用"一言既出,驷马难追"都不为过,所以,怎么能如此不慎言,讲出这么没有见识并容易误导公众的话呢?"文犹质也,质犹文也",文、质是礼的一体两面,好比虎豹有猛兽之性,也有虎豹之纹,有表有里,表里合一才成其为"虎豹",否则,去掉皮毛则"虎豹之鞟犹犬羊之鞟",哪里还分得清虎豹与犬羊?(《论语·颜渊》)

"义者,宜也。"(《礼记·中庸》)如果说,"忠信"是礼之形而上者,指人心性之淳厚,那么,"义理"则是礼之形而下者,既是可以诉诸表达的道理,即有关"应该"或"不应该"的"合宜性"方面;也是礼的外在表现形式,即针对各种事务涉及步骤、程式、节度、仪轨、器乐等方面的秩序安排,以此调节、协调、调和人道的各种关系,实

现"不过"也"无不及"的和谐秩序。在礼的实施过程中,主体的克约敬让、节制约束是调节情理关系、实现和谐秩序的关键,故涉及人道关系处理方面的生活礼仪又叫作"曲礼"。曲,即委曲,指在处理人与己的关系中,主体弯曲身体示人以下,表谦恭、礼让之意。《礼记·曲礼上》就专门讲述个体道德生活中的各种"应该"和"不应该"——

个人的心理与道德调节:

敖(傲)不可长,欲不可从(纵),志不可满,乐不可极。

对待不义之财或危难的态度:

临财毋苟得,临难毋苟免。

人与人的相处之道:

善则称人,过则称己。

贵人而贱己,先人而后己。

辞贵不辞贱,辞富不辞贫。

爱而知其恶,憎而知善。

礼出真诚,并遵循中和之道:

礼不妄说(悦)人,不辞费(不说做不到的空话),礼不逾节(为人做事有边界、限度),不侵侮,不好狎。

尊重地方习俗,入乡随俗:

君子行礼,不求变俗。

⋯⋯⋯⋯⋯⋯

礼之"仪"是有意味的形式,这种意味折射着中国传统天人哲学的观念。合"义"(宜)之"仪"对各种关系的调节以"真"(道、真理)为本体、为核心,以"和"为用、为效果,其价值是"善"的,其呈现出的外在秩序安排则是"美"的:

一碗茶的诗礼禅

……礼之用,和为贵,先王之道斯为美。(《论语·学而》)

《礼记·少仪》描绘了孔子眼中礼的形式之美:

言语之美,穆穆皇皇。朝廷之美,济济翔翔。祭祀之美,齐齐皇皇。车马之美,匪匪翼翼。鸾和之美,肃肃雍雍。

礼乐之教通过外在的规范制约,以及对人内在情感的感染和陶冶,导引民心向善,并逐步影响整个社会的风俗人情。从这个意义上来说,礼乐之教是关乎道德,更是关乎情感和美的教育:

乐者,圣人之所乐也,而可以善民心,其感人深,其移风易俗,故先王导之以礼乐而民和睦。(荀子《乐记·乐论》)

其三,文质彬彬,从容中道,是礼的完美诠释。

礼是文、质的对立统一,但在现实生活中,文与质常常背离。在大道之行、天下为公的时代,人们做人做事但凭本心本性,而不是凭据后来那些看上去文雅优美的礼仪规范,这些返璞归真的质朴行为,在后人眼中是没有教化的"乡野之人",比不上那些循规蹈矩显得很有教养的"君子"。这在孔子看来,是犯了舍本逐末、本末倒置的错误。孔子以自己的取舍告诫世人:

子曰:"先进于礼乐,野人也;后进于礼乐,君子也。如用之,则吾从先进。"(《论语·先进》)

孔子透过文与质的消长,洞察到礼崩乐坏背后的人心不仁、道德崩塌,慨叹时人只知行礼,而不知人心之"仁"才是礼的核心本质:

礼云礼云,玉帛云乎哉? 乐云乐云,钟鼓云乎哉? 人而不仁,如礼何? 人而不仁,如乐何? (《论语·阳货》)

玉帛、钟鼓等礼器乐器不过是礼乐的表现形式,而非礼乐的本质。人如果不知道以"仁"道行礼,行礼作乐还有什么意义呢? 在儒家看来,礼之文与质负阴抱阳、相反相成，"和"的妙理同样适合文、质兼容并包的理想状态——"文质彬彬"。孔子还以此为标准来教育培养"善群"①的理想政治人格——君子：

> 质胜文则野，文胜质则史，文质彬彬，然后君子。(《论语·雍也》)

"文质彬彬"是"对立统一"的中道。所谓"中"，用中国传统天人哲学解释，代表"道生一"中的"一"，即两仪未分之前，或不着"两仪"之任何一端；用于人道实践，则代表客观中立、不偏不倚。"中庸"即以"中"为体、以"和"为用，儒家以此来制定人道运行规则——礼，用来调节人道活动的人情、事理关系。其中，"射礼"就以其"正己后发""发而皆中节"的精神旨趣，成为最能代表儒家中正精神、中道思想的礼仪：

> 内志正，外体直，然后持弓矢审固；持弓矢审固，然后可以言中，此可以观德性矣。(《礼记·射义》)
>
> 仁者如射。射者，正己而后发，发而不中，不怨胜己者，反求诸己而已矣。(《孟子·公孙丑章句上》)

中者，中(四声)也。目标是"中"，即射中靶心，以此为目标，射者无论进、退、周、还，还是内志外体，必要正直、稳固；中与不中，都是己身的心性与修炼，不怨天、不尤人，只能反躬自省。周礼以射中之义对应人伦教化，寓德教于射、寓礼乐于射。天子通过每年对诸侯进献的士进行射礼方面考核，考察评判诸侯国修习礼乐、治国理政的情况。在孔子看来，射礼的一整套仪轨、程式完美地体现了"当仁不让"之"君子之争"：

> 君子无所争，必也射乎。揖让而升，下而饮，其争也君子。(《论语·八佾》)

君子对什么事情都不争，若有所争，也只在中"的"，并且君子之礼揖让再三，上场比试，赢者让酒于输者，这种射礼最能代表君子之"不争之争"——赢的人能主动

---

① 语出《荀子·王制》："君者，善群也。"

让出那一杯甘美又养生的珍贵佳酿。如此,体现谦和、礼让、自省、庄敬的君子之争的射礼,被寄寓儒家的理想人格。较之君子,圣人是儒家最崇高的人格境界,因为圣人是道在人道的化身,为人道提供典范:

> 诚者,不勉而中,不思而得,从容中道,圣人也。(《礼记·中庸》)

内心真诚不需要时刻提醒自己,心之所动,行之所为,无不合中道,这是孔子到了古稀之年才达到的境界——"从心所欲不逾矩"。礼与道合,礼出自然、自然而然,不偏不倚、中和平正。

遵道循理、承载人情的礼,是道德的,是情感的,也是审美的;礼的日常化、仪式化、伦理化,使其在中国传统社会有着生活宗教的意味。

茶为礼,载风情

茶于礼,是一个物质的载体。广义的茶礼,泛指与茶相关的民间习俗。狭义的茶礼,是指围绕茶饮本身形成的礼仪和观念,起于唐时陆羽,发展绵延至今。

茶与礼相遇最远可推及西周开国之初:

> 茶之为饮,发乎神农氏,闻于鲁周公。([唐]陆羽《茶经·六之饮》)

周公名旦,是周文王的儿子,周武王的弟弟,受封于鲁。周公辅佐周成王治理国家,制礼作乐,著《周礼》(又称《周官》),制定和完善了官制、政制,以及包括饮食、起居、祭祀、丧葬等国家社会生活各方面的制度和规范。周公与茶相关的历史记载语焉不详,仅在晋代常璩的《华阳国志·巴志》中,有载巴国将茶与其他珍品作为贡礼献给周武王:

> 周武王伐纣,实得巴蜀之师……茶、蜜……皆纳贡。

从文字记载来看,茶作为日常饮品应不晚于西汉。王褒《僮约》中有"牵犬贩鹅,武阳买茶"句,可见巴蜀地区饮茶习俗已然兴起,武阳(今四川彭山)地区已形成茶叶贸易市场。《茶经·六之饮》列举了从春秋到魏晋的饮茶名流：

> 齐有晏婴，汉有杨雄、司马相如，吴有韦曜，晋有刘琨、张载、远祖纳、谢安、左思之徒，皆饮焉。

彼时的茶饮还是煎煮汤药一般的"浑饮"法，在陆羽眼中，如"沟渠间弃水"：

> 饮有粗茶、散茶、末茶、饼茶者。乃斫，乃熬，乃炀，乃舂，贮于瓶缶之中，以汤沃焉，谓之痷茶。或用葱、姜、枣、橘皮、茱萸、薄荷之等，煮之百沸，或扬令滑，或煮去沫，斯沟渠间弃水耳，而习俗不已。

晋代已有以茶代酒、待客的礼俗记载。陆羽《茶经》引晋代张君举《食檄》：

> 寒温既毕，应下霜华之茗；三爵而终，应下诸蔗、木瓜、元李、杨梅、五味橄榄、悬豹，葵羹各一杯。

"霜华之茗"就是茶饮。来客先奉茶，再入筵席，酒过三巡，菜过五味，最后暖胃解酒的汤、羹各来一杯，这一礼俗沿袭至今。又引《桐君录》：

> 又南方有瓜芦木，亦似茗，至苦涩，取为屑茶，饮亦可通夜不眠。煮盐人但资此饮，而交、广最重，客来先设。

这个瓜芦木大约就是今人所说的"苦丁茶"[①]，类似今人所谓"代茶饮"，是南方"客来先设"的待客"茶"饮。

同一时期，茶还被广泛用于祭祀活动。《茶经·七之事》辑录《异苑》所载民间以茶祭古墓的故事：

> 剡县陈务妻少与二子寡居，好饮茶茗。宅中先有古冢，每日作茗，饮先辄祀之。二子患之，曰："古冢何知，徒以劳祀！"欲掘去之。母苦禁而止。及夜，母梦一人曰："吾止此冢三百余年，卿二子恒欲见毁，赖相保护。又飨吾佳茗，虽泉壤朽骨，岂忘翳桑

---

① 余亚梅：《"和"解〈茶经〉》，第34页，上海文化出版社2023年8月版。

之报。"遂觉。明日晨兴,乃于庭内获钱十万,似久埋者,而贯皆新提。还告其儿,儿并有惭色,从是祷酹愈至。

作为一则民间传说,似有偶然。但《茶经·七之事》又引梁萧子显《南齐书·武帝本纪》记载的齐武帝遗诏:

> ……我灵上慎勿以牲为祭,唯设饼果、茶饮、干饭、酒脯而已。天下贵贱,咸同此制。

这段文字至少说明自齐武帝大行之后,根据"天下贵贱,咸同此制"遗诏,以茶果代牲为祭已经上升到了政令的高度。由此可知,以茶祭奠至少在彼朝得以全面推广。

早期的文献记载反映了饮茶礼俗的萌芽。直到饮茶成为一种艺术化的精神活动,才标志着茶礼的正式确立。

唐代:饮茶活动的艺术化

唐朝结束了长期的征战,社会政治安定,经济文化获得高速发展,茶叶生产和消费都呈快速增长。饮茶不再是南方的习俗,《茶经·六之饮》描述当时茶饮流行的盛况:

> 滂时浸俗,盛于国朝,两都并荆俞间,以为比屋之饮。

晚唐杨晔《膳夫经手录》记载了唐代茶饮从兴起到流行,直至盛行的三个阶段:

> 至开元、天宝之间(713—756),稍稍有茶;至德、大历(756—779)遂多,建中(780)以后盛矣。

这与唐人《封氏闻见记》的记载可相佐证。封演将开元中在北方逐渐兴起的茶饮归为禅宗的影响:

> 南人好饮之,北人初不多饮。开元(713—741)中,泰山灵岩寺有降魔师大兴禅教,学禅务于不寐,又不夕食,皆许其饮茶。人自怀挟,到处煮饮。从此转相仿效,遂成风俗。

降魔师即降魔藏禅师，是神秀的弟子。文中还记载了当时北方茶贸易的繁荣景象：

> 自邹、齐、沧、隶，渐至京邑，城市多开店铺煎茶卖之，不问道俗，投钱取饮。其茶自江、淮而来，舟车相继，所在山积，色额甚多。

根据《新唐书》的记载，陆羽隐居闭门著书，正是在茶风开始流行的至德、大历年间（756—779）：

> 上元（760—761）初，更隐苕溪，自称桑苎翁，阖门著书。

陆羽从茶性出发，于辨茶、采摘、制茶、储茶、别水、用火、烹煮等各个方面无不穷理尽性，创设出一系列符合茶性的治茶程式，并制设一整套与之相匹配的治茶器具，发展出迥异于民间"浑饮"习俗的"清饮"，使得茶事活动和品茶过程成为中国人生命哲学的表达与呈现方式，成为文人茶礼的发端——一碗中和纯粹的茶汤照见茶之性、物之理、人之情，细细品啜是人与"茶"合一、与"道"合一的过程，是由舌至心的生命体验与觉知。

文人茶礼承载着中国传统文化的思想和情怀。《茶经》一出，王公贵族、文人墨客争相学习效仿，饮茶之风自上层社会流行，茶一时贵为"王孙草"：

> 楚人陆鸿渐为《茶论》，说茶之功效并煎茶、炙茶之法，造茶具二十四事，以都统笼贮之。远近倾慕，好事者家藏一副。有常伯熊者，又因鸿渐之论广润色之。于是茶道大行，王公朝士无不饮者。
> （［唐］封演《封氏闻见记》）

自此，文人茶礼与寺院茶礼的形成与互动推动饮茶活动的精神化，以茶为物质载体的礼俗文化得到进一步丰富和发展。

一方面，茶在社会生活中获得了尊崇的地位，其标志是贡茶制度的确立。早在武王伐纣时就收到过巴蜀的贡茶，宋人寇宗奭《本草衍义》也有晋代贡茶的记载：

> 晋温娇上表，贡茶千斤，茗三百斤。

但贡茶作为一种制度被确立,却是唐代宗大历五年(770)的事,同时设立的还有贡茶院,专门负责督造贡茶。元和八年(813)李吉甫的《元和郡县志》记有:

> 今每岁贡茶为蜀……每岁孟夏,县尹择吉日,朝服登山,率众僧僚,焚香拜采。

茶叶制好后,以银盒盛装,黄绢扎裹,封以白泥,盖上红印,派遣专吏昼夜兼程送往长安:

> 何况蒙山顾渚春,白泥赤印走风尘。([唐]刘禹锡《西山兰若试茶歌》)

这些贡茶除供皇室饮用,还用于祭祀:

> 十日王程路四千,到时须及清明宴。([唐]李郢《茶山贡焙歌》)

清明宴是清明祭祀结束后的宴请活动,加急快递的贡茶只为赶上清明的祭祀。

另一方面,饮茶活动向社会各阶层拓展,甚至在中唐以后,已经如同柴米油盐,成为社会各阶层日常生活不可或缺的一部分:

> 茶为食物,无异米盐,于人所资,远近同俗,既祛竭乏,难舍斯须,田间之间,嗜好尤甚。(《旧唐书·李钰传》)
> 累日不食犹得,不得一日无茶也。(《膳夫经手录》)

两宋:饮茶活动的世俗化

两宋时期是饮茶活动继往开来的时代,从皇帝开始,整个朝野共同把饮茶活动推向高雅的极致。朝廷设立专门的茶事机关,贡茶制作登峰造极,官庭设立茶仪礼制,荐社稷、祭宗庙,以及朝事、外交、宴会等各个方面,都设置不同规格的茶仪茶礼以示尊重,获得皇帝赐茶成为大臣、亲族以及国外使节的荣耀。高雅化从来就伴生世俗化——由宫廷和文人饮茶活动衍生出来的绣茶、斗茶、分茶等各种茶饮形式和活动丰富多彩,民间茶肆、茶坊林立。和酒一样,茶成为聚友会朋的重要媒介,如文人聚会品茶交往的文人茶社、官员组成的"汤社"、佛教徒的"千人社"等。梅尧臣在

《南有嘉茗赋》中描述了北宋时期民间饮茶盛况：

> 华夷蛮豹,固日饮而无厌;富贵贫贱,不时啜而不宁。

吴自牧《梦梁录·鲞铺》说南宋时期：

> 盖人家每日不可阙者,柴米油盐酱醋茶。

又在《梦梁录·茶肆》中描述了以茶为载体的礼俗风情、市井百态,反映了茶在社交应酬、冠婚丧祭等生活仪礼中扮演着重要角色。因"茶不移本,植必子生"([明]许次纾《茶疏》)的特性,江南一带婚俗渐以"三茶六礼"取代了早时的"五雁六礼"。大雁和茶,都是寄托忠贞之意,茶另有多子的寓意。民间甚至以"一家女不吃两家茶"的说法,表示一女不可许婚两家。

元明至今：极简主义茶风的兴起与绵延

元代蒙古人入主中原,王公贵族阶层在饮茶方面多学习和继承唐宋传统,这与其在诸多方面"近取宋、金,远法汉唐"的治国方略是一致的。然而,出于游牧民族明快率直的生活习性,大多数王公贵族对繁琐的品茶煮茗兴趣不大;而另一方面,汉族文人由于深重的亡国情绪,亦无心于茶事之风雅,反而有意通过茶饮表达自己高洁的操守与节气。这两股不同的思想汇流于茶文化中,推动了去繁就简的饮茶风气,一些打破唐宋以来日益繁复、精致、固化的饮法,如添加酥油、制作花茶、烹煮散茶等等,变得容易接受。饼茶仍作为贡茶,但在民间,散茶的生产消费逐渐取代饼茶。元中期的《王祯农书》根据茶叶加工的情况,记载当时有"茗茶""末茶""腊茶"三类,言及腊茶时介绍说：

> 惟充贡茶,民间罕之。

文人作为风雅时尚的领军人物,在他们生活实录的作品中,时常呈现饮用散茶怡情或待客的生活场景：

> 汲水煮春芽,清烟半如灭。(李谦亨《土铫茶烟》)
> 命小芸童汲白莲泉,燃槁湘竹,授以凌霄芽为饮供。(杨维桢

《煮茶梦记》）

　　湿带烟霏绿乍芒，不经烟火韵尤长。铜瓶雪滚伤真味，石铛尘飞泄嫩香。（汪炎昶《咀丛间新茶二绝》之一）

　　汪炎昶甚至直接在枝头采摘新芽咀嚼，以表达自己对茶之"真味""天趣"的追求。茶风多元并存而显得散漫无章的元代，因为精简、自然茶风发出的先声，奠定其在茶文化发展史上承前启后的独特地位。

　　明代以高祖皇帝的一纸"罢造龙团，听茶户惟采芽茶以进"（［明］沈德符《万历野获编·补遗》卷一）诏令，标志着唐宋历来不登大雅之堂的"草茶"（散茶）上位。此后，天目茶、虎丘茶、芥茶、龙井等散茶争奇斗妍，各领风骚，并由此发展出多姿多彩的制茶工艺和冲泡技艺。明人陈师道《茶考》记载了明中前期在苏吴地区流行的直接烹煮茶芽的泡煮法：

　　烹茶之法，惟苏吴得之。以佳茗入瓷瓶火煎，酌量火候，以数沸、蟹眼为节。如淡金黄色，香味清馥。过此而色赤不佳矣。

　　又记载嘉靖年间在杭州一带出现的撮泡法，当时认为有失雅意，不久却受到文人的热情追捧：

　　杭俗烹茶，用细茗置茶瓯，以冲泡茶沸汤点之，名为"撮泡"。时，北客哂之，予亦不满……殊失古人蟹眼、鹧鸪斑之意。

　　典雅繁复的饮茶程式，为精简自然的冲饮方式所取代；千篇一律的审味、审美情趣，为"一茶一味"的个性化、多样性的艺术品饮所取代。脱繁就简、平淡天真的一碗茶汤与世俗接通，开启了富有近代气息的冲泡茶法。

　　正所谓"观天下之尚可知天下矣"（［明］黄省曾《五岳山人集》）。成化、弘治后，是政治压制相对放松的时期，苏、松、杭、嘉、湖等东南一带的商品经济萌芽发展，在社会财富大量积累的同时，也促进了精神文化活动的发展。正德、嘉靖年间，王阳明"心学"兴起；万历年间，公安派、竟陵派高树"独抒性灵、不拘格套"的大旗……任尚自然、张扬个性成为时代思潮，人们开始注重个性自我以及内心的闲适和安逸。散茶的制作和冲泡工艺，由于较好地保持了真茶、真味、真香、真形，正契合了这个时代的精神气质和追求。从这个意义上来说,朱元璋罢造龙团只是顺应了一个不可阻挡的时代发展潮流。

明代江南文士丢掉文人不事庶务的包袱,亲身参与茶叶的投资与生产。明人任尚自然的生命情态和对滋味的极致追求,虽与唐宋茶风一脉相承,却具有更多日常生活的情感和气息。事实上,明人对当世茶风十分自傲,认为唐宋之法太多人为造作,失了茶之"本真":

> 碾造愈工,茶性愈失。曾不若今人止精于炒焙,不损本真,故桑苎《茶经》第可想其风致,奉为开山,其舂、碾、罗、则诸法,殊不足仿。余尝谓茶酒二事,至今日可称精妙,前无古人,此亦可与深知者道耳。(罗廪《茶解》)
>
> 今人惟取初萌之精者,汲泉置鼎,一瀹便啜,遂开千古茗饮之宗。……陆鸿渐有灵,必俯首服;蔡君谟在地下,亦咋舌退矣。(沈德符《万历野获编·补遗》卷一)

清代承袭明代茶风,闽广地区在撮泡法基础上发展出具特定程式、仪轨的"工夫茶"法,流传至今,成为冲泡茶的主流样态。

三代不同礼、五伯不同法,十里不同风、百里不同俗。茶礼,本乎人情而出乎礼义,每个时代都会赋予茶礼新的形式和精神内涵,虽礼俗各异,然而礼之和、乐的本质属性却一以贯之。当代茶事活动已悄然兴起,作为新时代之雅尚,荡涤性灵,美化生活。

金谷看花莫谩煎:文人茶礼

碧月团团堕九天,封题寄与洛中仙。
石楼试水宜频啜,金谷看花莫谩煎。
——[宋]王安石《寄茶与平甫》

在传统礼制社会,文人的日常生活行为举止都有礼的规范,饮馔的礼节和仪式更是看重,这从官府衙门食堂就可见一斑。早在周代、汉魏时期就有为办公的官员提供"公膳"的记载,在唐代已较为普遍,同时,官员食堂会食被赋予政教大义:

> 不专在饮食,亦有政教之大端焉。([唐]崔元翰《判曹食堂壁记》)
>
> 由饮食以观礼,由礼以观祸福,由议事以观政,由政以观黜陟,则书其善恶而记其事,宜在此堂。([唐]柳宗元《盩厔县新食堂记》)

据《封氏闻见记·壁记》记载,在朝廷各部门厅堂墙壁题写壁记是当时的一种时尚:

> 朝廷百司诸厅皆有壁记,叙官秩创置及迁授始末。

府衙官舍的食堂也不例外。李翱《劝河南尹复故事书》记载当时河南府官员食堂北梁上,挂有书写会食仪轨、秩序的"黄卷"。禅寺茶汤礼也多题写或张贴在侍者寮、客殿壁上,可谓僧俗同流。汤即为养生的汤药,唐宋时期,与茶并为僧人助修之药食。其时,茶饮作为日常饮馔之礼的一部分,并没有独立的意义,直到《茶经》问世。陆羽通过创设二十四茶器以及一整套煎煮茶汤的技艺、方法和仪程,将传统文人的思想、情怀以及对茶理的妙悟,注入到一碗追求真味、正味、至味的茶汤之中,形塑了中国饮茶文化的基本形态——通过茶术、茶礼以及茶艺的演绎,传递中国天人观下的生命信仰和生活情态。

术:茶饮中的自然秩序

礼的功能是"即事之治"(《礼记·仲尼燕居》),即遵循事理对事务作出"合义性"(合情合理)的秩序安排。事理,就是事物发展终始、本末的自然规律或秩序。从这个意义上来说,遵循事理安排的"术"(即方法)是符合"道"的:

> 物有本末,事有终始。知所先后,则近道矣。(《礼记·大学》)

文人茶礼之所以能独立于日常的饮馔之礼,不仅因其载体是茶,更因其是在"天人合一"哲学观照下创设的一整套"茶术",使饮茶各环节的方法和仪程具有"载道"的意味,从而被赋予独特的精神意义。

茶术,是关乎鉴物显理、穷理尽性、调和至味的方法和程式。于茶饮而言,则是人居中调和茶、水、火、器的时空顺序安排:

> 茶滋于水,水藉乎器,汤成于火,四者相顾,缺一则废。(〔明〕许次纾《茶疏》)

摘茶、制茶、取水、备器、烹煮、品饮等等,都要遵循茶事活动的事理次第展开。中国茶文化在探索追求真茶、真香、真味的道路上顺流而下,茶术也不断演进,形成唐代的煎茶、宋代的点茶、明以降的冲泡茶。承载人间烟火的茶汤映照着一朝一代的细微生活,而那些伟大思想的风潮都起于青蘋之微末。日本茶人仓冈天心在《茶之书》中,很有见地地概括三种茶术所折射的时代思潮:

> 煮的团茶、搅的抹茶、沏的叶茶表现了唐朝、宋朝和明朝各自的感情方式,借用最近被滥用的艺术分类,我们大体上可以把它们称作:茶的古典派,茶的浪漫派和茶的自然派。

一、汤添勺水煎鱼眼——煎茶

> 故情周匝向交亲,新茗分张及病身。
> 红纸一封书后信,绿芽十片火前春。
> 汤添勺水煎鱼眼,末下刀圭搅麹尘。
> 不寄他人先寄我,应缘我是别茶人。
> ——〔唐〕白居易《谢李六郎中寄新蜀茶》

唐代茶叶制作和消费的主流产品是团饼茶。根据陆羽《茶经》介绍,当时的团饼茶制作有别于当今直接以毛茶压制成饼的工艺,是先将茶芽搁在甑上蒸熟,再捣

一碗茶的诗礼禅

烂成泥,然后倒模压制成团、饼,最后烘干成型。这种制茶方式在陆羽之前早已有之:

> 《广雅》云:"荆巴间采叶作饼,叶老者饼成,以米膏出之。欲煮
> 茗饮,先炙,令赤色,捣末置瓷器中,以汤浇覆之,用葱、姜、橘子芼
> 之,其饮醒酒,令人不眠。"(《茶经·七之事》)

《广雅》是三国时期魏国张揖续补《尔雅》的训诂之作。由记载可见,至少在三国时期,荆巴间采茶制饼作茶就已常见,如茶叶较老,其内含的油性、黏性物质减少,需要加入米膏粘合压模成饼。陆羽还详细介绍如何"芼"茶:

> ……或用葱、姜、枣、橘皮、茱萸、薄荷之属,煮之百沸,或扬令
> 滑,或煮去沫。(《茶经·六之饮》)

加入各种佐料只为中和茶之"至寒"之性,但如此一来,如煎药一般的"浑饮"也丧失其真味、正味、至味。陆羽十分唾弃这种简单粗暴的治茶法,比起房屋筑造、华服玉食美酒之精绝,忍不住为茶叫"屈":

> 于戏! 天育万物,皆有至妙,人之所工,但猎浅易。所庇者屋,
> 屋精极;所著者衣,衣精极;所饱者饮食,食与酒皆精极之。(《茶
> 经·六之饮》)

陆羽弃用味重的佐料,采用了中药材的炮制法,通过原材料把关——采摘山南的春芽,以及烘晒、炙烤、藏育等各个环节的料理,包括煮、饮等环节的总量把控,使茶汤回归一碗追求真味、正味、至味的"清饮"。

陆羽创制的煎茶法,又叫作烹茶法,煎水煮茶各环节的秩序安排因"二十四器"的运用,更有了"洁净精微"的道意:

1. 炙茶。在将饼茶碾末前增加一道炙茶的工序,既可中和茶叶寒性,也有清洁、提香的功效。炙茶时,要用夹夹住饼茶逼近焰火反复翻转炙烤,直到烤出"状蛤蟆背"时,再在离火五寸的地方继续烘烤,注意受热均匀,如此反复多次直到茶饼变软,柔嫩得如同"婴儿之臂"。

2. 碾、筛茶末。烤好的茶放在专门的纸囊里，以防止茶香散逸，待饼茶冷下发脆，就赶紧研末，再用罗筛，根据"末之上者，其屑如细米"的标准，将筛好的茶末装入茶合备用。然后用拂末将飘洒出来的茶末拂扫干净。

3. 生火、煮水。煮茶煎水炙茶的最佳燃料是木炭。生火时，要用到筥、炭挝、火筴等装炭、碎炭、夹炭用的一系列器具。待火出现明亮的焰火时，用瓢从储水的水方中取水，再舀入搁在交床上的镀里，然后，把装好水的镀放在风炉上。

4. 候汤、煎茶。"三沸"是陆羽总结的候汤法：水刚刚开始沸腾"如鱼目，微有声"时，为"一沸"。此时，用取盐的揭在装盐用的鹾簋中取适量的盐投入镀中，尝一尝咸淡就将剩水倒掉。当镀边缘的水呈现"如涌泉连珠"，为"二沸"。此时，取出一瓢水倒入旁边专门用来盛热水的熟盂。然后，用竹筴环击汤心，用量茶的则从茶合中取适量茶末，对着旋涡的中心投下。片刻之后，沸水"若奔涛溅沫"，此时，就是"三沸"状态，需赶紧"救沸"，即，用刚刚在"二沸"时取出的水浇在沸腾的茶汤上，使其停止沸腾，并生成茶汤的精华——沫饽。

5. 分茶、品饮。刚刚煮沸的茶汤，要去掉浮沫上那层像黑云母一样的水膜，然后舀出第一碗茶汤储在熟盂之中，名"隽永"，备以孕育茶汤精华或止沸用，或作补阙的茶汤用。其后数碗，"若座客数至五，行三碗；至七，行五碗"《茶经·六之饮》，大家依次轮流品饮。

6. 清洁、收纳。滤水用的漉水囊是取水工具，主要用来过滤水中杂物；装废水的涤方、盛废弃物的滓方，以及清洁用的札、巾等，这些都是在煮饮过程中要用到的器具，主要用以确保器物的干净、清洁。饮茶活动结束后，用畚收纳茶碗，其他茶器一起收储于具列，最后统一放入都篮收纳。

一场茶事下来，二十四器依照茶事进程依次轮替使用，一样不多、一样不少，并在茶事结束后洁净归位，纳入具列和都篮之中。

为了让茶汤回归一碗中和纯粹的清饮，陆羽以合理、方便、整洁、美感为原则创设茶器，无论是对每一款茶器规格、制式、质料的严格规制，还是"二十四器"所承载的繁复、端肃的仪轨，都赋予茶事活动各环节、程式不可言说的丰富意味，折射传统文人"天人合一"的生命哲学，以及"以天下风教为己任"的人道情怀。

　　　　　　　　　　　　　　　　　一碗茶的诗礼禅

二、欲点云腴还按法——点茶

> 惠山秋净水泠泠,煎具随身挈小瓶。
>
> 欲点云腴还按法,古藤花底阅茶经。
>
> ——[明]徐祯卿《煎茶图》

宋代点茶法是陆羽煎茶法的简化版。事实上,用注瓶冲点碗中的茶末,而不是直接将茶末放入釜中烹煮,这样一种饮法在唐后期就已经出现。唐末诗人章孝标在一首《方山寺松下泉》诗中,就写到冲点茶用的"注瓶":

> 注瓶云母滑,漱齿茯苓香。

蒸青压制饼茶依然是宋人消费的主流,但时有"草茶"名品风行一时,渐有打破饼茶一统天下的趋势,如江西洪州双井茶、浙江会稽山日铸茶等。见黄庭坚《满庭芳》句:

> 北苑龙团,江南鹰爪,万里名动京关。

词中的"江南鹰爪",就是来自江西的双井茶。饮用时,状如"鹰爪"的叶芽也得碾成茶末冲点。

随着宋代贡茶南迁,饼茶尤以福建建安(今建瓯)凤凰山所产"北苑茶"(又称"建溪茶")为贵,制作工艺较唐时更加精湛,且品类更加多样。见《宋史·食货志》载:

> 茶有二类:曰片茶,曰散茶。片茶蒸造,实卷模中串之,唯建、剑则既蒸而研……有龙、凤、石乳、白乳之类十二等……散茶出淮南、归州、江南、荆湖……

片茶,又叫团茶、饼茶、腊(蜡)茶;散茶,即散条茶芽,又被称作草茶、江茶。虽然在唐代就已出现炒青茶,但一直到宋代,散茶基本沿用蒸青工艺。

宋人在冲点茶汤之前,其炙茶、碾筛茶末的步骤与唐人煎茶法一样,但茶末要求更加细腻,故而增加了一道石磨碾磨的工序。冲点用的茶末倘若还是陆羽要求的那般粗大——"末之上者,其屑如细米",那么,仅以热水冲点就难以醒发茶味了。备好细如粉尘的茶末,接下来就要生火煎水,此后的步骤则区别于煎茶法:

1. 候汤。后人候汤沿用陆羽"三沸"论。宋人认为冲点茶水的温度以二沸为佳,一沸嫌水太嫩,三沸嫌水过老。时人诗文中可见佐证:

> 凡用汤以鱼目蟹眼连锋进跃为度。(赵佶《大观茶论》)
> 蟹眼已过鱼眼生,飕飕欲作松风鸣。(苏轼《试院煎茶》)

冲点茶以注瓶(又叫汤瓶)煮水,无法直观水在瓶中的滚沸情况,只能以"听"来判断。所以,蔡襄《茶录》说:

> 沉瓶中煮之不可辨,故曰候汤最难。

2. 熁盏。在注汤前用沸水或炭火给茶盏加热,类似工夫茶道中的烫杯,主要目的是保持水的温度以最大程度地发挥茶性,促进水与茶的融合。如《茶录》所说:

> 凡欲点茶。先须熁盏令热。冷则茶不浮。

3. 调膏。将碾磨好的茶粉放在加热好的茶盏里,注入少量沸水调成黏稠的膏糊状。这个过程对茶末与水的比例控制十分讲究,按照《大观茶论》说法:

> 妙于此者,量茶受汤,调如融胶。

4. 冲点。一只手执汤瓶往碗中注沸水,另一只手运筅击拂,茶筅围绕汤心快速旋转搅动,使泡沫上浮,形成粥面。《大观茶论》介绍了七种点汤的方式,都能实现汤色鲜白、饽沫持久的效果。如,第一汤:

> 环注盏畔,勿使侵茶。势不欲猛,先须搅动茶膏,渐加击拂,手轻筅重,指绕腕旋,上下透彻。

注水时,水沿着茶盏周边注入,不破坏茶面。注水的同时先缓缓搅动茶膏,渐渐加力,手轻筅重,手腕手指灵活地旋转击拂,将茶汤上下调和得均匀透彻。此时,茶之饽沫就"如酵蘖之起面,疏星皎月,灿然而生,则茶面根本立矣"。又如第二汤:

一碗茶的诗礼禅

自茶面注之，周回一线，急注急止，茶面不动，击拂既力，色泽
渐开，珠玑磊落。

从茶面循环注入，快冲急收，即刻用力击拂，茶与水迅速融合，汤色立现，饽沫如珠玑般浮现。

就茶器而言，点茶茶器较之煎茶大为精简，主要茶器包括注水的汤瓶、碾末的茶碾或茶磨、筛茶的茶罗、击拂的茶匙或茶筅、点茶的茶盏等，除了名称的差别，在功能上也多有改进。其中，"筅"代替了煎茶法中的"竹筴"，这种以细竹辟丝制成的工具能更好地促进茶粉与热水的交融。宋徽宗对此颇有心得：

茶筅以筋竹老者为之，身欲厚重，筅欲疏劲，本欲壮而末必眇，
当如剑脊之状。……盖身厚重，则操之有力而易于运用；筅疏劲如
剑脊，则击拂虽过而浮沫不生。（《大观茶论》）

南宋审安老人的《茶具图赞》以图赞形式概括了宋代点茶常用茶器具，不仅以传统的白描画法画有茶器图形，还按宋时官制冠以职称、名、字、号，统称为"十二先生"，并为之作"赞"。其中：

"韦鸿胪"，指保温、防霉用的烘茶炉；

"木待制"，指捣茶用的茶臼；

"金法曹"，指碾茶用的茶碾；

"石转运"，指磨茶用的茶磨；

"胡员外"，指量水用的水杓；

"罗枢密"，指筛茶用的茶罗；

"宗从事"，指清茶末用的茶帚；

"漆雕密阁"（漆雕是复姓），指盛茶末用的盏托；

"陶宝文"，指茶盏；

"汤提点"，指注汤用的汤瓶；

"竺副师"，指击拂匀汤用的茶筅；

"司职方"，指清洁茶具用的茶巾。

点茶作为雅尚依然受到明代雅士的追捧——"欲点云腴还按法"就是明人徐祯卿于《煎茶图》上的题诗。生活于明中前期的钱椿年在其《茶谱》中专论"器局",列举十六种茶器均取了典丽风雅的名称,如将建盏叫作"啜香",竹茶匙叫作"撩云",湘竹扇叫作"团风"等,均为点茶派用场。明人朱存理在《茶具图赞》后题有数语,表达对宋代饮茶风致的追慕:

> 愿与十二先生周旋,尝山泉极品,以终身此闲富贵也。

三、惠山新汲入瓷杯——泡茶

> 阅罢茶经坐石苔,惠山新汲入瓷杯。
> 高人惯识人间味,笑看江心取水来。
> ——［明］张以宁《题李文则画陆羽烹茶》

冲泡茶,又叫作瀹茶,程式又较点茶更为简洁。这种饮茶方式可谓"返璞归真",有"痷茶"这一古朴饮茶法的影子:

> 饮有粗茶、散茶、末茶、饼茶者。乃斫,乃熬,乃炀,乃舂,贮于瓶缶之中,以汤沃焉,谓之痷茶。(陆羽《茶经·六之饮》)

从陆羽的描述可知,所谓"痷茶"就是以热汤直接浸泡茶末、茶芽以饮用。正如点茶是在煎茶基础上化繁为简的品饮方式,冲泡茶法则是对点茶饮法的进一步简化,与古早的"痷茶"自是不可同日而语。

时至今日,随着制茶工艺的日新月异,冲泡茶之茶品更加丰富,品类有绿茶、白茶、青茶、红茶、黄茶及黑茶之别,茶形有散茶、团饼茶、末茶、茶膏、茶粉之分,涵盖了炒青、晒青、蒸青、捞青、闷青等杀青工艺,以及不同程度和方法的发酵工艺。冲泡茶虽程式简单,却充分尊重一茶一性,因此,要冲泡一壶好茶就很难一概而论。以候汤为例,明人基于茶叶、芽保留全形,由此发明"五沸"说:

> 蔡君谟汤取嫩而不取老,盖为团茶发耳。今旗芽枪甲,汤不足

则茶神不透，茶色不明。（陈继儒《茶话》）

今时制茶，不暇罗磨，全具元体。此汤须纯熟，元神始发也。故曰汤须五沸，茶奏三奇。（张源《茶录》）

许次纾《茶疏》则持传统"三沸"候汤法：

水入铫便须急煮，候有松声，即去盖以消息其老嫩。蟹眼之后，水有微涛，是为当时；大涛鼎沸，旋至无声，是为过时；过时老汤，决不堪用。

今人以水温度数说法，或说嫩芽当以摄氏 80 度为宜，或说茶气厚重的老树茶芽当以三沸茶冲泡才能激发茶神，等等。这些说法都有道理，但都不能以偏概全。实际上，冲泡茶品的多样性正在于"一茶一性"，冲泡的茶汤之老、嫩、温、沸当以"宜茶"为妙。说到底，还是要"知茶"。

为了更好地冲泡出茶芽叶中的精华，张源《茶录》还介绍了一种"温壶"法，已经可见工夫茶冲饮法的影子：

探汤纯熟，便取起。先注少许壶中，祛荡冷气。倾出，然后投茶。

"温壶"之后，再投茶、注汤、涤盏、酾茶、品饮。其中茶量、水温、冲泡以及品饮的快慢等等都有讲究。总的来说，不可"过中失正"，否则有损茶汤之色香味。又介绍了上投、中投、下投三种投茶方式：

投茶有序，毋失其宜。先茶后汤，曰下投；汤半下，后以汤满，曰中投；先汤后茶，曰上投。春秋中投，夏上投，冬下投。

这些都是明人在冲泡实践中所总结的经验，至今仍被奉为圭臬——把握寒暑季候、茶叶老嫩性状等变量，通过水温控制、温壶烫盏、投茶顺序、冲泡手法等进行调变，在茶、水、器、火的交汇互动中最大限度地泡发茶性，以获得一碗茶汤的至味体验。而调变之"术"可谓"法无定法"，妙在得心应手。从这个意义上来说，每一泡茶汤都是独一无二的创作过程和品味体验。

明代冲泡茶法已非常成熟。芥茶是沿用唐宋蒸青法制作的散茶，在明代僧道文士中曾风行一时，其冲泡法几与现代无异：

> 先从以上品泉水涤烹器，务鲜务洁。次以热水涤茶叶，水不可太滚，滚则一涤无余味矣。以竹箸夹茶于涤器中，反复涤荡，去尘土、黄叶、老梗净，以手搦干，置涤器内盖定，少刻开视，色青香烈，急取沸水泼之。……夏则先贮水而后入茶，冬则先贮茶而后入水。
>
> （冯可宾《芥茶笺》）

清人沿袭明人冲泡法，但在饮法程式上更为精致，号称饮茶文化"活化石"的潮汕工夫茶就成型于清中期，其冲饮程式缜密并极具精神意味——或就其程式特点，总结为"十法"：活火、虾须水、拣茶、装茶、烫盅、热罐、高冲、盖沫、淋顶与低筛；或就其仪轨要旨，概括为：高冲低筛、盖沫重眉、关公巡城、韩信点兵、凤凰三点头等等。不一而足。仅就冲泡法来说，大致包括以下环节：

1. 生火、治器。欲饮茶，先生炭火，以活火烧水。治器，不仅是备好工夫茶"四宝"，即孟臣罐（紫砂小壶）、若琛杯、玉书碨（砂铫）、红泥炉等四器，还包括生火、煮水相关的原料与用具，以及清洁、摆放等所有与茶事活动相关的准备工作。

2. 温壶、烫盏。工夫茶主要是冲泡青茶。青茶一般以武夷、潮汕、台湾地区的半乔木茶为原料，茶叶气厚、筋道，较为耐泡。冲泡前，要先温壶，即在壶内加入适量热水，同时以热水淋壶、烫盏。温壶、烫盏既能进一步清洁茶器，又可确保水温处于高位，以更好地激发茶叶中的香气和精华物质。

3. 炙茶、纳茶。将要冲泡的茶叶倒在素纸上，再放在明火上炙烤以醒茶、提香、清洁。将炙好的茶叶分粗细后，依次装入茶壶——粗者置于底、中者置于中、细者置于上。投茶量约七八分满，以热水醒发后，茶叶正好满壶为宜。

4. 候火、候汤。橄榄炭、鹅毛扇是潮汕工夫茶的生火标配。待炭火燃起明亮焰火，将装水的玉书碨搁在红泥炉煎煮。根据青茶的特性，以"二沸""三沸"之间为佳，既不会过老丧失水的鲜爽，又保证足够水温能激发茶性。

5. 环壶、高冲。冲茶时从高处快速沿壶口内壁循环冲入开水，直至沸水满到溢出壶外。高冲，有利于激发、释放茶中精华物质。因青茶气厚，出汤快，强调沿茶壶边冲入，目的是使茶中精华物质均匀、有序、缓慢释出；反之，如开水直冲壶心，则茶中物质快速且集中释出，如此这般，不仅茶叶不耐泡，且茶汤色重、味涩，故谓之"冲破茶胆"。

6. 刮沫、淋罐。冲茶时溢出的白色茶沫，先用茶壶盖刮去，然后把茶壶盖好，随后用开水冲淋壶盖，冲去溢出的茶沫，同时也起到壶外加热的作用。"刮沫"这一程式与《茶经·五之煮》中"弃其沫上有水膜如黑云母"异曲同工，因"饮之则其味不正"之故。

7. 滚杯、筛茶。在筛茶前，用沸水滚动烫洗茶杯，既是清洁，也是温杯。如此，茶汤入杯则不会快速降温，茶汤不凉则茶神不涣散。筛茶又叫洒茶、斟茶。宜低筛，使香气不扬散。这个环节也叫"关公巡城"，具体方法是，把茶壶嘴贴近已整齐摆放好的茶杯，然后循环不断地把茶汤均匀地筛洒于每一杯中。

8. 分茶、传杯。品饮人数不宜多，如正好三位，则茶杯呈"品"字摆放。当茶壶中还剩下少量茶水时，逐个往茶杯中点尽茶汤。这一式叫"韩信点兵"，目的是使壶底不留残汤，导致汤味涩苦，同时也使各杯茶汤色味均匀，以示平等。其后，一手托起杯托，一手虚扶茶杯，恭敬传递给客人品饮。

以上是工夫茶冲泡的基本环节，如以三才盖碗替代孟臣罐，则冲泡方法上会有所调整，但工夫茶所要表达的"工夫"内蕴是不变的。事实上，由于冲泡茶品的丰富多样，冲泡茶所宜茶器也不尽相同，冲泡风格也各异。明中晚期，文人茶著所论茶器多以冲泡茶器为主，且睥睨唐宋，十分自傲。屠隆在《茶说》列举万历年间流行的雅致茶器：

> 若今时姑苏之锡注，时大彬之砂壶，汴梁之汤铫，湘妃竹之茶灶，宜成窑之茶盏，高人词客、贤士大夫，莫不为之珍重，即唐宋以来，茶具之精，未必有如斯之雅致。

张源《茶录》除了提到泡茶壶，还介绍有瓢、茶盏、拭盏布、分茶盒等四样。罗廪《茶解》以拭手的帨、藏茶的瓮、烹泉的炉、冲水的注、受汤的壶、品饮的瓯、取茶渣的夹等七种茶器，为冲泡茶的标配。较之宋代"点茶十二先生"，无疑是愈加精简了。

义：茶饮中的伦理秩序

礼作为对人情、事理的安排，中国文化以"天地"的法则和精神为其形而上者，以规范、法则、程式、仪轨等为其形而下者，二者协调统一于"礼义"。所以，中国的礼制文明重形式但不限于形式主义，因为在中国文化看来，人道关系复杂且瞬息万变，即使再多的制式条文也不能穷尽，拘泥则无异于"刻舟求剑"：

> 威仪三千，曲礼三千……数至三千，不为不多，然而事理之变无穷，法制之文有限，必欲事事而为之制，虽三千有所不能尽。
> （[清]皮锡瑞《经学通论》）

"礼"存在的价值和意义在于对事务的情理安排，而情理的安排要合乎"义"——"义者，宜也"（《礼记·中庸》）。既有"应然"之理，也有"实然"之情，合情合理谓之"合宜"。故真正懂"礼"的人，必然通情达理——不仅通晓既存的规则、范式，还通达人情世故，善调变，能制宜，是谓"得体"。故《经学通论》又说：

> 礼由义起，在好学深思，心知其意者，即无明文可据，皆可以意推补。

所谓礼由义起，事与时偕。人道关系随着时代、民俗、地域的变化而发生改变，调节人道关系、安排关系秩序之"礼"自当制宜而变。倘若制式背后的理由（义）消失，仍顽固不化，则背离"礼"之本义，而沦为"形式主义"或教条。礼背后的理由无外乎天理、人情两端，而两者统一于"人"，即"人"之为"人"的内在属性：

> 礼义也者，人之大端也。（《礼记·礼运》）

就茶礼来说，可理解为一整套渗透着天理、人情等传统伦理观念的行茶规矩——在择茶、备器、候火、伺汤、品饮等诸环节中，通过人与人、人与物、物与物之间的秩序安排，形成包括程式、仪轨、位置、顺序、举止、仪态等在内的一系列规范与法度。或有人以为陆羽专于茶术，是表明自己无志于"大"：

鸿渐伎俩磊块，著是《茶经》，盖以逃名也。示人以处其小，无志于大也。（［明］冯时可《茶录》）

也有人看到陆羽处小不忘大的高远情怀：

夫羽少厌髡缁，笃嗜坟素，本非忘世者。（［明］童承叙《题〈陆羽传〉后》）

老子说"治大国，若烹小鲜"（《道德经》）。调理茶味一如料理羹汤，不仅是理茶，更是修己。大书于风炉一足的"伊公羹陆氏茶"，表明了陆羽比肩圣人伊公的志向，以及"正己后发""以茶行道"的济世思想和情怀。

事实上，后世文人士夫秉承茶圣的思想和情怀，以茶理接通伦理，使茶道接通人道，不断丰富茶事活动的精神意味，表达上下有序、尊让洁敬、精行俭德、中和有度的人伦观念，传递传统知识分子"以天下风教为己任"的集体意识与生命情怀。

一、和

"礼之用，和为贵。"（《论语·学而》）

"和"，是中国人对造化精神的抽象概括和高度总结，是中国传统国家社会家庭乃至个人奉行的道德律；是"即事之治"的协调、和解之方法；也是"止于至善"的目标与准则。在《茶经·四之器》中，陆羽以镌刻于风炉上的"伊公羹陆氏茶""坎上巽下离于中""体均五行去百疾"三句话，作为思想纲领，表达其追步伊尹的人生理想以及道法自然、阴阳合和的生命哲学。

事实上，无论是陆羽前，还是陆羽后，在药食同源的中国，茶文化自始至终都围绕着一个"和"字来发展、衍化，而陆羽的贡献正在于通过一整套的制茶"妙术"，使茶饮回归一碗中和纯粹的茶汤。后世茶法皆沿袭《茶经》经义，不断推陈出新，以一碗茶汤阐发历代茶人对"和气得天真"的探索与洞见。

"和"，是方法妙道。

中国人治茶始终基于"茶之为用，味至寒"（《茶经·一之源》）的特性。陆羽之前，人们把茶作为普通药食，简单地以伊尹创制的汤液法制茶，即添加各种辛温佐料以中和茶的寒性。如此，茶汤虽中和，然真味、正味、至味已失。去掉温辛佐料，以一系列阳法治茶来中和茶之寒性是陆羽之"妙术"，包括采茶只取山南面的茶，而舍山阴面的茶；制作时通过蒸、焙（晒）、封、炙等多道工序以改变茶至寒的性状；强调饮茶要适量，不"夏兴冬废"，也不多饮等等。陆羽所谓"茶有九难"，几乎每一难都是"过"与"不及"不得"中和"的问题。陆羽还创设二十四器，将一个"和"字贯穿茶器使用的各个环节。后世茶人心领神会，饮茶求真而贵和，别茶、辨水、候汤、冲点，无不遵循"和"之妙理，他们相信——至味之茶必然秉承天地之和气，至味之汤必然得天地人之和气。

中国人品茶，品的是真茶、真味、真香中的极致妙味，其毫厘之差尽数呈现在一碗茶汤之色香味中：

> ……茶中香味，不先不后，只有一时。太早则未足，太迟则已过。所见得恰好而尽。（［明］冯可宾《岕茶笺》）

"和"，是调理之功。

中国人之所以钟情于茶，不仅是茶汤滋味，还在于其中和养生的诸多功效。

《茶经·七之事》辑录了历代文献中关于茶的药用价值和相关偏方的记载。文人茶著更是就茶对人生理、心理的调节大加赞述：

> 调神和内，慵解倦除。（［晋］杜毓《荈赋》）
>
> ……其性精清，其味皓洁，其用涤烦，其功致和。……得之则安，不得则病。（［唐］裴汶《茶述》）
>
> 祛襟涤滞，致清导和。（［宋］赵佶《大观茶论》）

裴汶还针对有人担心多饮令人体虚病风的问题，说"夫物能祛邪，必能辅正，安有蠲逐聚病而靡裨太和哉"，并给予茶"参百品而不混，越众饮而独高"的高度评价。

从种植、采摘、制作到烹点均遵循"和"的妙理，这样的一碗茶在苏轼眼中便有

一碗茶的诗礼禅

了"骨清肉腻和且正"(《和钱安道寄惠建茶》)的人格意象。文人以茶修身,中正平和的观念和价值存之于心、操之以法、品之以味,这便是心、身、灵在一碗茶汤中的修行之道。调和茶味的程式、技法与中正平和的伦理观念、美学观念相结合,共同上升到了礼法乃至"道"的高度。

宋代理学东南三贤(吕东莱、张栻和朱熹)中的朱熹和张栻都以理喻茶。张栻在《南轩集》中,把江南产的散茶视为草泽高人,把北苑龙凤蜡面团茶比作台阁胜士。朱熹认为此喻不甚恰当:

> 似他(张栻)之说,则俗了建茶,却不如适间之说两全也。……建茶如中庸之为德,江茶如伯夷叔齐。(《朱子语类·杂说》)

朱子认为散茶虽然自然本色,但其茶气失之于偏;建茶通过人工调理,理而后和,好比人之"中庸之德"——"喜怒哀乐之未发谓之中,发而皆中节谓之和"(《礼记·中庸》)。清人蒋伯超效仿朱子品评当世名茶,对照一个"和"字给茶贴上不同的人格化标签:

> 芥茶为名士,武夷(茶)为高士,六安(茶)为野士。(《南溆楛语·品茶》)

"和",是人伦之序。

若非自斟自饮,施茶待客就要有礼有节,合乎世俗伦理的观念、价值、情感与规矩。"和",作为调节人道关系、人伦秩序的"礼则",贯穿于煎茶道中分茶、品饮的程式仪轨。如:分茶要均和。因"茗有饽,饮之宜人"(《桐君录》),故特别注意要均匀地分到每一个茶碗——"凡酌,置诸碗,令沫饽匀"(《茶经·五之煮》)。品饮要和敬。根据"若座客数至五,行三碗;至七,行五碗"(《茶经·六之饮》)的安排,显然,陆羽分茶待客并非人手一碗,而是传着喝,如此,主客之间、宾客之间就须相互揖让,使得品饮的过程充满和敬互让的氛围。

宋明饮茶法较之唐煎茶法已大不同,施茶待客的礼数多有损益,但"均和""和敬"的待客之道一以贯之。由闽广和台湾地区流行开来的现代工夫茶道,就以"关公巡城""韩信点兵"或"公道杯"的形式,传递中国传统伦理道德中"中和平正"的观念与价值。

"和"，是调变之用。

陆羽著《茶经》，为天下后世传道授法，由"经"而"传"，万变而不离：

> 经纶，皆治丝之事。经者，理其绪而分之；纶者，比其类而合之
> 也。经，常也。（《中庸章句》）

"经"存在的意义从来就不是提供僵死的教条，而是提供调变的纲领与法则。所以中国文化在茶之一道历来笑傲古人，不断在追求真味、正味、至味的道路上求新求变。

以茶载礼，必然关乎茶与天（时）地（空）人的关系。"礼者，宜也"（《荀子》），所以，当然要因时、因地、因人制宜；如何变？"礼之用，和为贵"（《论语·学而》），当然要综合协调各种变量，以期达到某种精妙的谐和。如此，自陆羽创制煎茶术，自"经"而"传"、顺流而下，历经一千二百多年，今日茶汤已不再是唐时雅致、宋时气韵、明时风流，但其求真、贵和的精神法脉一以贯之于真茶、真香、真味、真形的品味追求之中。

文人论茶著述、品茗雅集，不过是将自身的人伦观念与日常礼法渗透于手中的一碗茶汤，无须就迎来送往、座次行茶、举手投足再另设规矩，也因此呈现与日本茶道、韩国茶礼的不同风貌。日本引入中国茶文化尤其重视以茶载道的"文化"功能，故而十分重视形制设计，将所欲彰显和教化的理念承载于精不厌细、周致完备、环环相扣的仪程规制，营造庄重而神圣的情境，从而赋予其宗教般神圣意义。

如化石一般的固化程式，固然有其历史价值，然在中国文化看来，茶饮的意义说到底就是饮太和之气以养太和，制式设局终究远离了"和"为"生化之妙"的造化本意。万物变动不居，如舟行于江海，不僵化、不停留。

二、敬

> "礼者，敬而已矣。"（《孝经·广要道》）

一碗茶的诗礼禅

作为"理"的形式表达,礼内涵对天理的敬畏和遵循。在茶事活动中,"敬"体现在对茶、待人两个方面:

其一,对茶,穷理尽性、以器表敬。

茶吸收天地之精华,水好山秀必有好茶,而茶味就是一碗蕴含天地精华之"灵味"。较之百草,茶更具灵性——"百草让为灵"([唐]齐己《咏茶十二韵》);这种"灵性"在其丰富的味觉效应和功能作用——"此物信灵味"([唐]韦应物《喜园中茶生》)。既为灵物,当待之以敬。武夷茶农在开采茶叶之时至今保留唤醒茶灵(仙)的"喊山"仪式。欧阳修于京师品尝到距离建安三千五百里的三月新茶,立刻联想到"夜间击鼓满山谷,千人助叫声喊呀"(《尝新茶呈圣俞》)的隆重仪式和场面。清人周亮工《闽茶曲》向世人展现了这样一种仪式:

> 御茶园里筑高台,惊蛰鸣金礼数该。
>
> 那识好风生两腋,都从著力喊山来。

武夷茶区惊蛰节气喊山祭茶的习俗沿袭至今,表明代代茶农尊奉茶灵的诚敬态度。

穷极茶理、尊重茶性是《茶经》七千字的注脚,充分表达了陆羽对茶的敬意,并以此奠定其由"味"入"理"入"道"的生命体悟和道济天下的成圣之路。茶事活动中,无论是煎煮自饮,还是施茶待客,"恐乖灵草性,触事皆手亲"([唐]刘言史《与孟郊洛北野泉上煎茶》)是致予茶最诚挚的敬意。不仅如此,陆羽还以"器"作为"敬"的具象表达:

> 敬则用祭器。(《礼记·坊记》)

器的使用,使活动本身增强了郑重其事、庄严肃穆的精神意味。茶之意,承于器。二十四茶器载道、载礼,具有礼器道具的意味。故陆羽强调:

> 城邑之中,王公之门,二十四器阙一,则茶废矣。(《茶经·九之略》)

人在山野,煮茶自有一番野趣,不必循规蹈矩;人在人道,自要遵循人伦秩序、社会规范。城邑之中,煮茶如做人——缺一器,恐无损于茶味,然于礼不合,损害的是一丝不苟、专心一意的持敬之心。

陆羽之后,唐代的煎茶、宋代的点茶以及明代的冲泡茶都将道艺、礼法承于茶器之中,借一整套的茶器构成完整的操作仪程。与此同时,宋代文人点茶时增设插花、焚香、品鉴等仪式,明代文人将茶与其性灵生活中的琴棋书画诗酒香花更紧密地结合在一起,成为承载其情感、思想和信仰的生命礼赞。

其二,待人,以茶行道、敦厚人伦。

在人伦关系的范畴里,"自卑而尊人"(《礼记·曲礼上》)是敬的内核,并集中反映在中国传统的日常饮馔之礼中:

> 主人拜迎宾于庠门之外,入,三揖而后至阶,三让而后升,所以致尊让也。(《礼记·乡饮酒义》)

主客、尊卑是位分,没有位分之别则没有尊让之节。而施茶待客的茶礼同样在饮馔之礼的调节范围之内,待客的礼义不出其外。于施茶待客,《茶经》未就迎宾、座次、行茶等作专门的阐述,应是出于对道德观念、规范和习俗的约定俗成与普遍共识,故无须赘述。这在李昉《太平广记·卷第二百七十七·梦二》的记载中可见佐证。故事主人公奚陟(745—799)是与陆羽同时代人,文中记述他餐后以茶待客的过程,从中可以观察到彼时的奉茶礼节:

> ……时已热,餐罢,因请同舍外郎就厅茶会。陟为主人,东面首侍。坐者二十余人,两瓯缓行,盛又至少,揖客自西而始,杂以笑语,其茶益迟。陟先有痟疾,加之热乏,茶不可得,燥闷颇极……

主人座次在东面,客人坐于西面,这样一种座次安排是法相天地,与自然秩序相应和的:

> 宾主象天地也;……四面之坐,象四时也。天地严凝之气,始于西南,而盛于西北,此天地之尊严气也,此天地之义气也。天地温厚之气,始于东北,而盛于东南,此天地之盛德气也,此天地之仁气也。主人者尊宾,故坐宾于西北,而坐介于西南以辅宾,宾者接

一碗茶的诗礼禅

人以义者也,故坐于西北。主人者,接人以德厚者也,故坐于东南。
(《礼记·乡饮酒义》)

因东南得"天地温厚之气",代表仁气,所以主人奚陟坐东,表示以厚德待客。中国人口中的"东家""东道主""做东"等,都取"接人以德厚"之意。主人尊重宾客,那么,宾客就应以"义"相待,因而西北就是宾客的座位。此外,西南是辅宾的座位,而东北则是辅主的座位。因客人较多,故安排两瓯同时行茶,一瓯自西经西北方向行茶,另一瓯自西经西南方向行茶。奚陟患有痟疾(糖尿病),加上天气燥热、身体倦乏,二十余人仅用两碗茶行茶,盛茶量又少,其间客人相互揖让、笑谈,速度更加迟缓。奚陟坐于东面的主位,虽热渴燥闷,却不能逾越礼法,只能坐等。

除了座次和行茶秩序,主人待客的敬意还表现为精华均分,以示平等对待座中宾客:

凡酌,置诸碗,令沫饽均。(《茶经·五之煮》)

沫饽,是茶汤煮沸后浮在面上的汤花,为茶汤的精华物质。分茶时,要将沫饽均匀地分置在各个茶碗之中。因精英浮其上,重浊凝其下,所以碗汤的品质会依次递减,前三碗鲜香美味,要趁热连饮,越到后面滋味就越寡淡。为确保精华均分,陆羽因袭了传茶法,即共用一个或几个茶碗,大家轮着喝。今天流行的潮汕工夫茶,在冲泡茶时,通过"关公巡城""韩信点兵"的手法,或者使用公道杯,以确保每一泡茶的汤色浓淡均匀。

唐以后饮茶方式渐次"精简",所谓"礼多人不怪",在施茶待客方面,中国人通常会选择礼数更加周全的茶仪。如明人朱权力推冲泡茶法,但款待嘉宾之时多用点茶法,并在《茶谱·序》中记录以点茶待客的仪礼过程:

童子捧献于前,主起举瓯奉客曰:"为君以泻清臆。"客起接,举瓯曰:"非此不足以破孤闷。"乃复坐。饮毕,童子接瓯而退。话久情长,礼陈再三。遂出琴棋,陈笔砚。或赓歌,或鼓琴,或弈棋,寄形物外,与世相忘。斯则知茶之为物,可谓神矣。

主、客间的奉、接、饮、叙等诸项礼仪颇为谨严,主宾对答蕴含茶诗典故,使得文人间的互敬颇具风雅。

现代冲泡茶的方法各异,礼敬的形式虽各有不同,但"尊让"的礼义是相通的。以工夫茶为例,主人(冲泡者)伸手致意恭请客人品茶,宾客一手端盏、一手托盏,向主人及在座者致意,以示敬意;随后,闻香并举杯品饮,并表示赞美;饮时分三口进行品尝(一口为喝,二口为饮,三口为品),并就着温热的杯底品鉴茶香余韵;最后,主人对宾客的品饮和赞美表达谢意。其间,不得吹茶、不得掉盖、不得呼呻作声,取放杯盖轻拿轻放、不得敲磕等等,都涵盖于日常饮撰的礼仪规范之中。

三、洁

> "尊让洁敬也者,君子之所以相接也。"(《礼记·乡饮酒义》)

君子相交,"尊让"则不起争比之心,"洁敬"则不生轻慢之意。这样一种观念被演绎为迎候、揖让、盥洗、恭拜等一系列迎来送往的仪轨:

> 盥洗扬觯,所以致洁也。拜至、拜洗、拜受、拜送、拜既,所以致敬也。(《礼记·乡饮酒义》)

古人很早就发现茶吸异味。生长于自然生态中的茶树,茶叶会吸收周围花果木质的清香,使茶汤呈现千变万化的迷人清香,这也是人们钟情于茶的原因之一。据现代科学解释,茶叶这一特性是因为内含高分子棕榈酸和萜烯类化合物,这类物质生性活泼容易吸收异味。至洁则畏染,但凡物之优点也正是其缺点。因其易吸味染秽,故茶事活动最要操持洁净,不论是种植、采摘、制作,还是运输、储藏、烹煮、品饮等等,任何一个环节都必须充分尊重茶叶至洁畏染的特性。明人屠本畯强调:

> 茶性淫,易于染着,无论腥秽,及有气息之物不宜近,即名香亦不宜近。(《茗笈》)

明人张大复还就茶的这一特性,做了一番很有意思的阐述:

> 天下之性,未有淫于茶者也,虽然未有贞于茶也。水泉之味,

华香之质,酒瓿米椟,油盎酰罍酱蛊之属,茶入之辄肖其物。……盖天下之大淫,而大贞出焉。(《茶说》)

还别出蹊径,由茶之至洁至染而大谈"淫"道真意:

世人品茶而不味其性,爱山水而不会其情,读书而不得其意,学佛而不破其宗,好色而不饮其韵,甚矣,夫世人之不善淫也。(同上)

认为世人品茶、爱山水、读书、学佛、好色等等,都要如茶一般深入渗透,浸淫其中,否则都是流于表面,不得精神。

对于茶之洁性,陆羽的煎茶术自择茶、用器以及储存、烹煮等各环节都给予十分尊重:

在择茶方面——"野者上,园者次"(《茶经·一之源》)。具体来说,野生茶树生长于自然生态环境,杂花野果馥郁芬芳,且远离人境污染;而茶园物种单一,且为方便打理,一般离人居环境不远,换句话说,自然的芬芳少,人境的污染多。

在用器方面——"膻鼎腥瓯,非器也"(《茶经·四之器》)。为确保茶的真香、真味,陆羽创制了一套完整而独立的茶器具,不仅将茶饮与其他日用器具区分开来,还通过各种各样具整洁、收纳功能的茶器具使用,将"洁"之道贯穿于茶事活动的全过程。

在制器材质方面,为使茶汤纯正不染杂味,陆羽在创设茶器具时,特别以竹、木、瓷、石等天然不含杂味的材质为原料,其中木、竹还自带芬芳,有助茶香。《茶经·四之器》对此作了不厌其烦的解释。如炙茶用的"夹",一则由长一尺二寸的小青竹制作——"彼竹之筱,津润于火,假其香洁以益茶味";二则以精铁、熟铜制作,取其经久耐用——"或用精铁、熟铜之类,取其久也"。铜、铁恒久耐用,但因"熟铜苔秽、铁腥涩也",一般不直接接触茶,如煮茶用的"鍑",其构造类似于砂锅——"鍑以生铁为之……内抹土而外抹沙",以铁为内胎,外面抹上砂土,避免铁腥气损害茶味。此外,如"漉水囊"的设计,考虑到"木与竹非持久涉远之具",从耐用的角度考虑,故以生铜作框——"若常用者,其格以生铜铸之,以备水湿,无有苔秽腥涩,意以熟铜苔秽、铁腥涩也"。

唐宋的煮饮方式中,"碾"是一个十分重要的茶器。唐代煎茶法要求茶末细如米粒,因此碾"以橘木为之,次以梨、桑、桐柘为之",木质香气在碾压过程中能助益茶香;宋代点茶法要求茶末细如粉尘,因此碾多以金属为材质。金属各有性味,宋人在这方面多有斟酌,经济、实用考虑之外,洁净是不容忽视的方面:

> 茶碾以银或铁为之。黄金性柔,铜及喻石皆能生鉎,不入用。(蔡襄《茶录》)

> 碾以银为上,熟铁次之,生铁者非掏拣捶磨所成,间有黑屑藏于隙穴,害茶之色尤甚……碾必力而速,不欲久,恐铁之害色。(赵佶《大观茶论》)

在烹煮环节,《茶经·五之煮》就清洁用火、用水方面作了原则性定论。其中,用火——"其火用炭,次用劲薪。其炭曾经燔灸,为膻腻所及,及膏木败器不用之";用水——"其水,用山水上,江水中,井水下"。又补充诸多取水要旨,实际上,以一"洁"字便可蔽之,包括:山水离人境远,污染少;江水离人的生活区越远,污染越少;井水多汲则水活,水活则新、清、洁;水流过快,则水中杂质无法沉淀必然浑浊;水滞不流,则水腐有毒、菌,亦不洁;等等。

在仪轨方面,陆羽借煎茶二十四器,将"洁"揉入洗茶、煮水、投茶、煎煮、分酌、品饮等一整套严格的流程、仪轨当中——风炉配以灰承,以承接灰烬;碾配以拂末,用以清扫碾洒飘飞的茶末;札,制成大毛笔的形状,用以清理茶屑、渣滓、水渍;漉水囊,为取水专用的过滤网;涤方,用以涤洗的贮水方盒;滓方,用以盛放废渣的方盒;茶巾,用以擦洗保持茶器、茶席的清洁。至于罗合、具列、都篮,或装茶粉,或陈列茶器具,都有收纳、整洁的功用。

唐以后,煎茶法为点茶法、冲泡茶法所取代,但"洁"作为法度,为后世所严格遵奉。如宋人点茶有"三不点",其中茶器不洁是其一。明人在茶著中洋洋洒洒论述茶之宜、忌,其中大多与"洁"相关。如许次纾《茶疏》于"洁"之一途,又发新规:

> 器必晨涤,手令时盥,爪可净剔。

准备茶事时：

> 未曾汲水，先备茶具。必洁必燥，开口以待。盖或仰放，或置瓷盂，勿竟覆之案上，漆气食气，皆能败茶。

荡涤茶器：

> 汤铫瓯注，最宜燥洁。每日晨兴，必以沸汤荡涤，用极熟黄麻巾蜕向内拭干，以竹编架，覆而庋之燥处，烹时随意取用。修事既毕，汤铫拭去余沥，仍覆原处。每注茶甫尽，随以竹筋尽去残叶，以需次用。瓯中残浡，必倾去之，以俟再斟。如或存之，夺香败味。人必一杯，毋劳传递，再巡之后，清水涤之为佳。

日用和放置：

> 日用所需，贮小罂中，箬包苎扎，亦勿见风。宜即置之案头，勿顿巾箱书簏，尤忌与食器同处。并香药则染香药，并海味则染海味，其他以类而推。不过一夕，黄矣变矣。

茶生长于高山白云，泉涌泄于深壑岩罅。以幽冷之泉烹煮山野之茶，使得煮泉品茗天然具有了一种"志绝尘境，栖神物外；不伍于世流，不污于时俗"（朱权《茶谱》）的高洁之意。茶重洁性，泉贵清纯，以茶性之洁彰显人之好洁，既是生活礼仪，也是精神品格的自觉与内省。故自唐以来，文人雅集多以茶为媒，在茶器、茶席、茶艺营造的空间里，净友知己素心同调——"……清谈款话，探虚玄而参造化，清心神而出尘表"（朱权《茶谱》），共同进入荡昏昧、涤尘烦的精神境界，抒发"洁性不可污，为饮涤尘烦"（［唐］韦应物《喜园中茶生》）的高洁情怀。

四、俭

> "礼，与其奢也，宁俭。"（《论语·八佾》）

礼，作为一种形式载体，常常会使人拘泥于形式而丧失其形而上的真义。于是，就有林放问"礼之本"，孔子赞——"大哉问！"并回答：

> 礼，与其奢也，宁俭；丧，与其易也，宁戚。

礼，起于祭祀，本义是表达对"天""道""鬼神"的敬畏与遵循。因此，孔子以祭祀丧葬之礼作答，表示不能让形式淹没内容。正如一个内心哀戚的人，在置办丧礼的时候是不可能考虑得非常周全完备的。较之仪程完善不出错，丧礼表达哀痛之情的本义才是最根本的。

"俭"之于茶，固然与其醒神、清欲的自然属性相关，但与奢侈、豪放的酒饮反衬，同样密不可分。酒由粮食酿造。在物质匮乏的漫长历史长河中，为减少粮食损耗，历朝历代多有颁布禁酒政令的情况。夏禹可能是文字记载中最早提出禁酒的君王：

> 帝女令仪狄作酒而美，进之禹，禹饮而甘之，遂疏仪狄而绝旨酒。曰，后世必有以酒亡其国者。（《战国策·魏策二》）

禹品尝了酒的甘美，并从统治者的视角，认为酒既浪费粮食，又令人昏昧沉湎，断言后世必有因酒而亡国的君主。于是疏远造酒师，拒绝美酒的诱惑，可谓人间清醒。西周推翻商统治后，发布了我国最早的禁酒令《酒诰》，规定只有祭祀时才能饮酒。此后汉、唐、元都有效仿《酒诰》颁布禁酒令，这在客观上助推了茶饮替代酒饮的地位，并获得了俭朴、廉洁的象征意义。如果说归命侯孙皓"以茶代酒"还是无心插柳的误打误撞[①]，那么《茶经·七之事》辑录的其他一系列典故，则是明明白白表达了茶之"俭德"：

> ……我灵上慎勿以牲为祭，唯设饼果、茶饮、干饭、酒脯而已。天下贵贱，咸同此制。（［梁］萧子显《南齐书·武帝本纪》）
>
> 陆纳为吴兴太守时，卫将军谢安尝欲诣纳。纳兄子俶怪纳无所备，不敢问之。乃私蓄十数人馔。安既至，纳所设唯茶果而已。俶

---

① 余亚梅著：《"和"解〈茶经〉》，第216页，上海文化出版社2023年8月版。

遂陈盛馔,珍羞毕具。及安去,纳杖俶四十。云:"汝既不能光益叔父,奈何秽吾素业。"(《晋中兴书》)

温性俭,每宴惟下七奠,拌茶果而已。(《晋书·桓温列传》)

晋代以后,茶叶在江南已成祭祀和日常之用。齐武帝遗诏,遵嘱自己死后以茶代牺牲祭奠,陆纳、桓温以茶果代酒宴待客,都以茶之"俭"彰显主人之"性俭"。可知早在两晋时期,茶之"俭"德,已被赋予规范社会生活的道德价值。

陆羽基于茶理和人文创设文人茶礼,并从茶事活动的多个方面接通人伦,表达"俭"这一伦理道德价值。

茶性:"茶之为用,味至寒。为饮,最宜精行俭德之人。"(《茶经·一之源》)

性寒之茶不宜多饮,清寒之人清心寡欲。陆羽以清寒之茶对应清寒之士。清寒之士超脱凡俗之欲、以道为欲,这样的生活是自然的、基本的,也是俭朴的、省约的,所以,他们是陆羽口中的"精行俭德之人"。无论是道家的自然无为,还是儒家的克己复礼,或是佛家的佛性禅心,无不以克、戒人欲为心性修炼的法门。如此,茶以醒神除倦、清心寡欲的自然属性,成为心性修行大道上的道侣嘉朋。

茶饮:"茶性俭,不宜广。"(《茶经·五之煮》)

茶性俭,既有物性功效意义上的澄心、清欲、醒脑,也有人文意义上的节俭、克己、内敛。陆羽将茶之"俭"德贯穿于整个茶事活动的礼义当中。煮茶方面,水量宜少不宜多,否则"其味黯澹";滋味把控方面,煮一镬以三碗为佳,五碗为次,其余若不是特别干渴则不饮用——"夫珍鲜馥烈者,其碗数三;次之者,碗数五"(《茶经·六之饮》));品饮方面,饮用的茶量也非多多益善——"且如一满碗,啜半而味寡,况其广乎"(《茶经·五之煮》);分茶方面,碗数始终较人数少一至二碗,大家传着喝——"若坐客数至五,行三碗;至七,行五碗。若六人以下,不约碗数,但阙一人而已,其隽永补所阙人"(《茶经·六之饮》)……这些设计,使"俭"在茶事活动中获得了更加具象的表达,进一步强化了"俭"之于茶的象征意义。

茶器:"瓷与石皆雅器也……用银为之,至洁,但涉于侈丽。"(《茶经·四之器》)

陆羽设计茶器,对于材质的选择除了洁净方面的考虑,凸显茶之"俭"德也是重要的考量,如此才有了在金银与瓷、石、竹、木之间,或雅俗,或实用的权衡与取舍。

如茶镀的材质，以自然素朴的材质为雅，以奢侈华丽的金银为俗——"洪州以瓷为之，莱州以石为之，瓷与石皆雅器也，性非坚实，难可持久。用银为之，至洁，但涉于侈丽。"而从持久耐用的角度考虑——"雅则雅矣，洁亦洁矣，若用之恒而卒归于银也。"（《茶经·四之器》）陆羽创茶器求真、尚俭之风，开后世茶道美学之先河，成为日本"侘寂"美学之渊源。

俭，亦通"简"。陆羽之后的一千多年，中国饮茶法围绕一个"真"（真茶、真味、真香、真形）的流变，程式、方法、茶器不断走向简易，烹煮"二十四器"陆续被"点茶十二先生""工夫茶四宝"所取代。精减简约、返朴归真的冲泡茶在求真一途不断突破桎梏，重开格局，"茶性俭"的精神内涵在焕然可爱、渐次舒展的茶芽上呈现，与明人任尚自然、独抒性灵的个性与思想相应和。

以茶德接通人德，历代文人茶客可谓乐此不彼。唐末刘贞亮就曾概括《饮茶十德》，既有茶的自然功效，也包括礼、仁、敬、雅等人伦价值：

> 以茶散郁气，以茶驱睡气，以茶养生气，以茶驱病气，以茶树礼仁，以茶表敬意，以茶尝滋味，以茶养身体，以茶可行道，以茶可雅志。

北宋王禹偁《茶园十二韵》有"沃心同直谏，苦口类嘉言"句，以茶入口苦涩类比谏言逆耳。南宋曾慥《高斋漫录》记载司马光与苏东坡论茶墨俱香的一段趣事，司马光故意发难刚刚斗茶获胜洋洋得意的苏东坡，问他为何喜欢看起来截然不同的二物：

> 茶与墨，二者正相反。茶欲白，墨欲黑；茶欲重，墨欲轻；茶欲新，墨欲陈。

战国时名家公孙龙和惠施曾围绕"坚白石"这一命题展开坚白同异的思辨，苏东坡用这一典故巧妙作答：

> 二物之质诚然矣，然亦有同者。……奇茶妙墨俱香，是其德同也，皆坚是其操同也。譬如贤人君子，黔晳美恶之不同，其德操

一也。

芳香是他们共同的德性，美好的本质是他们共同的操守，就好比贤人君子，不是看外表的黑白美丑，而看内在的德行美质。明末清初黄冈人杜浚嗜茶成癖，号"茶村"，在《茶喜诗序》中发"品茶四妙"论：

> 曰湛，曰幽，曰灵，曰远。用以澡吾根器，美吾智意，改吾闻见，
> 导吾杳冥。

至清至净而"湛"，至深至曲而"幽"，至真至善而"灵"者，至和至大而"远"，可谓深得茶理。至于日本茶道总结的"和、清、敬、寂"，韩国茶礼归纳的"和、敬、俭、真"，以及中国闽粤工夫茶概括的"和、爱、精、洁、思"，以及当代人提炼中国茶文化精神，提出的怡、逸、真、俭、廉、洁等等，都是以茶接通人伦所张举的不同价值。

以妙心巧手调理出一碗冲淡、平和的纯粹茶汤，是中国人由舌至心的极致品味。捧碗品饮、以味通道——在品中，领会"生物之以息相吹"（《庄子·逍遥游》）的息息相关，体悟万物分别与冲和的精微变化。

艺：茶饮中的美学秩序

在中国的天人哲学中，美从来不应该只停留于感官的刺激。作为一种秩序安排，"道艺合一"是中国文化对美的最高定义——将终极真理的体悟与当下的秩序节律统一起来，其内蕴的本质是善的，对外在的形式安排则是美的。

传统文人赋予饮茶活动的深层意味，内涵哲学宗教层面的"道"，也表现于审味、审美意义上的秩序安排——"艺"。他们在一碗追求真味、正味、至味的茶汤中，注入明伦、克己、恭诚、礼敬、俭德、惜物等人伦价值，寄托自身的人道思想、生命情怀和美学规范——通过汤华审味、茶事器具、茶席空间、程式仪轨、茶侣风仪等美学意义上的秩序安排，使饮茶活动超越舌尖滋味，进入到一个生命体验和审美愉悦的艺术品饮高度。

一、茶器的鉴赏

《茶经》将茶之"具"与"器"分两章展开论述。具,主要是与茶叶的采摘、制作等相关的工具;器,则主要是与煮饮相关的器皿。

器,为道之形而下者。载道之器循理而造,茶器之谓,在于妙合茶理、彰显道意。陆羽超越工具属性造设茶器,显然是为了表达茶饮之上的思想、价值和情怀。陆羽从茶性、实用性、审美性等多个方面奠基了茶器的美学规范。

1. 贵洁

古人发现茶叶具有很强的吸附能力,并得出茶性洁、易染的结论。为保持茶汤的真香、真味、真色,陆羽在创设茶器时,特别青睐以竹、木、瓷、石为器料,不仅因其俯拾易得,更因容易清洁打理,如瓷、石本身没有气味,而竹、木又自带清香,与茶香相得益彰。以煮茶器"镀"为例,陆羽在《茶经·四之器》中对如何选材,从实用与审美两个维度作了一番利弊权衡,最后用既"雅"又"洁"的砂锅解决了问题:

> 以生铁为之。……内抹土而外抹沙。土滑于内,易其摩涤;沙涩于外,吸其炎焰。……洪州以瓷为之,莱州以炻(通"石")为之。瓷与石皆雅器也,性非坚实,难可持久。用银为之,至洁,但涉于侈丽。雅则雅矣,洁亦洁矣,若用之恒,而卒归于铁矣。

宋人点茶不需要用茶镀煮茶,而是用的"汤瓶"或"注瓶",直接冲点以茶末调成的茶膏。这样一种兼顾煮水、冲点功能的茶器,其材质也多用瓷、石:

> 且学公家作茗饮,砖炉石铫行相随。(苏轼《试院煎茶》)
>
> 砖炉最宜石铫,装点野人家。(张抡《诉衷情》)

茶镀、茶铫虽都用于煮水,但茶法不同,其器形也随之发生变化,然万变不离以"洁"宗的要旨:

> 铫以薄为贵,所以速其沸也,石铫必不能薄;今人用铜铫,腥涩难耐,盖铫以洁为主,所以全其味也,铜铫必不能洁;瓷铫又不禁火;而砂铫尚焉。([清]震钧《茶说》)

清人杨彭年取石铫形意而成石瓢提梁壶,壶身有陈曼生题刻的铭文——"煮白石,泛绿云,一瓢细酌邀桐君。"但此铫为壶,已不具烹煮之功,仅作沏泡之用。

现代人为冲泡茶法创设的茶器可谓五花八门,但在材质的选用上同样重"洁"。日本人以银壶煮水,虽然"涉于侈丽",但得"至洁"二字,而以铁壶煮水,就不知所由了。

2. 贵精

随着饮法的流变,茶之器形与组合都发生了很大的变化。茶艺不同,茶器的功能性及其审美规范必然有所不同。

一方面,从饮法角度,茶器贵在精简。

随着茶法日益简易,茶器也随之精简。由煎茶术简化而来的点茶法,茶器也由"二十四器"精简为"点茶十二先生",明清以后流行至今冲泡茶法再破宋制窠臼,茶器更加精简,尤以闽粤"工夫茶四宝"为代表。虽然茶叶种类繁多,冲泡方法各异,茶器形制也呈现多样性,但整体上与冲泡茶法相一致,通常以泡茶台、煮水壶、茶壶或盖碗、公道杯、茶盏、茶洗、茶巾等为常用标准配置。至于飘逸杯或者一杯茶喝一天的饮茶解渴,则不在艺术化品饮讨论之列。

另一方面,从功能角度,茶器贵在精到。

茶器的造设当寓内在功能、茶理、茶术于外在形制设计,所谓器形藏神、形神合一,即是"精到"。

仍以陆羽创设的"鍑"为例,这款器形制作完美诠释了陆羽以器载道的设计理念:

鍑方其耳,以正令也;广其缘,以务远也;长其脐,以守中也。
脐长,则沸中;沸中,则沫易扬;沫易扬,则其味淳也。

鍑耳,是锅子两个把手。方形的把手端起的时候不容易歪斜倾倒;鍑的口缘要宽,在煮茶舀汤的时候,就从容优雅而不会局促泼洒。脐,指锅的中心位置,锅以"脐"为中心意味着有足够的深度,如此,水沸腾时就会从中心位置开始沸腾,这样一来,既容易发扬茶汤的泡沫,又不易喷溅,确保了茶汤味道的醇厚。与此同时,"正令""务远""守中"等,无疑是格物致知,以物理接通伦理,具有强烈的象征意味。当茶镬被叫作茶铫或茶铛的时候，随着"长其脐，以守中"的象形消失，其持正守中的象征意味及其审美规范，也就随着"皮之不存"而无所附焉。

唐以来数次的饮法变革，对茶器功能性和审美性的影响无疑是直接的。

宋代点茶法需要在茶碗中冲点，并以长久浮于碗面的白色汤华为佳、为美，故胚胎厚实、颜色深黑的茶盏越过青白瓷，在品斗茶汤时尤受时人钟爱：

> 茶色白，宜黑盏。建安所造者绀黑，纹如兔毫，其坯微厚，熁之久热难冷，最为要用。出他处者，或薄或色紫，皆不及也。其青白盏，斗试家自不用。（蔡襄《茶录》）
>
> 盏色贵青黑，玉毫条达者为上，取其焕发茶采色也。底必差深而微宽，底深则茶直立，易以取乳；宽则运筅旋彻，不碍击拂。（赵佶《大观茶论》）

在器形设计上，由于点茶需调膏、冲点，这个过程容易迅速散热，所以碗胎要厚，这样可以增加一道加热茶碗的程序来保温。同时，由于需直接在茶碗中调膏、击拂，茶碗一般设计成敛口或束口、深腹、厚重的形制，以防击拂时茶汤溅洒、茶碗倾覆。

明清以来的冲泡茶法，用于冲泡的茶器当以能快速释出茶中精华为要。以盖碗为例，其肚腹宜宽不宜窄，如此，高冲注水时茶叶随水在碗盏中翻滚，有利于茶中精华物质快速并均匀释出；从使用便利角度来说，茶碗的口沿要做成撇口，斟茶时便不致烫手失仪。倘若用茶壶来冲泡，为保全茶的自然醇香，早在冲泡法流行之初，明人就建议茶壶、茶杯均宜小不宜大：

> 纯白为佳，兼贵于小。（许次纾《茶疏》）
>
> 茶壶以小为贵……壶小则香不涣散，味不耽搁。（冯可宾《岕茶笺》）
>
> 故壶宜小不宜大，宜浅不宜深；壶盖宜盎不宜砥，汤力茗香俾得团结氤氲。（周高起《阳羡茗壶系》）

小壶内冲泡，水少汤热，冲泡出的茶汤浓酽馥郁，滋味层次十分丰富，正好细细

　　　　　　　　　　　　　　　　　　　　　一碗茶的诗礼禅

品啜。清代逐渐在武夷、潮汕地区流行起来的工夫茶将这一饮茶思想推向极致,以小若弹丸的小品壶冲泡青茶,壶中茶芽叶遇水舒张正好满壶,茶汤色、香、味俱浓,再斟入半个乒乓球大小的白色若琛杯观色品饮。

再以煮水器为例。和宋代点茶法中的注瓶一样,冲泡茶法中的煮水器同样兼顾了注水功能。就点茶来说,注瓶出水的力度、粗细和流畅程度与茶筅击拂的姿势、力度配合,对汤花的效果影响很大,这就决定了注瓶的设计制作要求。就冲泡茶法而言,高冲低泡作为一个重要的手法,其目的是以一定力度的水柱冲击叶茶,以利于叶茶在水中翻滚腾挪并快速出汤。这样冲泡出来的茶汤口感润泽、均匀;反之,出水过粗过细则达不到高冲的效果,导致茶汤色、味不均,口感涩重。可见,契合茶理、茶法、茶艺之茶器,才可谓"精到"。

3. 贵雅

茶为雅道,茶器当然也尚"雅"。雅,作为一种传统审美范式,内涵传统文人的审美观念和生活情趣,既有人工的极致,也有天工的真趣。自陆羽创设茶器始,就以人工与天趣的审美趣味共同诠释了茶器之"雅"。

一方面,于人工极致中见天趣。

唐代瓷器基本形成以越窑为代表的青瓷窑,和以邢窑为代表的白瓷窑两大系,称为"南青北白"。邢窑白茶碗尤为流行,唐代李肇《唐国史补》有云:

> 内邱(邢窑所在地)白瓷瓯,端溪紫石砚,天下无贵贱,通用之。

陆羽在《茶经·四之器》中,从鉴赏茶汤的角度首推越州青瓷,因青色茶碗能衬出茶汤之碧色:

> 越州瓷、岳瓷皆青,青则益茶。茶作白红之色。邢州瓷白,茶色红;寿州瓷黄,茶色紫;洪州瓷褐,茶色黑;悉不宜茶。……越州上,鼎州次,婺州次;岳州上,寿州、洪州次。

又从茶器审美的各个维度,品鉴邢瓷与越瓷的高下:

> 或以邢州处越州上,殊为不然。若邢瓷类银,越瓷类玉,邢不如越一也;若邢瓷类雪,则越瓷类冰,邢不如越二也;邢瓷白而茶色

丹,越瓷青而茶色绿,邪不如越三也。

《茶经》问世后茶道大行,拥有成套茶器成为一时风尚,其中陆羽推崇的青瓷茶瓯尤为唐人所好,并不吝笔墨,大赞其轻透的薄胎、青白的颜色、圆滑的条线,形成质如玉、色如烟的美感:

> 冰碗轻涵翠缕烟。(徐夤《尚书惠蜡面茶》)
> 圆似月魂堕,轻如云魄起。(皮日休《茶瓯》)
> 岂如圭璧姿,又有烟岚色。(陆龟蒙《茶瓯》)
> 九秋风露越窑开,夺得千峰翠色来。(陆龟蒙《秘色越器》)

五代、宋元都延续了这一爱好。明代谢肇淛(zhè)的《五杂俎》卷十二记五代时柴窑由来:

> 陶器柴窑最古,今人得其碎片,亦与金翠同价矣。盖色既鲜碧,而质复莹薄,可以装饰玩具;而成器者,杳不可复见矣。世传柴世宗时烧造,所司请其色,御批云:"雨过天青云破处,这般颜色做将来。"

宋代五大名窑"汝、官、哥、钧、定"中的汝窑,因其以玛瑙为釉、色泽青润、随光变幻,与"青如天,明如镜,薄如纸,声如磬"([明]张应文《清秘藏》)的柴窑最为接近,而排在首位。汝窑有着"似玉、非玉,而胜玉"的美誉,器表呈蝉翼纹细小开片,如梨皮、蟹爪、芝麻花,可说是人工与天趣的结合。据清人高士奇《归田集》记载,宋人若得一块柴窑碎片,都要以金镶嵌作为高雅的装饰品;北宋汝窑仿柴窑而造,官窑设在汝州,民间不敢私造,同样是后世不可多得的宝器,并赋诗一首赞叹之:

> 谁见柴窑色,天青雨过时。
> 汝窑磁较似,官局造无私。
> 粉翠胎金洁,华腴光暗滋。
> 旨弹声戛玉,须插好花枝。

金灭宋后,这种"釉水莹厚如堆脂,色泽润泽如碧玉"的汝窑制器工艺失传,后人利用胎、釉收缩比的差异，也能形成网状的冰裂纹开片，却少了巧夺天工、浑然天成的韵致。

饮法变革带来对汤色的不同审美取向，由此也直接影响到对茶碗的审美趣味。宋代以"白"为上的茶汤花审美，使黑釉茶器的美学价值得到深入挖掘。以北宋时建安县建窑出产的建盏为例，由于釉彩在烧制中易流动，故盏的外壁往往施半釉以防在烧制中底部粘窑，所以一般建盏都有挂釉或在盏脚露出红色铁胎的现象。同时，柴烧的品质也容易出现各种不确定性，兔毫、鹧鸪斑、油滴、豹斑、火焰斑等纹路和各种色斑的变幻都是窑变的结果，人工与天趣的结合使得每一个茶盏都具有唯一性，兔毫、鹧鸪斑被奉为上品。其时，北方的磁州窑、耀州窑都刻意仿制黑釉建盏。南宋时，吉州窑还将树叶烧制到茶盏上，充满自然散缓的天趣，备受追捧，并流传至今。

明清以来的冲泡茶法崇尚自然真趣，闻香、品味、观色成为饮茶艺术的重要环节，如此，能使得汤色呈现自然真色的白瓷盏也再度崛起，为茶人所青睐。

另一方面，于质朴真趣中见机巧。

天趣之于茶器，既是对极致人工的突破，也是彰显"茶性俭"的质朴自然。

这样一种审美情趣首先体现在茶器材质的选择上。陆羽在创设"鍑"这款茶器时，就表达了自己的取材理念：

> 洪州以瓷为之，莱州以石为之。瓷与石皆雅器也，性非坚实，难可持久。用银为之，至洁，但涉于侈丽。（《茶经·四之器》）

同为美器，瓷与石为雅器，银则稍嫌奢侈华丽。循此理路，竹、木、瓷、石、纸等几乎成为陆羽茶器的基本材质，制作工艺也基本经由粗略的削制打磨。其中量茶用的"则"，甚至直接用海贝、蛎蛤，只在考虑到耐用性的时候，才建议部分材质以铜铁替代。这些天然材质皆俯拾可取，普通而日常，具有一种自然、俭朴、素净、简约、丑拙、清寒的审美境味。皮日休就以"古铁形状丑"来状写茶鼎（《茶鼎》），一个"丑"字反映文人于茶事活动中追求古拙、质朴、自然的情趣。

中国茶文化朝着真茶、真味、真香乃至真形的道路前行，这一过程也伴随着以自然、真趣为旨趣的茶器美学的发展与成熟。随着《茶经》问世，茶道大行，陆羽所好的茶器多于文人雅士间流行。唐人苏廙的《十六汤品》就言茶器"贵厌金银,贱厌铜铁",表达文人对茶器超脱物质价值的精神取向。但皇族贵胄们还是多好金银器。1987年,陕西扶风法门寺出土了一系列银质鎏金的唐代宫廷茶器,鲜明体现出茶器在使用功能之外所承载的礼义:茶碾的槽身两端为如意云头状,两侧饰以飞雁与云纹,寓意吉祥如意;茶罗盖顶錾刻两体首尾相对的飞天,罗架两侧饰执幡驾鹤仙人与飞翔的仙鹤,寓意飞举、逍遥;龟状银盒寓意康泰长寿;诸如此类。这些茶器工艺精湛、价值不菲,无论材质、造型还是纹饰都极为精致奢丽,与文人茶器之俭以养德的雅趣可谓大异其趣。

茶事自有高意,非为贵贱。崇尚真味的茶器美学表现为对细洁净润、素色单纯、线型朴素、古拙质朴、自然萧散、清寒枯瘦……的情趣追求,可谓传统文人雅士超逸洒脱、以淡为宗的生活态度和生命信仰的审美化。明代东南一带文人将饮茶生活视作世俗生活中的一方田园山水,如此,煮泉品茗,其用器当与高洁脱俗的山野生活相宜:

> ……且下果则必用匙,若金银,大非山居之器,而铜又生腥,皆不可也。(田艺蘅《煮泉小品》)

《红楼梦》作者深谙茶器雅道。在第四十一回"栊翠庵茶品梅花雪"中,宝玉见妙玉拿了两个珍玩茶器给宝钗、黛玉斟茶,仍将前番自己常日吃茶的那只绿玉斗来斟与宝玉。于是,二人就茶器之雅俗有了一番笑谈:

> 宝玉笑道:"常言'世法平等'。他两个就用那样古玩奇珍,我就是个俗器了。"妙玉道:"这是俗器?不是我说狂话,只怕你家里未必找的出这么一个俗器来呢。"宝玉笑道:"俗说'随乡入乡'。到了你这里,自然把那金玉珠宝一概贬为俗器了。"

最后一句话说到妙玉心坎里去了,故而"十分欢喜",不枉她拿出自己专用的绿玉斗为他斟茶。

言说冲泡茶,必然绕不开充满文人气息的紫砂壶。清人汪文柏在《陶器行赠陈鸣远》一诗中赞:

一碗茶的诗礼禅

人间珠宝安足取，岂如阳羡溪头一丸土。

阳羡是宜兴旧名，"一丸土"就是说的宜兴紫砂了。紫砂工艺的发展几乎可说是一个渗透、融入文人审美观念和情趣的过程。根据通常的说法，紫砂壶的创始人是明代正德嘉靖年间的龚春（供春）。吴梅鼎在《阳羡瓷壶赋·序》中载：

余从祖拳石公读书南山，携一童子名供春，见土人以泥为缸，即澄其泥以为壶，极古秀可爱，所谓供春壶也。

供春传时大彬，其壶朴素高古，授徒徐友泉，擅将青铜器的形制做成紫砂壶，制作精良，但徐晚年自评"吾之精，终不及时（时大彬）之粗也"（［明］周高起《阳羡茗壶系》）。明末清初人惠孟臣以小壶见长，陈鸣远擅从瓜果取意，堆花积泥，形如雕塑。二人最重要的贡献是将书画落款的形式与制壶艺术结合起来，推动紫砂艺术与诗书画印的结合。清中期的陈鸿寿（曼生）主张"凡诗文书画，不必十分到家，乃见天趣"（《桑连理馆集》），并与紫砂艺人杨彭年合作，贯彻这一艺术主张，用竹刀在壶上题诗、绘画、拓印。紫砂工艺发展到现当代，在壶圣顾景舟手上又推升到一个高峰。顾晚年返璞归真，认为越复杂越容易藏拙，而越简单则越无法隐藏缺点与瑕疵，并澄心息虑制作紫砂光器，将制壶艺术推向至简至丰、至清至雅的美学境界。

一千多年来，茶器随着茶法的变革多有崇新改制，竹木瓷石、金银铜铁等均可取材制器，其形制和审美的变迁折射了关乎茶汤色、味、香、形的观念变化，然而，茶器贵洁、精、雅的精神内核却是万变不离的宗则。

二、茶空间的美学

茶器与香、花、书、画等各种道具的组合与安排、自然或人工景观的缔造、茶侣与节令气候的选择等诸多元素，为饮茶活动营造出不同的空间氛围和美学境味。自陆羽始，传统文人便将饮茶空间视作一方山水田园、武陵胜境——入，则超然忘俗；出，则匡济天下。一方茶空间，不过是疲乏的旅人精神的栖息地、心灵的歇脚处。

茶空间，作为一个精神场域，是人之心象的外化显象，既是诗意的，也是禅味的：

> 处身于境，视境于心。莹然掌中，然后用思，了然境象，故得形
> 似。（［唐］王昌龄《诗格》）

诗学所言主观心境与客观环境交融的意境，同样适用于茶的空间美学：

1. 以"真趣"为最高准则

"人在草木间"是茶的文字象义，折射了中国人寄托于茶的山水情怀；饮茶，是人在俗世建立的与自然的亲密联系。自然天真之趣是中国美学的最高准则，茶空间亦然——

或任尚自然：

> 野泉烟火白云间，坐饮香茶爱此山。（［唐］灵一《与元居士青
> 山潭饮茶》）

或道法自然：

> 婆娑绿阴树，斑驳青苔地。此处置绳床，傍边洗茶器。（［唐］
> 白居易《睡后茶兴忆杨同州诗》）

《茶经》并未就饮茶空间展开专门论述，但在"九之略"列举了松间石上、瞰泉临涧、援藟跻岩、引絙入洞等几种自然状态下的饮茶空间环境，虽是酌情制宜、就地取材，但从侧面可见唐朝文人野游时烹泉煮茶的风雅，与"城邑之内、王公之门"遵循严格仪轨的饮茶活动，呈现截然不同的风情雅致。

林下，为幽僻之境，从来是高士退隐之所。中国文人雅士雅好清寂、幽静的自然空间饮茶——松间竹下、寒梅雪月、涧边溪畔、云间幽径、林泉石上、荷风蝉鸣……这些在传统诗文中表达胸中逸气的精神符号，早在唐时就被带入饮茶空间，赋予茶境绝尘出世、逍遥忘俗的境味：

> 竹下忘言对紫茶，全胜羽客醉流霞。尘心洗尽兴难尽，一树蝉
> 声片影斜。（钱起《与赵莒茶宴》）
> 蒸烟俯石濑，咫尺凌丹崖。圆方丽奇色，圭璧无纤瑕。（柳宗元

一碗茶的诗礼禅

《巽上人以竹间自采新茶见赠酬之以诗》）

缭绕西南隅，鸟声转幽静。林下器未收，何人适煮茗。（韦应物《澄秀上座院》）

袖拂霜林下石棱，潺潺声断满溪水。携茶腊月游金碧，合有文章病茂陵。（杜牧《游金碧洞》）

时借僧炉拾寒叶，自来林下煮潺湲。（皮日休《题惠山二首》其二）

闲来松间坐，看煮松上雪。（陆龟蒙《奉和袭美茶具十咏·煮茶》）

宋人于茶空间的审美旨趣与唐一脉相承，山泉、林樾、明月、清风、竹林、松风等等，都是茶空间的元素配置：

敲火发山泉，烹茶避林樾。（苏轼《游惠山》）

明月来投玉川子，清风吹破武林春。（苏轼《次韵曹辅寄壑源试焙新芽》）

颇类他时玉川子，破鼻竹林风送香。（晁补之《鲁直复以诗送茶》）

果肯同尝竹林下，寒泉犹有惠山存。（王令《谢张和仲惠宝云茶》）

旋置风炉清樾下，它年奇事记三人。（陆游《同何元立蔡肩吾至东丁院汲泉煮茶》）

明清茶饮更加日常化，然茂林修竹、松间岩上、雪月烟霞等诗意、禅境空间，依然是文人雅士心中的精神家园。唐伯虎的《事茗图》、文徵明的《惠山茶会图》《品茶图》等，具象呈现了东南文人读书、啜茗、调琴，优游于林下的理想生活。其中，《事茗图》近景巨石巉岩，远处峰峦屏列，幽谷之中，竹松之下，茅舍数间，云气缭绕，清泉蜿蜒。舍内一文士伏案观书，一童子扇火烹茶。屋外板桥上，有客策杖来访，一僮携琴随后。画幅左下自题诗：

日长何所事，茗碗自赍[jī]持。

料得南窗下，清风满鬓丝。

《品茶图》描绘了山中林泉茅舍中的烹茶雅集。末识："嘉靖辛卯，山中茶事方盛，陆子傅过访，遂汲泉煮而品之，真一段佳话也。"并自题诗：

碧山深处绝尘埃，面面轩窗对水开。

谷雨乍过茶事好，鼎汤初沸有朋来。

清人郑板桥也以笔墨描绘了与明代东南文人相似的生活理想和生活情态，并为《竹石》一画作题：

茅屋一间，新篁数竿，雪白纸窗，微浸绿色。此时独坐其中，一盏雨前茶，一方端砚石，一张宣州纸，几笔折枝花。朋友来至，风声竹响，愈喧愈静。

乾隆皇帝为清代《董邦达山水册——竹里茶烟》所做的题画诗，是一脉相承的精神趣向：

几曲石泉上，万竿竹林中。

拾叶燃古鼎，烹茶命溪童。

鬓丝风轻拂，合是玉局翁。

即便不能在野地煮茶，那些宜茶之地也尽可能道法自然，突出朴拙、散缓的自然主义审美趣味。僧寮道院，多在高山茂林之中，是理所当然的宜茶之所：

白鸽飞时日欲斜，禅房寂历饮香茶。（[唐]王昌龄《题净眼师房》）

今日鬓丝禅榻畔，茶烟轻飐落花风。（[唐]杜牧《醉后题禅苑二首》其一）

昼静清风生，飘萧入庭树。（[宋]蔡襄《即惠山煮茶》）

轩榭亭台、楼阁画舫、书斋雅舍等场地，虽为人造之园林，然中国传统园林造景

一碗茶的诗礼禅

强调以人工之巧奇创造"宛自天开"的审美情趣,同样是饮茶佳境。唐人吕温于《三月三日花宴》序中,记载了其时文人聚会于莺飞花拂、清风丽日的庭院里举行茶宴,以茶代酒的风雅场景:

> 三月三日,上巳禊饮之日也,诸子议以茶酌而代焉。乃拨花砌,憩庭荫,清风逐人,日色留兴。卧借青霭,坐攀花枝,闲莺近席羽未飞,红蕊拂衣而不散。……

女诗人鲍君徽的《东亭茶宴》一诗,为后人再现了唐朝宫廷茶宴:

> 闲朝向晓出帘栊,茗宴东亭四望通。
> 远眺城池山色里,俯聆弦管水声中。
> 幽篁引沼新抽翠,芳槿低檐欲吐红。
> 坐久此中无限兴,更怜团扇起清风。

茶宴设于东亭,山色、水声、幽篁、芳槿四面环绕,景色怡然。

2. 以"清"字为审美旨趣

茶至寒、性俭,与象征豪奢、热闹、功利的酒饮对立。唐人刘禹锡说它是"清泠味"(《西山兰若试茶歌》),宋人则干脆称它"冷面草":

> 符昭远,其尝为御史,同列会茶,叹曰:"此物面目严冷,了无和美之态,可谓'冷面草'也!……"([宋]陶榖《清异录·茗荈》)

"寒"也好,"清""冷"也罢,都非趋炎附势者所有,内涵传统文人"穷则独善其身"的精神信仰、生活态度。这样一种精神和价值的审美化,在传统文人的茶空间得以一一呈现。

远离尘浊的清幽

饮茶空间营造的格调情趣映射着主人的心境、心象。

清幽之境不离环境。在远离尘嚣的自然环境中饮茶,无非是暂脱尘网,享一时之逍遥。如此,野地、僧院、山房等等至深至静,当然是饮茶之胜地。倘若是园林造景,则贵一"曲"字,曲则通幽,也不妨一杯忘俗。明人陆树声总结"凉台静室,明窗净几,僧寮道院"(《茶寮记·茶候》)均为宜茶之地。

清幽之境也是人境。文人清饮,以客少为贵:

> 独饮得茶神,两三人得茶趣,七八人乃施茶耳。([明]陈继儒
> 《茶董小序》)

> 独啜曰幽,二客曰胜,三四曰趣,五六曰泛,七八曰施。众则
> 喧,喧则雅趣乏矣。([明]张源《茶录》)

清幽之境到底是心境。晚明曹臣《舌花录》记载了宋人倪思的一段高论:

> 松声、涧声、山禽声、夜虫声、鹤声、琴声、棋子落声、雨滴阶声、
> 雪洒窗声、煎茶声,皆声之至清者也,而读书声为最。

在文人观念中,这些至清之声是自然界和生活中最美好的声音。而寒梅、雪夜、松竹、冷月、香兰、秋菊、苍苔、菖蒲、怪石等,这些象征清幽的符号,亦如高士、佳人,是文人茶侣,也是茶空间的常客:

> 夜后邀陪明月,晨前命对朝霞。([唐]元稹《茶》)
> 夜臼和烟捣,寒炉对雪烹。([唐]郑愚《茶诗》)
> 半夜招僧至,孤吟对月烹。([唐]曹邺《故人寄茶》①)
> 点上纱笼,花骢弄,月影当轩。([宋]米芾《满庭芳·咏茶》)

倘若心寄外物而不在茶,或事多繁杂、人多喧闹,则宜辍饮:

> 作字、观剧、发书柬、大雨雪、长筵大席、翻阅卷帙、人事忙迫,
> 及与上宜饮时相反事。([明]许次纾《茶疏》)

茶境之幽直通心斋,宁静以致远:

> 不伍于世流,不污于时俗。或会于泉石之间,或处于松竹之
> 下,或对皓月清风,或坐明窗静牖,乃与客清谈款话,探玄虚而参造

---

① 一作李德裕诗。

化,清心神而出尘表。（[明]朱权《茶谱》）

山堂夜坐,汲泉煮茗。至水火相战,如听松涛。倾泻入杯,云光滟潋。此时幽趣,故难与俗人言矣。（[明]罗廪《茶解》）

竹楼数间,负山临水;疏松修竹,诘屈委蛇;怪石落落,不拘位置;藏书万卷其中,长几软榻,一香一茗,同心良友,闲日过从,坐卧笑谈,随意所适,不营衣食,不问米盐,不叙寒暄,不言朝市,丘壑涯分,于斯极矣。（[明]谢肇淛《五杂俎》）

八大山人的画清绝孤高,其茶境亦如其书画意境,超逸自在。他在一幅行书扇面题写了自己的生活日常:

静几明窗,焚香掩卷,每当会心处,欣然独笑,客来相与,脱去形迹,烹苦茗,赏文章,久之霞光零乱,月在高梧,而客在前溪,呼童闭户,收蒲团,坐片时,更觉悠然神远。

烹茶品幽,超然物外,得意忘形。潘天寿品其中妙味,在《晴峦积翠图》题款:

石谿开金陵,八大开江西,石涛开扬州,其功力全从蒲团中来。

蒲团之上,悠然坐忘,直抵真境。

人文典丽的清雅

陆羽在《茶经·十之图》中,只说须手书《茶经》前面诸章并张挂于饮茶座位的四壁。此章内容,或可看作茶圣对茶室内部空间的布置要求:

以绢素或四幅或六幅分布写之,陈诸座隅。则茶之源、之具、之造、之器、之煮、之饮、之事、之出、之略目击而存,于是《茶经》之始终备焉。

如此一来,势必要开辟出一个专门的茶室。古时道观僧寮、书院会馆、厅堂书斋等四壁常悬挂条幅,在饮膳之所,则悬挂饮膳礼法。陆羽此举标志着饮茶活动的礼法化,同时,开后世专设茶室并悬挂条幅的先河。

茶空间的秩序安排关乎美学。茶性俭,故不宜奢侈华丽;茶为雅道,故品茗多与琴、棋、书、画、诗、曲、香、花相亲，包括园艺、金石、古玩的收藏与鉴赏等都在此列。诗僧皎然在《晦夜李侍御萼宅集招潘述、汤衡、海上人饮茶赋》一诗中，写到以茶、琴、花、诗共同助兴的文人雅集：

> 晦夜不生月，琴轩犹为开。
> 墙东隐者在，淇上逸僧来。
> 茗爱传花饮，诗看卷素裁。
> 风流高此会，晓景屡徘徊。

焚香操琴、吟诗作画、读书下棋、品香赏花，是传统文人"志于道"而"游于艺"的心性修养。芬芳开窍。焚香除了香料本身的怡人香味，以及对杂气、邪气的清洁扶正作用，还令人庄敬肃穆、诚意正心，故有"香为佛使"之说。唐人李嘉祐在《同皇甫侍御题荐福寺一公房》一诗中，写到诗人于禅房啜茗焚香，彰显高怀逸志：

> 虚室独焚香，林空静磬长。
> 闲窥数竿竹，老在一绳床。
> 啜茗翻真偈，然灯继夕阳。
> 人归远相送，步履出回廊。

宋明以后，文人更加自觉地将风雅生活的日常融入品茗的精神空间，琴、棋、书、画、香成为茶会雅集的标配。宋徽宗的《文会图》可说是当时文人茶会的名场面，茶茗、插花、音乐、焚香等融于一图。类似场景描述在宋人诗文中可谓俯拾皆是：

弹琴阅古画，煮茗任有期。（梅尧臣《和邵不疑以雨止烹茶观画听琴之会》）

活眼砚凹宜墨色，长毫瓯小聚茶香。（陆游《闲中》）

静院明窗之下，罗列图史、琴樽以自愉悦，有兴则泛小舟，出盘、间二门，吟啸览古于江山之间，渚茶野酿，足以消忧。（苏舜钦《答韩持国书》）

更创一亭为栖息之所，左右引水，翼以池沼，叠石前后，树以花

木、琴、棋、图籍、笔床、茶灶次第于其间。（连文凤《四望亭记》）

明人更是在茶著中连篇累牍,发展出一整套关于茶空间的美学规范:

> 不宜用:恶水、敝器、铜匙、铜铫、木桶、柴薪、麸炭、粗童、恶婢、不洁巾帨、各色果实香药。不宜近:阴室、厨房、市喧、小儿啼、野性人、童奴相哄、酷热斋舍。（许次纾《茶疏》）

> 饮茶之所宜者,一无事,二佳客,三幽坐,四吟咏,五挥翰,六徜徉,七睡起,八宿醒,九清供,十精舍,十一会心,十二赏鉴,十三文僮。……饮茶亦多禁忌,一不如法,二恶具,三主客不韵,四冠裳苛礼,五荤肴杂陈,六忙冗,七壁间案头多恶趣。（冯可宾《岕茶笺》）

清雅之物并非多多益善。高濂的《遵生八笺》就说,设茶寮于书旁,焚香、读书、论道自是深得茶之三昧,但若"盆树庭,诗画满壁,鼎罍盈案"犹如堆金叠玉,就是富而不雅了。在明人眼中,清雅之物亦是各有其趣:

> 香令人幽,酒令人远,石令人隽,琴令人寂,茶令人爽,竹令人冷,月令人孤,棋令人闲,杖令人轻,水令人空,雪令人旷,剑令人悲,蒲团令人枯,美人令人怜,僧令人淡,花令人韵,金石彝鼎令人古。（陈继儒《幽远集》）

明末抗清领袖陈子壮喜船头吹火烹茶,还要琴箫偕行:

> 屏居无事,挈双僮携一小榼、一琴、一箫、一茶铛,泛小舫于芙蓉洲畔。（《泊舟种花溪记》）

陈继儒也有他心中的饮茶胜境:

> 三月茶笋初肥,梅风未困,九月莼鲈正美,秫酒新香,胜客晴窗,出古人法书名画,焚香评赏,无过此时。（《茶话》）

三月笋芽初肥,九月莼菜鲈鱼正美,有好酒、佳友、晴日,此时焚香评赏古人法书名画,还有比这更美好的品茗时光吗?

心性修行的清寂

唐宋饮茶法经过元代的过渡,到明代更趋简化,并与世俗生活的联系也更加密切。而与此同时,饮茶活动超越凡俗的精神旨趣被明代文人反复高调重弹:

茶以芳冽洗神,非读书谈道,不宜亵用。(李日华《六研斋笔记》)

饮茶的空间布设也更加注重个体生命的体验与超越、心性的涵养与表达,这也暗合了同时代的"心学"思潮。饮茶的空间成为文人以心妙应万物、通于天地,获得心灵安适的精神修炼道场:

予尝举白眼而望青天,汲清泉而烹活火,自谓与天语以扩心志之大,符水火以副内练之功,得非游心于茶灶,又将有裨于修养之道矣。岂惟清哉?(朱权《茶谱》)

朱权说自己煮泉品茗,绝不是一个"清"字所能概括。清之极处,便是"寂"。为更好地品尝茶中的清绝"寂"境,他专门创设了一款茶灶:

烧成的瓦器如灶样,下层高尺五为灶台,上层高九寸,长尺五,宽一尺,傍刊以诗词咏茶之语。前开二火门,灶面开二穴以置瓶。顽石置前,便炊者之坐。

茶灶材质和形制凸显质朴、古拙,"于林下置之",形成一个独立而又与自然合一的茶空间。朱权偶然间得到一无名无姓"年八十犹童,疾憨奇古"的老翁,于是再来一个"天人合一",把老翁装扮一番:

衣以鹤氅,系以麻绦,履以草履,背驼而颈蜷,有双髻于顶。其形类一"菊"字,遂以菊翁名之。每令炊灶以供茶,其清致倍宜。

借此,以林下、茶灶、菊翁为元素创设的茶空间,表达了朱权心中疾憨奇古、无名无为、无古无今的清寂境味。

作为朱元璋第十七子的宁王,无论是自身文化修养还是政治地位,朱权拥有的文化权力是巨大的。明清嗜茶文人常效其经营布置,将建造专门饮茶的空间——

茶寮,视为"幽人首务",使茶事活动开始有了固定的空间场所。值得注意的是,"茶寮"之谓本身就有僧道寮院的清寂意味,且该名称确与僧房有关。据宋人钱易《南部新书》所载,唐宣宗大中三年(849),东都洛阳有个和尚活了120岁,皇帝问他为何如此长寿,他说没什么秘诀,只是每天喝茶百碗,喝得少的时候也有四五十碗。宣宗觉得和尚有些灵异,于是赐了他50斤茶,让他住在保寿寺,并将他饮茶的地方赐名"茶寮"。明人建造茶寮蔚然成风,见文人茶著:

> 小斋之外,别置茶寮。高燥明爽,勿令闭塞。壁边列置两炉,炉以小雪洞覆之。止开一面,用省灰尘腾散。寮前置一几,以顿茶注茶盂,为临时供具。别置一几,以顿他器。旁列一架,巾帨悬之,见用之时,即置房中。斟酌之后,旋加以盖,毋受尘污,使损水力。炭宜远置,勿令近炉,尤宜多办宿干易炽。炉少去壁,灰宜频扫。总之以慎火防热,此为最急。(许次纾《茶疏》)

> 构一斗室,相傍书斋,内设茶具。教一童子专主茶役,以供长日清谈、寒宵兀坐。此幽人首务,不可少废者。(屠隆《考槃余事》)

> 侧室一斗,相傍书斋。内设茶灶一,茶盏六,茶注二,茶盘一,茶橐二,当教童专主茶役,以供长日清谈,寒宵兀坐。(高濂《遵生八笺·茶寮》)

> 构一斗室,相傍山斋,内设茶具。教一童专主茶役,以供长日清谈,寒宵兀坐。(文震亨《长物志》)

> 园居敞小寮于啸轩埤垣之西,中设茶灶,凡瓢汲罂注濯拂之具咸庀。择一人稍通茗事者主之,一人佐炊汲。客至则茶烟隐隐起竹外。其禅客过从予者,每与余相对,结跏趺坐,啜茗汁,举无生话。(陆树声《茶寮记》)

饮茶空间隔绝尘俗,连接自然,接通道禅。苍苔、梅雪、月夜、僧侣等这些在传统诗词文艺中的清寂意象,都是饮茶的空间元素,表达"山静似太古,日长如小年"([宋]唐庚《醉眠》)的清寂境味,那是"晚年惟好静,万事不关心"([唐]王维《酬张少府》)的向道心境,是"坐看苍苔色,欲上人衣来"([唐]王维《书事》)的枯寂境意。

事实上,陶渊明笔下的武陵桃源、山水田园不仅是传统文人雅士的理想家园,也是他们饮茶的理想空间——在那花开花落不知年的亘古岁月,个体是孤寂的,生命是活泼的:

> 余家深山之中,每春夏之交,苍藓盈阶,落花满径,门无剥啄,松影参差,禽声上下,午睡初足,旋汲山泉,拾松枝,煮苦茗啜之。……出步溪边,邂逅园翁溪友,问桑麻,说粳稻,量晴校雨,探节数时,相与剧谈一饷。归而倚杖柴门之下,则夕阳在山,紫绿万状,变幻顷刻,恍可人目。牛背笛声,两两来归,而月印前溪矣。……彼牵黄臂苍,持猎于声利之场者,但见衮衮马头尘,匆匆驹隙影耳,乌知此句之妙哉!([宋]罗大经《鹤林玉露·山静日长》)

3. 以"意境"体道艺之合

中国传统美学的最高境界是"体道",即对宇宙万物终极(道、宇宙本体)的思考与表达。在孔子看来,"艺"不过是"道"的表达与运用:

> 志于道,据于德,依于仁,游于艺。(《论语·述而》)

在诗人看来,艺术不过是遵循道的轨迹,模仿乾坤的造化:

> 肇自然之性,成造化之功。(王维《山水诀》)

道艺合一的美是"大美",是道之美,是绝对的美,是语言无法完整把握到的存在——"天地有大美而不言"(《庄子·知北游》),是只能意会而不能言传的"意境"之美。对"意境"的营造和追求,使"美"成为富有意味的形式,成为用来体道的技艺游戏——在玩索的过程中获得生命的体验与趣味、思考与表达。

如果说艺术是模仿,中国传统艺术模仿的对象从来不是"具象",而是"超以象外,得其环中"([唐]司空图《二十四诗品》)的造化本质。与文人们玩索的其他艺术形式一样,茶空间的美学秩序同样是通过充满象征意味的意境营造,来表现他们对道之至真、至善、至美的体悟。在中国人的茶空间里,挂画、插花、焚香、煮茶、抚琴、吟诗……无一不是心性的外象,大到季节气候、山田湖海、亭台楼阁,小到一个茶盘、一束干花、一块茶巾……都是菩提、世界。人入其境，感受其意，心绪意态与境接通，是茶境，也是心境：

> 若明窗净几，花喷柳舒，饮于春也。凉亭水阁，松风萝月，饮于夏也。金风玉露，蕉畔桐阴，饮于秋也。暖阁红垆，梅开雪积，饮于冬也。僧房道院，饮何清也。山林泉石，饮何幽也。焚香鼓琴，饮何雅也。试水斗茗，饮何雄也。梦回把卷，饮何美也。古鼎金瓯，饮之富贵者也。瓷瓶窑盏，饮之清高者也。（［明］屠隆《茶说》）

四季美景转换，僧房道院、山林泉石、焚香鼓琴、试水斗茗、梦回把卷、古鼎金瓯、瓷瓶窑盏，茶境如镜映照心性之灵圃，或清，或幽，或雅，或雄，或美，或富贵，或清高，空间境味由目入心，由心入理，由理入境，生动活泼、玲珑有致。茶空间作为传统文人心目中的武陵胜境、山水田园，从不自我设局，要么任尚自然，浑然质朴；要么茶寮精舍，不拘形制，不落俗套：

> 或会于泉石之间，或处于松竹之下；或对皎月清风，或坐明窗静牖。（［明］朱权《茶谱》）
>
> 清风明月、纸帐楮衾、竹床石枕、名花琪树。（［明］陆树声《茶寮记》）

纸帐、楮衾、竹床、石枕、藜杖、渔樵、蓬牖、茅椽、绳床、瓦灶，代表物质的清贫困顿，而精神的富足饱满又岂是物质所能妨碍？——

> 所以蓬牖茅椽，绳床瓦灶，并不足妨我襟怀。（《红楼梦》第十四回）

或空阔，或达观，或超脱，或安谧，或幽远，或平和，或欢悦，或荒寂……入则尽情尽性；出，则安适和雅。或出或入，转换自如，不黏不滞。如明人王世懋某日浴后于月下饮茶所体会的境味：

> ……时西山云雾新茗初至，张右伯适以见遗，茶色白大，作豆子香，几于虎丘垆。余时浴出，坐明月下，亟命侍儿汲新水烹尝之，

觉沆瀣入咽，两腋风生。念此境味，都非宦路所有。琳泉蔡先生老
而嗜茶，尤甚于余。时已就寝，不可邀之共啜。晨起复烹遗之，然
已作第二义矣。追忆夜来风味，书一通以赠先生。（《二酉委谭》）

王世懋浴后独坐月下，汲水烹茗，得意此中"境味"非宦途能有，恨不能与茶中
知音共鸣，可惜夜深。次日晨起再来烹茶，却不复昨夜烹茶境味。虽然境中真谛难
以言传，还是忍不住要书写一通告诉同道中人，或可心领神会也未可知。

意境的审美是境界的沟通，拈花微笑间，足以心领神会。如沈括谈书画艺术：

书画之妙，当以神会，难可以形器求也。世之观画者，多能指
摘其间形象、位置、彩色、瑕疵而已，至于奥理冥造者，罕见其
人。……予家所藏摩诘画《袁安卧雪图》，有雪中芭蕉。此乃得心
应手，意到便成，此难可与俗人论也。（《梦溪笔谈》）

中国书画艺术是高度抽象的表意艺术，不求形似，只以"奥理冥造"作为美之所
以为美的理由。道，作为一切的渊源，为一切的存在提供理由。倘若美的理由消
失，不知美为何为美，则立刻陷入形式和教条的桎梏。天行健，道无时无刻不在运
行，而美也从来不会停留。天地就是一个大烘炉，以阴阳为炭：

合散消息兮，安有常则？千变万化兮，未始有极。（［汉］贾谊
《鹏鸟赋》）

日本茶空间美学从书院到草庵，突破富贵、精致走向质朴自然，然在发展过程
中仍不免执小钻精、渐失本真，纸窗、板墙、屋架、墙柱、门窗、挂轴、插花、茶具架等
皆有形制、规格、器局，独独不见人"参赞天地"、居中调和的精神和智慧。设形、做
局以为美，如藏舟于壑、藏山于泽，都是昧然不知"奥理冥造"无主故常、才生即灭的
真知。

三、饮茶的风仪

茶空间是一个以茶为介质的场域，由主人引领茶侣进入茶汤的精神世界。人
作为主角决定了这个空间的品味与境界。从这个意义上来说，茶境实为人境。中

国传统美学观念中,审美向来与审味共享一套话语体系,饮茶的风仪当然也在"品味"之中。

1. 专业规范之雅正

茶为雅道,而"雅者,正也"(《毛诗序》),有纠偏矫枉的典范、规范、标准、样板之意,故"雅道"具风教教化之功能。在茶境中,人之风度仪态、行为举止要妙合茶理,遵循茶法之规范、标准,方得"雅正";反之,不合茶理、茶法,失其规范、标准,则不免被嘲不通风雅,强而为之则沦为风雅之附庸。

雅正之美,本诸术业专攻之素养,于茶亦然。唐宋乃至明清至今,茶法有别、繁简各异,在长期的品饮实践之中,一些经验被总结出来并加以归纳、提炼和规范,呈现不同时代的主流风尚。或烹,或点,或冲泡,因茶法不同,一举一动、幅度大小、动作快慢等等,皆要顺应茶法之程序步骤,妙合至味之道。当这些程式、仪轨被自然流畅、得心应手地一一呈现,就上升到审美愉悦的高度——"艺",无论择茶、辨水、候火、配具、烹煮、冲瀹、酌茶,还是焚香、净手、品饮、论道,一招一式都有其形而上之意味与道意。其间,人之行止风仪便是载道之器,其美的意义在于茶术之正法、茶汤之正味,而不仅仅停留于美的观念与视觉效应。相反,那些种种不合茶理与茶法的奇淫巧技、矫揉造作,都有失雅、正。

当代冲泡茶法以闽粤工夫茶为典型,尚存唐、宋以来品茗艺术的流风余韵。台湾茶人参考日本茶道,在工夫茶基础上增设一些程式、仪轨,强化其美感之道。然万法归一,茶艺终归于茶汤的品味,脱离品味的茶艺难免流于空泛。事实上,同样的程式方法因人、茶、地、时等因素变化,会产生不同的空间与品饮意境,这正是品茗的"艺术性"所在。以工夫茶艺为例,若冲泡茶气厚重、出汤较快的青茶,最忌对准茶壶(或盖碗)的中心位置直接高冲,如此"冲破茶胆",会导致茶味涩重,且不耐泡。正确的做法是,提壶沿壶口(或盖沿)内壁高冲、巡回注入沸水,使茶中物质均匀缓慢释出,然后将泡好的茶汤低斟入杯。但换做是以鲜、香、甘为特点的绿茶或黄茶,则应该换容量稍大的茶壶或盖碗,高提水壶冲泡,并利用手腕的力量,上下提拉注水,如此反复三次,让茶叶在水中翻滚,促使茶中精华快速、均匀释出,最后低斟入茶杯。冲泡时,轻提手腕,手肘与手腕平,使手腕柔软旋转灵活,如此便能在水声的三响三轻、水线的三粗三细、水流的三高三低、壶流的三起三落中,呈现声乐与视觉的节奏之美,进而欣赏到柔刚相济、优雅流畅的冲泡体式与风仪之美。

任何茶法都是契合茶性、茶理的手势与法度。而"应用之妙,存乎一心",故又说"法无定法"。比如,同样是冲泡青茶,用茶壶和用盖碗的手法就有不小差异,然,只要记住一碗茶汤的至味才是"万法"的归处,那么如何调变就在情理之中。所以,"工夫茶"不仅要有闲工夫,还得有治茶的"功夫"才行。

2. 妙合茶境之得体

茶会是以茶为媒介的交集,品茶论道是一个在审美、审味、行为、理念、价值、情感、态度各方面不断求同的过程。茶境,正是经由共同接受的理念、规范,通过行为举止的动静进退、待人接物的和敬尊让、心性修养的清寂内敛等等,那些关乎生命的信仰、生活的态度、审美的情趣,无不在人与人、茶、器、客观环境等展开的全面交融与协奏中一一呈现,并映照在一碗茶汤之中,形成由舌至心的品味过程。因此,茶境中人,以妙合茶境以为得体。得体,是中国文化对符合道理、本质之行为举止的赞美。从这个意义上来说,泡好一壶茶,也许只要精到的技艺;但喝好一壶茶,却关乎整个茶境——茶会中的迎来送往、行茶品饮,茶侣宾客的进退分寸、风度仪表以及时空环境等,共同营造的饮茶空间秩序。

得体之美,美在理出自然、自然而然,符合事理人情。以茶为媒的雅集,是"尊让、洁敬"的君子之交,不可矫揉造作、形式主义,否则丧失"礼"之本体之"真"。明人朱权点茶待客,注重主、客间的端、接、饮、叙的仪轨程式,起坐、进退十分严谨,礼陈再三,以表诚敬、谦让:

> 童子捧献于前,主起举瓯奉客曰:"为君以泻清臆。"客起接,举瓯曰:"非此不足以破孤闷。"乃复坐。饮毕,童子接瓯而退。话久情长,礼陈再三。(《茶谱》)

工夫茶有献茗、受茗、闻香、观色、品味、反盏等礼序,每一道程式都有详细的仪态规范。比如献茗,以左手托起茶托,右手虚扶茶杯,躬身双手献茶以表敬意。同时,扶茶杯的手不能靠近杯口,以免产生心理上的不洁之感;又如斟茶,最忌将碗盖扣在桌子上。诸如此类,都是"己所不欲,勿施于人"的体贴之心——以"洁"表达诚敬待客之情。

茶会中的风仪举止规范与审美,同日常饮馔的礼节规范相通,并非别开一路。如日常的宴请礼仪,上菜时盘子四周不能有菜渍,要用双手端盘、端碗上菜,手指不能抠在盘沿和碗边上,上菜后要后退一步再转身离去等等。即便有所不同,也是遵循物理,如"茶坎酒满"——斟酒要满,因酒是奢侈的饮品,满杯代表诚敬;倒茶不能满,只因茶水烫,满则不好把持,容易发生烫伤。这也就是为什么满满的一杯茶,非但不代表敬意,反而表示逐客,只因热茶满杯唯缺一颗体贴宾客之心。同样的,不以茶壶嘴对着客人;不当着客人的面扫地、掸桌子,尤其将茶水泼在地上等等,既是诚敬待客的常理,也是茶礼,主客的礼仪风度正是体现在这些体贴入微的细节之处。

一场茶会要做到得体合宜,涉及环节众多,天、地、人和,缺一不可。日本著名茶人千利休回答弟子关于"什么是茶道中最该注重的",提出七条守则:

> 茶要泡得合宜入口,炭要好让水滚沸,花的装饰要如在野外般自然,准备好冬暖夏凉的茶室,在预定的时间要提早准备,非下雨天仍要备好雨具,体贴同行的客人的心意。

弟子听到只有这七项内容,以为很简单,于是告诉千利休:"如果这就是全部了,那我已经非常了解了。"千利休对弟子的回应是:"如果你这么有信心,那么请你依照着这些准则来举行一场正式的茶会,而且在任何方面都不能有失败。如果你做到了,我做你的弟子也无不可。"这段对话被记录在《南方录讲义》中。入口合宜的茶汤、统筹安排的秩序、自然素朴的茶席、温度适宜的茶室、未雨绸缪的安排、细致入微的照顾等等,安适和美的茶境背后,说到底不过是无微不至的体察、精心尽力的营造。

为追求这样一种茶会境界,日本茶人在此原则基础上还设计"炭手前"这样一种仪轨,来起燃茶炭。其实,遵奉守则的真意无非守住一颗诚敬、体贴的心,以此心待人接物,或有不到,但无不出于美善,这才是残缺之美的真意所在。

3. 冲淡平和之从容

茶境是人境,人境亦是心境。治茶过程中,人必须不断修正自身行为的偏差,以获得茶汤之至味。从这个意义上来说,茶礼一如射礼,直指人心——反躬自省,诚意正心，以求中的。治茶技艺是一个心性磨砺的过程——由准确到纯熟，由熟生巧，由巧入神，直至悠游于得心应手、艺道合一的从容之境。不了解形制、设局背后的理由，为招式、仪轨所拘，无时不刻意于身形、姿势、体态，只能是"得形忘意"，一旦发生偏差或意外，便行止无措。

从容者，通达茶礼（理），精熟技艺，故而从心所欲而不逾矩——治茶时，一招一式法度森严又开阖有度，如庖丁解牛，干净利落又游刃有余；一举一动是精神与自然交感的随机触发，洁净、礼敬、平等、和雅、体贴、珍惜、质朴、自在、清寂……如风行水上自然成文，赋予茶境以丰美的意味和美感。

从容者，不急不迫、平心静气，烹泉煮茗、斟茶品饮无不冲淡闲雅。中国人饮茶讲究一个"品"字。工夫茶，以三个若琛杯组成一个"品"。"品"字三口，代表小口细细品啜、慢慢体味。所以，品茗是艺术，必要气定神闲，不可惶急：

> 冲澹闲洁，韵高致静，则非遑遽之时可得而好尚矣。（［宋］赵佶《大观茶论》）

若一杯清茗在手，即忙不迭地"一吸而尽"，如饮驴饮骡，无暇辨味，不过解渴，全无半分品位，这种行止自然毫无美感可言。鲁迅说：

> 有好茶喝，会喝好茶，是一种"清福"。不过，要享这"清福"，首先必须有工夫……喝过茶，望着秋天，我于是想：不识好茶，没有秋思，倒也罢了。（《喝茶》）

碌碌红尘，黄粱梦中人没有"半日闲"，怎么肯歇下追名逐利的脚步喝一碗工夫茶。茶不是饭，没有茶并非不能活命，可是一旦在名利场开了一个小差，喝了几口没用的茶，便有了与吃饭不相干的闲愁、"秋思"：人生若只是吃饭，活得太匆忙有何意义？喝了茶，便会想：虽然无用，却是美的、有趣味的……

中国茶事活动的艺术化，以茶性体察自性，以茶境接通意境。品茗非为解渴，其一招一式、举手投足一如律诗、书法，是融合法度、节奏、格调与意境的艺术审美旨趣——在汲泉、烹煮、碾末、品饮中，领略清风、松涛、竹筠、梅开、雪霁的诗情画意，或清谈把卷，或赏花观月，或抚琴吟啸，任尚自然，超然物外，人生快意尽在一茶

　　　　　　　　　　　　　一碗茶的诗礼禅

一壶、一斟一饮、一张一弛的平常道中。

品了茶味,有了美与趣味的敏锐感知,追名逐利的步子放慢下来,生命意志开始觉醒,生命情态渐次轻盈……

四、茶艺的生命美学

自陆羽以"茶至寒""茶性俭"之茶德通人德——"为饮,最宜精行俭德之人"(《茶经·一之源》),一千多年来,伴随着茶事活动的精神化,一方面,茶文化不断向社会各阶层传播、渗透,成为"柴米油盐酱醋茶"的平常日用和生活礼俗;另一方面,品茗作为一种充满诗情画意、山水情怀的独特艺术表现形式,承载着贵真求和、致敬崇俭、好洁尚雅等理念和价值,成为中国人风雅生活的伴侣、精神文化的象征。

当饮茶连接生活和艺术,作为一种闲情逸致的精神活动,一碗茶汤所蕴藉的情味、趣味,就成为文人雅士的生命美学,沉淀着他们的生命意识、价值与信仰。

1. 无用之用的价值

道,是看不见、摸不着的,但中国传统文化都是问道、遵道的;心性,也是看不见、摸不着的,而儒释道都重心性的修行。道与心性都是形而上者,但中国文化最是重视这些于实际生活的"无用"之妙用。在这样的文化背景下,历来中国人做人做事最爱讲道理、讲德性。可见"无用之用"于国人也是"日用而不自觉"。可惜世风受西风侵蚀而日下,大而无当的道理、虚而不实的德性被鄙薄为虚无——不现实、不实际、不实在,曾经羞于言利之人越来越堂而皇之地唯利是图、利益至上。在庄子看来,只知"有用"之用的实症从来都是天下通病,所以需要时时警醒并教化:

> 山木自寇也,膏火自煎也。桂可食,故伐之;漆可用,故割之。
> 人皆知有用之用,而莫知无用之用也。(《庄子·人间世·山木》)

关于"道"的学问,既是心中的"理",也是脚下的"路",从来都是切肤、切己、切身的。而"道"作为终极、彼岸,非语言可以真切表达与描述,只能靠一个"悟"——以心印心、心领神会,如佛祖拈花,迦叶微笑。儒家的忠信乐易,佛家的明心见性,道家的见素抱朴,甚或西方教旨的平等博爱,无不直指人心。人心习性皆由外感——"感于物而动,性之欲也"(《礼记·中庸》),而关于"人心"的感动与教化,人们不约而同选择了"无用"的美和情感。一朵花、一幅画、一个青瓷盏以及诗和远方,既不能果腹,亦不能蔽体。然而,美的意义在于,美和情感一样能动人,并且这种由"感"而"动"的方向是正向的,是善的。也因此,"美"被赋予澄澈、净化、滋养身心的美感教化功能。

道与心性,是万事万物的玄机。在儒家看来,内伸于精神世界的关乎美的艺术,其本身就是"道"与"心性"的模拟与表达,最高明者道艺合一、以艺通道:

> 志于道,据于德,依于仁,游于艺。(《论语·述而》)

"知者乐水,仁者乐山。"(《论语·雍也》)醉心于天地大美者,格物致知,止于至善。焚香、抚琴、品茗、赏菊的风雅生活,是"志于道"并"游于艺"的艺术人生,是生命意识觉醒与表达的生活艺术。就品茗艺术来说,那些遵道循理而设定的程式、仪轨、礼序和方法,具有"术"的规定性,"礼"的规范性,以及"艺"的表现性和象征性,无不内涵传统文化关乎"道"的学问与追求——森严的礼仪、静谧的艺术营造出宗教般的氛围,产生净化心灵和情感的超道德力量。如此,艺术的品茗作为一种精神活动,从来都是自生理到心理的精神洗礼:

> 一饮涤昏寐,情来朗爽满天地。再饮清我神,忽如飞雨洒轻尘。三饮便得道,何须苦心破烦恼。(〔唐〕皎然《饮茶歌诮崔石使君》)
>
> 一碗喉吻润,两碗破孤闷。三碗搜枯肠,唯有文字五千卷。四碗发轻汗,平生不平事,尽向毛孔散。五碗肌骨清,六碗通仙灵。七碗吃不得也,唯觉两腋习习清风生。(〔唐〕卢仝《走笔谢孟谏议寄新茶》)
>
> ……祛襟涤滞,致清导和,则非庸人孺子可得而知矣。冲澹闲洁,韵高致静,则非遑遽之时可得而好尚矣。(〔宋〕赵佶《大观茶论》)
>
> 吟坛发其逸思,谈席涤其玄衿。(〔明〕许次纾《茶疏》)

自陆羽于茶炉一足镌刻上"伊公羹陆氏茶"始,后世"以天下风教为己任"的传统文人就前赴后继致力于"无用"的茶事,连篇累牍地为之著书立说,赋予一碗茶汤亦诗、亦礼、亦乐的精神气质,在借以修身、践言、雅志的同时,也寄托以艺载道、以文化民之人道使命。于是,自俗世生活中来的这一碗茶汤,经由文化改造秉承"载道"使命又回归红尘生活,绵延千载,移风易俗。

茶饮去到日本,同样经历了一个从世俗化到精神化,再回归世俗化的过程。其间,历代茶人将关于做人做事的正觉、正知、正念融汇于一碗茶汤之中,完成了茶与禅、与日常生活的链接,使茶饮蜕变为载道化民的规范、理念与信仰,在推动生命与审美意识普遍觉醒的同时,还找到了适合自身民族特性的器皿、舒适和美。由此,陆羽寄寓于一碗茶汤的"载道"使命,在日本茶人手中开花、结果:

> (茶道)将人引导到目的地的通道,也表示方法和过程。因为是走的规定的路,所以就有了普遍的性质。([日]田中仙翁《茶道的美学》)

"载道"的意义在于传播与教化。在日本,茶道的美学被尊奉为"美的信仰""生活的宗教"。它是如此深入人心,以至于一个人如果做人做事有欠妥当,会被说成"茶水喝少了",与中国人的"墨水喝少了"意思差不多。若硬要说有什么差别,那就是在传统社会,"墨水"所代表的知识更为稀缺,所以,"喝茶水"的人群显然比"喝墨水"的要广泛得多;从"载道"的角度来说,也更容易普及。

从传统社会步入工业文明,机器制造在创造巨大物质财富的同时,也极大刺激了物欲。在东西方文化冲突中,以功利为衡量标准的天秤上,物质、技术、金钱等等取得了绝对的胜利。那些对自己的文化一无所知、一知半解者,或自以为是,或嗤之以鼻;即使对西方文化同样所知不多,却可五体投地、迷信盲从。所谓"用脚投票",实则是利欲趋使,于政治是突出公共利益,于文化则是人类文明的灾难。面对功利主义的洋洋得意,精神文化的颓败荒芜,仓冈天心扼腕叹息:

> 知识以放弃良心为代价,为善则以有利可图为条件。(《茶之书》)

对于当今中国人喝茶只是喝个滋味,不再于味中知真、明善、审美的情状,也只能以一句"苍老又实际"来感慨。的确,经历了太多的磨难,对生存的艰难困苦有着切身之痛，即便再丰足的物质，也难以在短时间内填满镌刻在身体和记忆中的匮乏，美在生活中还来不及觉醒，或者说是被物欲遮蔽，还发不出对至真、至善、至美的礼赞。在传统与现代、东方与西方的文化冲撞中，傲慢与固执固然要不得，但自信和信念却必不可少。否则，迷惑于光怪陆离的表象，没有根植于生命本真的觉知和坚守，何来"举世而誉之而不加劝，举世而非之而不加沮"（《庄子·逍遥游》）的生命意志？又何来"道"之大美、真美、至美？

美不实用，但能滋养身心，丰盛精神，使人拥有一种坐销岁月于幽忧困菀之下，而生命的意志、情味与趣味未失的勇气和坚韧，足以对抗世俗的粗粝，拯救心灵的枯萎。恰如周作人在《北京的茶食》中所说：

> 我们于日用必需的东西以外，必须还有一点无用的游戏与享乐，生活才觉得有意思。我们看夕阳，看秋河，看花，听雨，闻香，喝不求解渴的酒，吃不求饱的点心，都是生活上必要的——虽然是无用的装点，而且是愈精炼愈好。

2. 不容苟且的态度

喝茶辨味，由此锻炼出来的品味能力，也是艺术鉴赏能力。在中国文化看来，品味包括审美在内，都是感知觉受，当人从审美趣味的角度，审视自身生活与状态，这就是生命意识的觉醒、体察与审视。生活的麻木有利于更好地活着，但是觉醒的人生却是一条不归路——不容苟且。就如鲁迅先生所想：

> 不识好茶，没有秋思，倒也罢了。（《喝茶》）

于是，生活不只是活着，执着本身就是价值、情感、信仰和态度，赋予生命活着的意义。比如美。

在最质朴、平常的生活中发现美、享受美，不苟且、不将就，是生命觉醒后不为物化的一种清醒和坚持。令人悠然神往的唐风宋韵是传统文人的生命情态，不仅在诗情画意的艺术境界里照见，也在他们烹茶煎水的日常生活中得以呈现——从别茶辨水的明理见性，到茶寮庭院的空间布置；从一杯一盏甄选摆放，到香花书画的秩序安排……无不是生命美学的审视与表达。一碗茶汤的美学，是山水田园的

一碗茶的诗礼禅

精神向往,是精行俭德的生命信仰,是抱朴守真的生活方式,是雅洁精致的生活态度。明人将自身性灵寄托于茶事活动当中,在推动品茗艺术化的同时,也加深了茶事与日常生活的联系。许次纾在《茶疏》一书中,除了详细论述冲泡茶法精要,更在"论客""茶所""饮时""宜辍""不宜用""不宜近""良友"等条目中,细述饮茶各个环节、细节的宜与不宜,并列举最宜饮茶的二十四种情境:

> 心手闲适、披咏疲倦、意绪棼乱、听歌闻曲、歌罢曲终、杜门避事、鼓琴看画、夜深共语、明窗净几、洞房阿阁、宾主款狎、佳客小姬、访友初归、风日晴和、轻阴微雨、小桥画舫、茂林修竹、课花责鸟、荷亭避暑、小院焚香、酒阑人散、儿辈斋馆、清幽寺院、名泉怪石。

徐渭从空间"意境"营造的角度,归纳茶事活动"十六宜":

> 宜精舍、宜云林、宜瓷瓶、宜竹灶、宜幽人雅士、宜衲子仙朋、宜永昼清谈、宜寒宵兀坐、宜松月下、宜花鸟间、宜清流白石、宜绿藓苍苔、宜素手汲泉、宜红妆扫雪、宜船头吹火、宜竹里飘烟。(《秘集致品》)

一情一景一境,那些关乎茶事的各种"宜""忌",无不诠释着文人日常生活的美学规范、不容苟且的生命情态。正如仓冈天心在《茶之书》中所说:

> 只要你是茶道信徒,就是品味上的贵族。

品味上的分别,只是美的感受和创造力的高低,而非世俗的富贵贫贱之区分。他还在书中记录一则千利休教育儿子关于什么是美的故事:

> 茶师千利休看着儿子少庵打扫庭园。当儿子完成工作的时候,茶师却说:"不够干净。"要求他重做一次。少庵于是再花一个小时扫园。然后他说:"父亲,已经没事可做了。石阶洗了三次,石灯笼也擦拭多遍。树木冲洒过了水,苔藓上也闪耀着翠绿。没有一枝一叶留在地面。"

茶师却斥道："傻瓜，这不是打扫庭园的方法。这像是洁癖。"说着，他步入园中，用力摇动一棵树，抖落一地金色、红色的树叶。茶师说，打扫庭园不只是要求清洁，也要求美和自然。

生活的美是对生命的赞美和抚慰，是对自然之美的把握和创造。一碗茶汤接通生活与艺术，将美和生活紧密联系在一起，使人道行走成为淡而不枯、俭而不吝的生命哲学实践。

今天的中国，饮茶之风再度起于青蘋，但美在一碗茶汤中还没有觉醒过来，对茶汤的觉知还停留于价钱的高低、滋味的好坏。这样一碗茶汤映照的当下，美在日常生活并不多见，艺术还没有走进大众生活。已故画家吴冠中在接受《南方周末》采访时，感叹这样一种现实：

我们生活中的美感也很少。

中国的艺术教育功能，一直藏在大学里边，没有跟社会生活发生关系。

不但是民众，甚至高级知识分子对美也不理解。我有一些亲戚朋友，他们专业知识很强，可家里的工艺品、陈设布置等等，非常庸俗，不可理解。

心开窍在舌。中国人以"味"通"道"，万物皆可在舌尖与心灵上细细品啜；品味，是一个审视、体察的过程，是生命意识的觉醒与态度。经过审视的生活是道德的人生——"临财毋苟得，临难毋苟免"（《礼记·曲礼上》），容不下苟且；未被审视的生活，就只是活着。

3. 圆融有趣的活法

"道"朴散为万物，其奥理冥造无非阴阳二气的聚散离合，而以"中"为道之体、以"和"为道之用，是中国文化对造化之道的抽象总结：

中也者，天下之大本也。和也者，天下之达道也。（《礼记·中庸》）

中国文化由此发展出执两用中的"中庸"思想。于中庸之道，世人可谓日用而

不自觉,而另一方面,诸多的不解、曲解,又可谓积重而久远,以至于早在春秋时期孔夫子就叹息:

> 中庸之为德也,其至矣乎! 民鲜久矣。(《论语·雍也》)
>
> 中庸其至矣乎! 民鲜能久矣。(《礼记·中庸》)

世人解"中庸",往往只解"庸"之平常日用,而不知以"中"为体的"中[zhòng]"的""中和"之神奇妙用。"中庸"之为"至德",只因它效法的是天地、阴阳"生灭变化"的精神与法则,所以,孔子说,"道中庸"是一种多么高明的路径和法门啊——"极高明而道中庸"(《礼记·中庸》)。

儒家以诗、礼为人道运行的"一阴一阳",并以诗礼之消长、和合之道表达其家国天下的"仁政"思想和大同理想。如果说,"诗"是"喜怒哀乐"之兴发,那么,"礼"则是"发而皆中节"的克约与节制。过度的放纵与克制都是"不仁"的,理想的状态是借着诗、礼的相互依存与制衡,达到温柔敦厚的"致中和"效果——乐而不淫、哀而不伤、直而不肆、光而不耀。诗礼之协调乃至中和,如音律之协奏成乐曲,"和乐"之"乐"[yuè]直达人心,故通精神之"乐"[lè]。在儒家看来,人生之乐、人道之乐都只能通过享用"仁"这一道德果实来获得,而"仁"即礼、乐协调统一内存于人心之"果实"。"中",是对立的两端的协调统一,不偏不倚,接近两仪未分的"一",最近道的本体。正如"致中和"是天地宇宙之"生"趣——"天地位焉,万物育焉"(《礼记·中庸》),诗礼协和,又何尝不是人道之"生"趣——"兴于诗,立于礼,成于乐"(《论语·泰伯》)。

道以阴、阳为用,和生万物——"万物负阴而抱阳,冲气以为和"(《道德经》)。在庄子看来,堪破真相,我就是造物主——不着名相,万物都是阴、阳调和的产物,也是"生灭变化"的材料:

> 周将处乎材与不材之间。材与不材之间,似之而非也,故未免乎累。若夫乘道德而浮游则不然,无誉无訾,一龙一蛇,与时俱化,而无肯专为;一上一下,以和为量,浮游乎万物之祖。(《庄子·山木》)

"材"与"不材"没有绝对的界限,区分起来很累,所以,只把主宰宇宙生灭变化的"道""德"作为鼻祖、宗则，以"万物"为"材"，以"材"为用，以"和"为准绳，人只要居中调变，把握总量与变量。老庄的"冲和"与儒家的"中庸"都是源出"道"的生命哲学，成为中国文化的核心概念，塑造了中国人深层的社会文化心理。

"和"以"生"的价值为取向，故调和之道充满活泼泼的生趣。如此，生活作为生命哲学展开的过程和方式，必然是一种圆融通达、富有生趣的活法。正如造化的"生"趣不在于两端的矛盾对立，而在于冲突的"和解"；中国人的圆融活法并非没有准则、原则，而是儒道释合一、情与理协和的智慧人生——情理协和既是情趣，也是理趣。林语堂在研究了老庄、孔孟、陶渊明、苏东坡等人之后，形成了一套以"觉醒、幽默、闲适、享受"为要义的艺术人生活法，并将"中庸"视作生活的最高类型。只不过，他将"中庸"解读为"一半""不及"，与孔子"无过"与"无不及"的中道思想简直背道而驰，但这并不妨碍他妙合儒学的人道思想与情怀：

> 中国思想上最崇高的理想，就是一个不必逃避人类社会和人生，也能够保存原有快乐的本性的人。（《中庸的哲学：子思》）

梁启超申明自己信仰的是"趣味主义"，认为趣味是生活的原动力，它的反面是干瘪、萧索，生意衰颓（《趣味教育和教育趣味》）。丰子恺把生活过成了艺术，认为艺术并非消遣，而是作为物质世界的对立面，给人自由、天真的乐趣，使不自由的人生获得慰藉（《艺术的效果》）。在中国的哲学中，当"活着"不是问题，"如何活着"这个关乎"意义"的问题，就变成生命中唯一需要直面的问题。

生活需要经营，也需要逃离——从鸡毛蒜皮、声色犬马的物欲世界，暂时逃离到逍遥自在的精神空间，那是艺术、哲学、宗教为心灵开辟的道场。但对普罗大众来说，艺术的庙堂太高，而哲学太过玄奥，道观寺庙又太过高远。用林语堂的话说：

> 我们终究须在这尘世生活下去，所以我们必须把哲学由天堂带到地上来。（《中庸的哲学：子思》）

用诗人弗里德里希·荷尔德林的话说：

> 人生在世，成绩斐然，却还依然诗意地栖居在大地上。（《人，诗意地栖居》）

用禅偈来说:

> 劈柴担水,无非妙道;行住坐卧,皆在道场。

用茶人的话说:

> 一瓯解却山中醉,便觉身轻欲上天。([唐]崔道融《谢朱常侍
> 寄贶蜀茶、剡纸二首》之一)

茶味是诗味,也是禅味。一碗茶汤出于世俗又入于世俗,连接此岸和彼岸,在热乎乎的生活中,能识宇宙之大,能体人生之艰,入俗而不从俗,闲适从容,潇洒达观,珍惜当下,尽性知命,映照生命的意义和生活的诗意。俗世的生活一如烂泥,如不沉溺,却是养分,滋养红莲,诠释"心源自有灵珠在,洗尽人间万斛尘"(《楞严大义》)的智慧活法与趣味人生。

三千年读史不外功名利禄,九万里悟道终归诗酒田园。儒家求"仁",终极目标不过是食"仁"而"乐"。圣人之乐以天下之"成于乐"为乐,又何尝不是"吾与点也"的个体生命之乐趣:

> 莫春者,春服既成,冠者五六人,童子六七人,浴乎沂,风乎舞雩,咏而归。(《论语·先进》)

北宋欧阳修自号"六一"居士,他在 63 岁时写下《六一居士传》,文中以主客问答的方式阐述其理想的生命情态:

> 客有问曰:"六一,何谓也?"居士曰:"吾家藏书一万卷,集录三
> 代以来金石遗文一千卷,有琴一张,有棋一局,而常置酒一壶。"客
> 曰:"是为五一尔,奈何?"居士曰:"以吾一翁,老于此五物之间,是
> 岂不为六一乎?"

明人吴从先著《赏心乐事》,列举风雅人生的各种情趣:

> 弄风研露,轻舟飞阁。山雨来,溪云升。美人分香,高士访竹。
> 鸟幽啼,花冷笑。钓徒带烟水相邀,老衲问偈,奚奴弄柔翰。试茗,

扫落叶,趺坐,散坐,展古迹,调鹦鹉。乘其兴之所适,无使神情太枯。冯开之太史云:"读书太乐则漫,太苦则滥。"三复斯言,深得我趣。

美并无标准,美的生活本自至情至性的深情流露;趣味亦无范式,有趣的生活本自通情达理、离苦得乐的有趣灵魂,一如造化之"生"趣:

情趣本来是物我交感共鸣的结果。景物变动不居,情趣亦自生生不息。(朱光潜《谈美书简》)

高僧相对试茶间:禅门茶礼

入夜趺跏多待月,移时箕踞为看山。
苔生晚片应知静,雪动秋根会见闲。
瘦鹤独随行药后,高僧相对试茶间。
疏篁百本松千尺,莫怪频频此往还。
——[宋]赵惇《待月诗》

禅,是梵文"禅那"(Dhyāna)的简称,鸠摩罗什意译为"思维修",即是运用思维活动的修持;玄奘意译为"静虑"。《俱舍论》卷二八解:

依何义故立静虑名? 由此寂静能审虑故。审虑即是实了义。

"寂静"隐含戒、定、慧三个过程:人通过"戒"的修持,摆脱欲望、浮躁、昏昧与痛苦等诸多束缚和障碍,以达到心如明镜、如止水的"入定"状态,在深沉的内观中,于静中生"慧",修成正果。在《俱舍论》的阐释中,"禅那"虽是诸多静修方式的一种,但能以本摄末,涵盖其他静修方式:

诸等持内,唯此摄支,止观均行,最能审虑。

作为佛教的一个"教外别传"，禅宗缘起见佛家以心传心的第一公案：

世尊于灵山会上，拈花示众。是时众皆默然，唯迦叶尊者破颜微笑。世尊曰："吾有正法眼藏，涅槃妙心，实相无相，微妙法门，不立文字，教外别传，付嘱摩诃迦叶。"（《五灯会元·七佛·释迦牟尼佛》卷一）

释迦牟尼在古印度王舍城灵鹫峰上说法。前来闻法的众人热切期望亲耳聆听佛祖开示秘法。却见佛祖一语不发，意态安详，只是拈起一朵金婆罗花向众人出示。众人面面相觑，不知所从，唯有位居佛祖十大弟子之首的摩诃迦叶尊者会心一笑。佛祖当即对众宣布，将"不立文字，教外别传"的法门宗脉传给摩诃迦叶，并授与平素所用的金缕袈裟和钵盂。"拈花微笑"作为禅宗第一宗公案，也是"衣钵真传"的典故出处。摩诃迦叶被禅宗尊奉为"西天第一代祖师"。

道不可说，佛法不可说，开口便失真意。故孔子感叹：

天何言哉？四时行焉，百物生焉，天何言哉？（《论语·阳货》）

既然道不弘人，人又如何弘道？迦叶基于对佛法的灵性妙悟，故而能与佛祖互动中心神领会，即所谓"一举便知落处"（[宋]圆悟克勤《碧岩录》）。"悟"是本我心性之灵，以"悟道""修道""证道"为终极追求的儒释道三家殊途而同归，均以心性修行为不二法门。所以，当"不立文字、教外别传"的第二十八代法脉传人南印度僧菩提达摩，于公元 520 年东渡中国，其直指人心、明心见性的禅法与中国儒道的心、性哲学相遇相知，迅速在文人界刮起一股破除桎梏、勃发新机的玄风，佛教的中国化就此展开，一个独立于伽蓝佛教教团之外的修行团——禅宗，历经慧可、僧璨、道信、弘忍之后，逐渐成熟及至声势浩大。在六祖慧能时期分化为南、北两大宗。其中，以神秀为宗的北宗禅主张渐悟，在六祖南禅顿悟禅法崛起后，逐渐衰落；而六祖慧能的顿悟派则枝繁叶茂，一花开五叶，形成南岳、青原两系，沩仰、临济、曹洞、云门、法眼等五家，其以心会心、不立经义的禅法，以及超离物议、注重文采和机锋的禅风，迎合了文人士夫的精神需求和生命信仰，其影响遍及中国文化各个领域。

在禅宗发扬光大的过程中，茶以其除倦醒思、调神和内的功效参与到佛教的中国化进程。历代大德高僧以禅入茶、以茶化禅,使茶融入禅门日常、规制以及礼仪,并与"禅"——禅宗的哲学,互为阐释、交相辉映。禅宗扎根于中国耕读、礼乐文化土壤得以迅速发展壮大,其中,清规茶礼成为佛教中国化的典型表现。

茶禅渊源

茶不仅救渴、解乏,还以其升清降浊、去腻降脂、轻身换骨、祛除睡魔的功效,暗合心性修行的要旨与戒律,成为存思、养生、洗心、悟道之上品,为儒家醒思清心之佳友、道家养生延命之仙药、佛家禅静入定之伴侣。佛教的中国化以融合汇通儒道思想为内涵。如果说,"禅"是传统文人儒道佛互补的生命哲学,那么,"禅宗"则是他们的生命信仰。中国的这一碗入世又出世的茶汤,见证并参与了这一场可谓哲学宗教化、宗教哲学化的禅宗发展过程。

茶与佛教的渊源最早见于僧侣种茶并以茶助修的传说,故事发生在西汉末年:

> 西汉时有僧从岭表来,以茶实植蒙山,急隐池中,乃一石像。今蒙顶茶擅名,师所植也,至今呼其石像为甘露大师。([宋]王象之《舆地纪胜》)

> 昔普惠大师生于西汉,姓吴氏,挂锡蒙顶上清峰,中凿井一口,植茶数株,此旧碑图经所载为蒙山茶之始。([明]曹学佺《蜀中广记》)

据说,甘露寺僧人普惠(俗名吴理真)在蒙山主峰上清峰手植的七株茶树,延年益寿,被誉为"仙茶"。普惠以蒙山茶助修、供佛,开创了"佛茶第一家"。

两晋南北朝时期,僧侣饮茶助修已较为普遍,同时,僧俗同礼,也用茶饮待客。陆羽《茶经·七之事》转载这一时期的僧人茶事:

> 《艺术传》:"单道开,敦煌人也。……日服镇守药数丸,大如梧子,药有松、蜜、姜、桂、伏苓之气,时复饮茶苏一二升而已。"

> 《续名僧录》:"宋释法瑶,姓杨氏,河东人……年垂悬车,饭所饮茶。"

> 《宋录》:"新安王子鸾,鸾弟豫章王子尚诣昙济道人于八公山。

一碗茶的诗礼禅

道人设茶茗，子尚味之曰：'此甘露也，何言茶茗。'"

僧徒单道开在河北昭德寺首创禅室，坐禅其中，以茶饮却睡解乏助修入定，不畏寒暑、昼夜不眠。法瑶是东晋名僧慧远的再传弟子，性喜饮茶，每饭必饮茶。昙济是僧导的法嗣，鸠摩罗什的法孙，擅长《成唯实论》，曾著《六家七宗论》。昙济设茶招待两位王子，留下最早的僧人以茶待客的记载。两晋南北朝佛教初兴，依附玄学，僧道文人常煮茶品茗以助玄谈，话茶吟诗，清谈辩难，通宵达旦：

> 跣足清淡，袒胸谐谑，居不愁寒暑，食可择甘旨，呼童唤仆，要水要茶。（[晋]释怀信《释门自镜录》）

传说中，禅宗与茶的结缘甚至被推溯到祖师达摩。据宋真宗年间释道原所撰《景德传灯录》记载，达摩东使传教，初踏东土，梁武帝萧衍即召见达摩，以印证自己造寺、写经、度僧无数的大功德，结果被达摩一句"并无功德"泼了冷水。达摩以真功德乃"净智妙圆，体自空寂，如是功德，不以世求"开示，引其向内求持，见真如本性，而不是向外求取，直至无欲无求、无凡无圣，方成正果。达摩度化无功，当夜一苇渡江抵达魏国，于北魏孝昌三年（527）驻锡嵩山少林寺，发愿面壁九年坐禅。传说中，在面壁的第三年达摩扛不住睡魔，醒来后遂割下眼皮掷于地上。于是，掷眼皮处生出茶树。最后一年又遭睡魔侵入，于是采食身旁的茶叶保持灵台清明，最终圆满出定。

传说终究只是传说。事实上茶与禅宗的不解之缘伴随着两个重要发展阶段。

其一，南宗农禅的兴起与发展。

佛教的原始教义厌恶肉身，认为掘地、斩草、种树等生产活动是"不净业"。早期僧侣不事劳作，生存全靠游方化缘。晋宋以后，土地和财产渐向寺院集中，原本单纯接受供养和布施的寺院开始自主经营，但参与劳动者仅限于沙弥和下层僧侣。从北魏至唐朝建立，政权频繁更迭，流民成灾。为享受供养或逃避徭役，大批流民涌入寺院，导致国家丧失大量劳动力，加之僧俗混杂、游乞带来的社会乱象，以及文化和意识形态侵蚀等问题，先后出现北魏太武帝拓跋焘、北周武帝宇文邕、唐武宗李炎和后周世宗柴荣的"三武一宗"灭佛事件。其间,迫于政治威压及生存压力,庞大的游乞僧团不得不另谋出路,选择向政治管控较弱的南方转移,由此推动了江淮、东南、岭南一带的开发。

三祖僧璨(510—606)在北周武帝灭佛后,随二祖慧可南遁,同时对禅宗进行了汉化改造,包括由面向达官显贵,转向社会各阶层随缘化众;由在都城街市建寺院,转向深山老林立道场;由游方行脚布道,转向开坛传法;由"不立文字""以心印心"的心传法门,转向重文采、机锋的应机施教。僧璨以诗体写成的《信心铭》,与《六祖坛经》共同推进了佛教理论的中国化,与此同时,其深山老林立道场的做法,也为禅宗实修开辟了全新的路径。

四祖道信(579—651)继承三祖衣钵,在湖北黄梅双峰山设道场,三十余年聚众五百,通过"作(务)坐(禅)并重"实现自给自足,摆脱寄生式的禅修:

> (道信)每劝门人曰:努力勤坐,坐为根本。能作三五年,得一口食塞饥疮,即闭门坐。莫读经,莫共人语。(《传法宝纪》)

通过自身劳动解决吃饭和禅修问题,无论是在佛教教义上,还是在禅众的日常课业上,都是一个极其重大的改变,农禅自此初具雏形。

五祖弘忍(602—675)于黄梅东山另立道场,对道信坐、作并行的禅法做了进一步发展与完善:

> (弘忍)缄口于是非之地,融心于色空之境。……四仪皆是道场,三业咸为佛事。(《楞伽师资记》)

所谓"四仪",指人的行、住、坐、卧;所谓"三业",指身、口、意诸种活动。既然"四仪""三业"皆是道场、佛事,那么行禅就不限于寺院等特定场所,也不限于持律、供佛、坐禅等特定的行为,而是贯穿于禅理指导下的全部日常。就这样,弘忍不仅把禅接通日常劳作,还把劳作提高到禅的高度,使"作"在禅门具有和"坐"同等重要的地位。弘忍二十余年聚徒众七百余,使这个隐于山林的禅门成为显宗,其坐、作并重的教义契合了中国耕读文化传统,一时天下效仿,山头林立,禅宗势力蓬勃发展。

六祖慧能(638—713)归岭南宝林寺时,聚有千余人的庞大信众。慧能的横空出世是禅宗史上的最重大事件。在五祖衣钵法脉传承竞争中,慧能与神秀各呈一偈,显示了顿、渐两种不同的佛性说和宗教实践。其中,神秀以"身是菩提树,心如明镜台。时时勤拂拭,勿使惹尘埃"偈,主张"渐悟",北上成为官方禅系旗帜;慧能以"菩提本无树,明镜亦非台。本来无一物,何处惹尘埃"偈,获得弘忍衣钵印可,被推为南宗法嗣嫡传,高举"顿悟"法门将南方新兴禅宗各大门派统一旗下,形成"南能北秀"的局面。以慧能为旗帜的南宗确立,标志着"本自具足"向自心求解脱的中国化佛性理论和实修的成熟与定型。

安史之乱(755—763)后,唐朝由盛转衰。北方政权的动荡造成大批流民南下,失地农民为了衣食流向寺院,禅僧的数量骤增,无寺可居者则成为游僧,助推了禅宗兴盛。与此同时,皇权削弱、藩镇割据、政令不一的政治局势,促使禅宗的宗派分化,形成浓厚的地方性色彩。

佛教中国化的过程中,除了形成"作坐并重"的教义,还受文化习俗影响,形成戒荤食素、过午不食等清规戒律。僧人跏趺而坐,坐禅参禅,易困乏、昏昧,过午不食也不支持劳作。于是,僧侣之间逐渐流行以茶混合橘皮、茱萸、薄荷、伏苓、蜂蜜等滋养品,百沸成汤,或做成茶丸,既可醒神助修,又可充饥,还可用来待客,且不坏戒律。事实上,在"药食同源"的中国,这种药膳式"浑饮"方式由来已久,最早可推溯至伊尹的汤液法,这也是民间"吃茶"的本意。伴随禅宗的蓬勃发展,茶饮和汤饮作为僧众坐禅助修的日用,反过来,又助推了民间饮茶风气的流行。唐人封演关注到当时在北方流行起来的饮茶风俗,认为与禅门北宗有关:

> 南人好饮之,北人初不多饮。开元中(713—741),泰山灵岩寺有降魔师,大兴禅教。学禅务于不寐,又不夕食,皆许其饮茶。人自怀挟,到处煮饮。从此转相仿效,遂成风俗。(《封氏闻见录》卷六)

降魔师又称降魔藏禅师,为神秀弟子,受神秀指点入泰山灵岩寺传教,在北方影响很大。

如果说,作为官方正统的北宗是因布道者的光环效应带动茶饮流行,那么,隐居山林的南宗则是通过农禅的兴盛直接推动茶的产业发展。

南方诸派聚众山林本为避世求生，由于得不到官方和民间的供奉，下田劳作就和吃饭、参禅一样成为僧众的基本活动。唐大历年间，马祖道一(709—788)于江西洪州(今南昌)开丛林立宗派，融禅于农，以农悟禅，提出"平常心是道"的禅法。始于南岳怀让，成立于道一的"洪州禅"标志着农禅的确立，同时，茶饮作为助修和两餐之外的营养补给，植茶、制茶就成为日常作务。马祖道一以茶试泐[lè]潭惟建，成为禅宗史上最早的借茶传法公案：

> (泐潭惟建)一日在马祖法堂后坐禅。祖见乃吹师耳，两吹，师起定，见是和尚，却复入定。祖归方丈，令侍有持一碗茶与师，师不顾便自归堂。(《景德传灯录》卷六)

《祖堂集》卷四记载丹霞和尚在出家前"少亲儒墨，业洞九经"，曾与庞居士结伴入京求选官，受行脚僧之邀一起吃茶。行脚僧提起茶碗，喻茶中有佛法，劝其改向马祖求法。可见，"以茶传法"在当时已然成为道一的法脉标志。

其二，禅门茶礼的制定与风行。

茶在禅门重要地位的确认，以百丈怀海(720—814)制定并施行禅门规式为标志。他不仅将种植茶树、采制茶叶等农务视为佛事，还吸收世俗茶礼制定丛林清规，将茶事活动纳入规制，设茶堂、选茶头，使以茶待客、以茶供佛、以茶开悟成为禅门日常，推动寺院茶饮的日常化和仪轨化。《景德传灯录》作为禅宗的一部重要史书，30卷中言及茶约有130多处，以茶传法的公案不下60条。自道一始，又历经赵州从谂、圆悟克勤等唐宋历代高僧以茶接机解禅，茶渐次有了承载禅宗教义的象征与功能。

承接道一农禅法脉，后世禅门高僧、宗门领袖无不坐、作并重，田间灶头皆为道场，黄檗开田、择菜，沩山摘茶、合酱，云岩锄姜、做鞋、煎茶，石霜筛米，临济栽松、锄地，仰山牧牛、开荒，洞山锄茶园，雪峰斫槽、蒸饭，云门担米，玄沙砍柴，等等，既是每日之平常，也是修行的道场、开示的妙道。

围绕自给自足的耕作，各大禅苑形成各自的特色农业。基于戒律和修行的需求，以及占尽名山的地利，种茶、制茶几为南宗各大宗门不二之选。如此，几乎每个

　　　　　　　　　　　　　　　　　　　一碗茶的诗礼禅

寺庙都有自己的茶园。于是,"高山云雾出好茶",就因"自古名山僧占多",形成"名山有名寺,名寺出名茶"的现象。我国史上名茶,相当一部分出自佛家寺院,号称"茶中故旧,名茶先驱"的西汉蒙顶茶就传说出自甘露寺;唐代的阳羡贡茶也为山僧进献:

> 唐李栖筠守常州日,山僧进阳羡茶,陆羽品为芬芳冠世产,可供上方。([明]周高起《洞山岕茶系》)

宋代以五山十刹为代表的南方寺院出产各种名茶,其中,号称宋代散茶第一的"日铸茶",出自会稽山日铸岭的寺庙;径山寺的茶种和茶礼被日僧带去日本,开启日本茶道;天台山国清寺周边至今还在生产茶叶;江苏洞庭山水月院出产的"水月茶",是碧螺春茶的前身。明代散茶名品迭出,名噪一时的虎丘茶、松萝茶都出自江苏虎丘寺僧人大方之手:

> 徽郡向无茶,近出松萝茶,最为时尚,是茶始比丘大方。大方居虎丘最久,得采制法,其后于徽之松萝结庵,采诸山茶于庵焙制……([明]冯时可《茶录·总序》)

此外,杭州龙井寺的龙井茶、君山白鹤寺产的君山银针、齐云山水井庵的六安瓜片、安徽云谷寺的黄山毛峰,以及苏州天池茶、宜兴岕茶、普陀山佛茶等茗茶,无不出自寺庙山僧之手。今人钟爱的武夷岩茶,也以寺院所制为得法,明初出道即巅峰的武夷大红袍,即出自天心永乐禅寺。这些茶除了满足寺僧自饮、待客、礼佛、馈赠等日常用度,还有相当一部分流入市场。明人冯梦桢讲述了自己和一个善于鉴茶的名叫"徐茂吴"的人去寺庙买龙井茶,真假难辨的经历:

> 昨同徐茂吴至老龙井买茶,山民十数家各出茶。茂吴以次点试,皆以为赝,曰:真者甘香而不冽,稍逊便为诸山赝品。得一二两以为真物,试之,果甘香若兰。而山民及寺僧,反以茂吴为非,吾亦不能置辨。伪物乱真如此!(《快雪堂漫录·品茶》)

《百丈清规》作为后世禅林清规的蓝本,在宋元时期被反复修缮,清规茶礼渐成丛林通则。比较通行的有北宋宗赜于崇宁二年(1103)重编的《禅苑清规》十卷,嘉定二年(1209)瑞严无量宗寿禅师所编《入众日用》一卷;南宋咸淳十年(1274)金华惟勉禅师所编《丛林校定清规总要》二卷(又称《咸淳清规》);元代至大四年(1311)东林一咸所编《禅林备用清规》十卷(又称《至大清规》);延祐四年(1317)中峰明本禅师作《幻住庵清规》一卷。元顺帝元统三年(1335),百丈山大智寿圣禅寺住持东阳德辉奉敕命重修《百丈清规》,大龙翔集庆寺住持释大䜣校正,编成《敕修百丈清规》,为后世禅林通行本。其间,包括茶务在内的茶事活动作为一种具有特定内涵的禅修功夫,通过禅门规制进一步向僧众日常生活渗透的同时,还伴随禅宗的发展传播东渡日韩,在异域开花结果。

日本第一部茶书《吃茶养生记》的著者、被日本誉为"茶祖"的荣西禅师(1141—1215),就是在浙江省天台县万年寺修习禅法与清规茶礼。其后,日本禅师圣一在五山十刹之首的径山寺参学,回国时带回的径山茶宴,是日本茶宴法会"四头茶礼"的前身。留学的禅僧们不仅带回了清规茶礼、以茶传法,还带回了天台山和四明山的茶籽,以及宋时点茶礼俗。

元朝末年,丛林茶礼逐渐废弛,禅宗日益式微。元《禅林备用清规》卷六"交代茶"有记:

丛林盛礼也。诸方今免茶礼,特设点心一分,非法也。

此后,不乏有识之人试图记录传续。如,明代有《寿昌清规》一卷、《丛林两序须知》一卷传世,清代有《百丈清规证义记》九卷,近有《金山规约》《高旻规约》《云居仪轨》等等流传。《云居仪轨》为上世纪90年代云居山一诚大师所编,其中与茶相关的条例较之宋元清规已大为减少,除一年中十个普茶日,还有禅堂告假出堂招待茶、秉拂小参中待秉拂者圆眼茶、禅堂放香日维那请同寮茶等十几处茶礼。此外,禅堂每天都有午版香和晚二枝香规定的茶水供应。《云居仪轨》承接丛林清规,使常住大众行止有所依,动静有所据,为时下禅寺范本。然则,绝大多数禅寺鼓版之声不闻,茶之古礼不复。今人只有在日本建仁、建长、圆觉、东福等四大禅寺"开山忌"时,见证隆重、庄严、肃穆的禅门茶礼,体会唐宋丛林家风。

一碗茶的诗礼禅

百丈怀海与清规

怀海(720—814),本姓王,俗名木尊,福建长乐人。早年于南岳怀让禅师弟子西山(广东潮安)慧照门下出家,后从南岳衡山法朝律师受具足戒,最后于大历初年(766)投马祖道一门下,与西堂智藏、南泉普愿并称马祖门下三大士。

怀海"好耽幽隐,栖止云松"(〔唐〕陈诩《唐洪州百丈山故怀海禅师塔铭》),于唐德宗兴元元年(784),移新吴界(今江西奉新县),因其地"有山峻极可千尺许,号百丈屿",故自号百丈。怀海开山说法,禅客闻风而至,于是禅客接待就成问题:

> 海既居之,禅客无远不至,堂室隘矣!(《宋高僧传·百丈怀海传》)

怀海本就对禅僧客居律寺并受戒律的束缚,一直心有不满:

> 百丈大智禅师,以禅宗肇自少室,至曹溪以来,多居律寺,虽别院,然于说法住持未合规度,故常尔介怀。(《景德传灯录·百丈传》)

为解决一系列现实问题,怀海别立禅苑、以农养禅,又自定律制,所制《禅门规式》成为禅宗独立以及佛教中国化的典型标志。因为百丈所制,又被称作《百丈清规》。北宋时期,为与《禅苑清规》相区别,又称《古清规》。

《百丈清规》完整文本已经散佚,《宋高僧传》卷十《百丈怀海传》、《景德传灯录》卷六《禅门规式》、《禅苑清规》卷十《百丈规绳颂》,以及《敕修百丈清规》等,都涉规式内容,虽不见全貌,然亦足以见证历代禅师为解决现实困境、争取禅宗独立地位,所作出的积极努力。

第一,解决"住"的问题。

唐玄宗时期,为加强对游乞禅僧的管理,将禅师聚居律寺并约之以戒律。而禅师名为客居,实则只是寄名,往往寄身岩洞、茅棚。怀海公然"不循律制、别立禅居"

并自创"规式",是对禅宗附庸律寺的反抗,是为争取禅宗独立地位、独立道场采取的积极行动。"不立佛殿,唯树法堂"是禅居有别于其他佛教寺院的一个重要特点,其意义是:

> 表法超言象也。(《宋高僧传·百丈怀海传》)
>
> 表佛祖亲嘱授,当代为尊也。(《景德传灯录·百丈传》)

佛殿是供奉佛菩萨诸偶像的场所,因耗资巨大,成为唐时反佛、排佛的说辞。不立佛殿,一方面不授反佛、排佛者于柄,减轻来自世俗的阻力;另一方面,高举禅宗"不立文字,教外别传"的本色,表明其心心相印、灯灯相传的法脉传续。法堂,即住持上堂说法、传授心印的地方:

> 其阖院大众,朝参夕聚,长老上堂升坐,主事徒众雁立侧聆,宾主问酬,激扬宗要者,示依法而住也。(《景德传灯录》)

重视法堂,表明禅宗以住持长老说法为尊,彰显禅宗不立文字、以心传心的特点。禅宗史上那些焚典毁佛、呵佛骂祖的公案,是其重佛法而不重外在崇拜的佛理实践。自此,佛教的多神崇拜结构彻底转为向内修持的单一心学——"平常心是道",推动佛修的世俗化与日常化。

第二,解决"吃"的问题。

禅僧聚众的丛林,往往远离人烟。僧璨、道信时期已探索通过禅众劳作来解决基本生存问题。五祖弘忍"常勤作役",以为佛事;弟子神秀"决心苦节以樵(砍柴)汲(打水),自役而求其道",慧能以坠石舂米为妙道(《五灯会元》卷二)。这样一种法脉传至怀海,他不仅"日给执劳,必先于众""一日不作,一日不食"(《祖堂集》),还创设"普请"(即普遍邀约,共同参与)作务制度,推动禅林生产劳动的平等化、制度化、普及化。作为基本生活制度,"普请"作务不仅解决了禅苑的供养问题,还在制度上将农与禅、作与坐融合,给禅修实践以及禅门宗要作出新的诠释。

中国耕读文化传统历来厌恶不劳而获,禅宗游乞寄生的修行方式一直受到社会各阶层的诟病。怀海以"作务"为修行实践并制度化,融佛教思想、修持规仪、解脱宗旨于活泼泼的当下,去触类见道,见性成佛,彻底改变禅宗枯寂静坐、磨砖作镜的禅法,形成生机勃勃的生活禅、无所不适的当下禅。怀海此举立刻得到天下禅林响应。唐开成四年(839)九月二十八日,入唐巡礼的日本僧人圆仁记录了在山东赤山院所睹:

> 法华院每至收蔓菁(即芜菁,俗称大头菜)、萝卜的季节,寺中上座等职事人员尽出拣叶。如库房无柴,院内僧人尽出担柴。(《入唐求法巡礼行记》卷二)

可见,其时“普请”制度在北地禅门同样得到响应和推广。

第三,解决“行”的问题。

行,包括僧众日常修行以及整个禅居日常管理运行等问题。别立禅居与普请制度,既是应对现实问题的方案,也关乎禅门宗要与修行实践。结合各种转载流传的清规内容来看,其总体原则是“博约折中”、规范合宜:

> (师)乃曰:“祖之道,欲诞布化元,冀来际不泯者,岂当与诸部阿笈摩(旧梵语阿含,指小乘经典)教为随行耶?”或曰:“《瑜伽论》《璎珞经》,是大乘戒律,胡不依随哉?”师曰:“吾所宗非局大小乘,非异大小乘。当博约折中,设于制范,务其宜也。”(《禅门规式》)

较之佛教的传入,戒律传入中国的时间要晚得多,一直到曹魏时期,才出现两个关于受戒羯磨的简本:一个是中天竺昙柯迦罗于嘉平年间(249—253)在洛阳译出的《僧祇戒心》,另一个是安息国沙门昙帝于正元(254—255)时来中国译出的《昙无德羯磨》。姚秦弘始六年(404),弗若多罗东渡长安带来《十诵律》广本,其后二十年,《四分律》《僧祇律》《五分律》陆续译出。在戒律缺位、不完备之时,僧团修行管理基本各自因地、因情制宜。东晋道安大师曾制定“僧尼轨范”及“法门清式二十四条”,首创本土的僧团规范:

> 安既德为物宗学兼三藏,所制僧尼轨范佛法宪章,条为三例:一曰行香、定座、上经、上讲之法,二曰常日六时行道、饮食、唱食

法,三曰布萨、差使、悔过等法。天下寺舍遂则而从之。（［梁］慧皎
《道安传》）

随后，东晋支遁大师立《众僧集仪度》、慧远大师《法社节度》、道宣律师立《鸣钟轨度》《分五众物仪》《章服仪》《归敬仪》等，均是基于本土制度文化的因循与改造。

南北朝时期，大小乘戒律逐渐完备。其中，小乘戒律以禁欲为核心，以繁苛为特征，通常为国家寺院，为律寺所奉行；大乘戒律为纵欲辩护，具有浓厚的排他性质。怀海明确其制定禅门规式的原则，既不局限于大小乘明文既定的戒律，也不刻意与大小乘戒律相区别，而是执其两端，综合权衡制宜而用。

一方面，均齐平等，和合共住。

与"见性即佛""平常心是道"的佛性理论相应，在劳动、分配、事务管理、生活作息、持戒遵律等各个方面，突出均齐平等，导之以德，齐之以规，与其时佛寺僧侣贵族特权和等级制度形成鲜明对比。如《禅门规式》载，以"道高腊（指出家后的年岁）长"者为尊，名为"长老"；化主处于方丈，强调"同净名之室，非私寝之室也"；阖院禅众不分高下，全部依夏次（夏腊，指出家后的年岁）安排，尽入僧堂用功；禅堂内统一"设长连床，施椸架，挂搭道具"，供坐禅偃息；院中僧众不论职位高低，均早参夕聚、早粥午斋，如此"法食双运"，人人均等；寺院内务管理以事项为分工，人人参与——"置十务，谓之寮舍，每用首领一人，管多人营事，令各司其局也。主饭者，目为饭头；主菜者，目为菜头；他皆仿此。"春种秋收农田稼穑，则行普请法，不分上下，人人出力。设"维那"一职负责监察、维持禅律清规，对违反者一律按情节轻重作出杖责和驱逐的惩戒。此举得到僧俗两界的认可：

> 详此一条，有四益：一不污清众生恭信故，二不毁僧形循佛制故，三不扰公门省狱讼故，四不泄于外护宗纲故。（《敕修百丈清规·古清规序》）

另一方面，随方施教，不违毗尼（戒律）。

怀海最重要的变革之一，是将世俗礼仪融入清规的制度设计——撷取大小乘

　　　　　　　　　　　一碗茶的诗礼禅

戒律精义,与本土制度文化相结合,或取或舍,均契理契机,因时因地制宜,突出禅僧衣食住行的特殊性、信解行证的宗教性。清规,作为佛教戒律和儒家礼乐制度结合的产物,成为佛教中国化的典型标志之一。仅存不足千字的《禅门规式》,就特别提出行、住、坐、卧的仪轨要求:

> 卧必斜枕床唇,右胁吉祥睡者,以其坐禅既久,略偃息而已,具四威仪也。

除了"卧如弓",还有"行如风、住如松、坐如钟"。"礼仪三百,威仪三千"(《礼记·中庸》)。礼仪,泛指于国家社会个人而言的一切礼节仪式、制度,以及行为规范;威仪,泛指人的行动、举止、进退、动静等行为规范,以"威"为内在道德律,"仪"为外在形象:

> 有威而可畏,谓之威;有仪而可象,则谓之仪。(《左传·襄公三十一年》)

将"四威仪"引入佛修,最早见唐代道宣律师撰于唐永徽二年(651)的《四分律含注戒本疏》卷一下:

> 行善所及,各有宪章,名威仪也。威,谓容仪可观;仪,谓轨度格物。

由此可见,佛教在中土发展时融通儒家礼制的自觉。北宋释道诚编辑《释氏要览》,强调"四威仪"是一切戒律、仪则和规范的根本:

> 经律中皆以行、住、坐、卧名"四威仪",其他动止,皆四所摄。

这是要以"四威仪"格致、知止,以之统摄僧众的其他动止修持,使"行住坐卧"皆为道场。

《禅苑清规》卷十所附《百丈规绳颂》,记有禅僧仪轨、僧俗往来、佛事、人事等丛林规务管理规范以及仪礼活动,都可见"僧俗同礼"。如斋粥礼仪:

> 二时斋粥须依挂搭资次坐,不得过越高位。仍须候长版鸣,方

可下钵。食时不得匙箸刮钵作声。动其无福鬼神生饥渴想，罪不可量，切宜低细。

百丈对待饮食的庄重态度以及以"鬼神"说礼，显然受本土礼制思想和饮食礼仪的影响：

是故夫礼，必本于天，肴于地，列于鬼神，达于丧祭、射御、冠昏、朝聘。（《礼记·礼运》）

《百丈规绳颂》还言及新到僧的茶汤礼，特别明示"其礼至重"，不可轻慢失仪：

新到三日内且于堂中候赴茶汤，未可便归寮舍。及粥后偃息，须当早起，免见堂中寻请借问，喧动清众。

新到山门时特为点茶，其礼至重。凡接送盏橐，切在恭谨，祗揖上下，不可慢易，有失礼仪。

尽管具体的程式、仪轨已不可知，但显然，茶已作为"礼器"融入禅门规制。《百丈清规》一出，很快天下风行：

天下禅宗，如风偃草，禅门独行，由海之始也。（《宋高僧传·百丈怀海传》）

后世禅林以此为蓝本，各有损益，然多尊前辈宿德所作，不离纲要：

丛林规范百丈大智禅师已详，但时代浸远，后人有从简便，遂至循习。虽诸方或有不同，然亦未尝违其大节也。（[宋]惟勉《咸淳清规·序》）

历代清规中，茶务、茶事作为制度设计的要素，渗透于组织、管理、禅修以及禅众日常，到宋元时期，禅僧从受戒出家，到挂搭、上堂、念诵、小参，直至冬夏四节茶礼，诸节斋会，日常生活，乃至迁化，都有茶汤礼的规制。茶礼伴随着清规的流变，渐具"禅法"象征。

怀海创立禅门清规，将儒家礼仪、世俗茶礼引入禅门规式。清规的确立标志着

　　　　　　　　　　　　一碗茶的诗礼禅

南宗在制度上完成了禅农合一的农禅体系。

《禅苑清规》与禅茶规制

《百丈清规》历经唐末、五代,有关茶礼的规模和程式、仪轨等制度文本多已散佚。北宋宗赜于崇宁二年(1103)集诸方行法,重编《禅苑清规》十卷(亦称《崇宁清规》),内容涉及禅门组织、禅修以及日常生产生活管理等。其中,茶务与茶事活动作为组织管理、宗教活动的重要环节,被高度程式化、仪轨化,基本形成体系完备的禅茶规制。

宗赜,俗姓孙,生卒年不详,谥号慈觉大师,为北宋云门宗第六世高僧,因效庐山白莲社建莲华胜会,又被净土宗奉为"莲社五祖"。绍圣二年(1095)宗赜住持真定府洪济禅院,史称"洪济宗赜"。其时,禅林多依循百丈所制禅门规式,但毕竟沿袭日久且文本散佚,加上禅林组织日渐庞大,管理事务更加庞杂,各寺制宜损益,规则难免混乱:

> ……而况丛林蔓衍,转见不堪;加之法令滋彰,事更多矣。
(《禅苑清规序》)

作为一院住持,宗赜深感戒规废弛,管理缺乏准绳。为"庄严法社",宗赜广泛征求各方有识之士意见,搜集各大禅苑清规制度——"佥谋开士,遮搋诸方""凡有补于见闻,悉备陈于纲目"。如此,历时五年完成《禅苑清规》编制。

《禅苑清规》十卷是迄今最早的完整版清规。其中,卷一、二为禅僧初入丛林以及日常生活起居、禅修所应掌握和遵守的基本戒律和仪轨;卷三、四为寺院事务分工、僧职职责及仪规;卷五、六为寺院禅务活动、僧众及僧俗往来的茶汤礼,以及钟鼓鱼版的法度律令及其相应仪轨;卷七、八、九、十为僧人圆寂或请长老尊宿等所应遵行的规则,以及一些与宗要相关的短文,如《龟镜文》《坐禅仪》《自警文》《训童行》《劝檀信》《百丈规绳颂》等。卷中所涉禅务几乎都涉茶汤礼,其中卷五、六、七所述的禅务几同于各式茶汤仪轨的介绍,包括:化主(即化主外出化缘的饯送与回还的规制包括煎点)、堂头煎点、僧堂内煎点、知事头首煎点、入寮腊次煎点、众中特为

煎点、众中特为尊长煎点、下头首（即头首卸任时的煎点）、法眷及入室弟子特为堂头煎点，等等。此外，通众煎点烧香法、置食特为、谢茶等，也与煎点茶、汤的具体程式相关。将茶汤礼贯穿于制度设计，正是清规有别于佛教其他宗派的典型标志：

> 丛林以茶汤为盛礼。（［元］《敕修百丈清规》卷七《方丈小座茶汤》）

茶汤礼本诸世俗。从文字记载来看，最早可推溯到晋代：

> 张君举《食檄》：寒温既毕，应下霜华之茗；三爵而终，应下诸蔗、木瓜、元李、杨梅、五味橄榄、悬豹，葵羹各一杯。（陆羽《茶经·七之事》）

客至奉茶，茶后入酒筵，筵后再用汤饮、菜羹。这与宋人朱彧《萍州可谈》记录的北宋茶汤礼俗如出一辙，只当中未有酒宴：

> 今世俗，客至则啜茶，去则啜汤。汤取药材甘香者屑之，或凉或温，未有不用甘草者。此俗遍天下。

禅苑不在世外，自古僧俗同礼。《禅苑清规》以茶礼配行汤礼，既是给过午不食的僧众提供营养补给，也是以世俗茶汤礼接通佛门戒律，因地制宜创设程式、仪轨。

一方面，以茶汤礼的日常实践为导引，规训禅众行、住、坐、卧"四威仪"。

清规卷一相当于入丛林须知，包括受戒、护戒、辨道具、装包、旦过、挂搭、赴粥饭、赴茶汤、请因缘、入室几个方面。新戒僧人在请因缘、入室前，必须接受行、住、坐、卧等基本礼则训练。新戒"或半月堂仪罢，或一二日茶汤罢"，其中"赴粥饭""赴茶汤"就具备这种教习功能。

吃粥饭作为日常生活礼仪，就禅僧出堂入堂、上床下床、行受吃食、取放盏橐等行动举止设定法度、仪轨，包括 16 个"不得"：

> 不得挑钵中央食；无病不得为己索羹饭；不得以饭覆羹更望

得;不得视比座钵,中起嫌心,当系钵想食;不得大抟饭食;不得张口待饭食;不得含食语;不得抟饭掷口中;不得遗落饭食;不得频饭食;不得嚼饭作声;不得噏饭食;不得舌舐食;不得振手食;不得手把散饭食;不得污手捉食器。

此外,还要充分考虑与禅众的和合关系,突出静默、谦让、仔细、安详和利他的相处原则:

> 亦不得抓头令风屑堕盂镇中,亦不得摇身捉膝踞坐欠伸及搐鼻作声。如欲嚏歕须当掩鼻,如欲挑牙须当掩口,菜滓果核安镇钵后屏处,以避邻位之嫌。如邻位钵中有余食及果子,虽让不得取食。及邻位有怕风之人,不得使扇(如自己怕风,自维那堂外吃食)。或有所须,默然指授,不得高声呼取。

清规中有关吃粥饭种种礼仪,显然脱自中国传统社会的饮馔之礼。又如“法眷及入室弟子特为堂头煎点”中的座次安排,以东南角为主位:

> 住持人已收足乃近前问讯,面西转身香台东过筵外西南角问讯讫,叉手侧立……侍者烧香即向筵外东南角立,以表主礼。

以上主客座次的安排,同样源自周以来的传统礼义:

> ……宾者接人以义者也,故坐于西北。主人者,接人以德厚者也,故坐于东南。(《礼记·乡饮酒义》)

文本多处延引世俗礼则,包括“送客只至筵外一两步,以表客无送客之礼”,等等。

正如世俗茶礼依从饮膳之礼仪,丛林茶(汤)礼、赴粥饭礼亦然。清规中,“赴粥饭”有关入堂出堂、上床下床的仪轨,就与茶汤仪规无二:

> 蹲身踞床坐,然后左手敛后裙衣衬体覆床缘,徐徐垂足而下,不得跨床便下。如堂内大坐茶汤,入堂出堂,上床下床,并如此式。

其余包括闻鼓版赴集、恭谨致礼、举动安详等礼轨、仪则，同样见于茶汤规制、仪则。清规强调茶汤礼为"院门特为"，因而"礼数殷重，受请之人不宜慢易"。在赴茶汤礼之前，禅僧先要辨别熟悉茶器，并掌握茶器装包、放置的方法（见卷一"辨道具""装包"），受到赴茶汤的邀请，为免仓遑错乱以至失礼，僧人要未雨绸缪——"须知先赴某处，次赴某处，后赴某处。闻鼓版声及时先到，明记坐位照牌"。以堂头茶汤为例，"大众集，侍者问讯请入，随首座依位而立"，此时住持人向禅众合掌敬揖，示意茶汤礼正式开始。其间，禅众动静举止皆要遵循程式和仪轨：

1. 就坐

　　住持人揖，乃收袈裟安详就座。弃鞋不得参差，收足不得令椅子作声；正身端坐不得背靠椅子，袈裟覆膝，坐具垂面前，俨然叉手朝揖主人。

2. 仪容

　　常以偏衫覆衣袖，及不得露腕。热即叉手在外，寒即叉手在内。仍以右大指压左衫袖，左第二指压右衫袖。侍者问讯烧香，所以代住持人法事，常宜恭谨待之。

3. 取盏橐

　　安详取盏橐，两手当胸执之，不得放手近下，亦不得太高，若上下相看一样齐等，则为大妙。

4. 敬揖

　　当须特为之人专看，主人顾揖，然后揖上下间。

5. 吃茶

　　吃茶不得吹茶，不得掉盏，不得呼呻作声，取放盏橐不得敲磕。如先放盏者，盘后安之，以次挨排不得错乱。右手请茶药擎之，候行遍相揖罢方吃，不得张口掷入，亦不得咬令作声。

一碗茶的诗礼禅

6. 离位谢茶

　　茶罢离位,安详下足。问讯讫,随大众出。特为之人须当略进
前一两步问讯主人,以表谢茶之礼。行须威仪庠序,不得急行大步
及拖鞋踏地作声。主人若送回,有问讯致恭而退,然后次第赴库下
及诸寮茶汤。

整个过程,"寮中客位并诸处特为茶汤,并不得语笑",要保持庄严、静默、安详、
恭谨;住持人"亦不宜对众作色嗔怒"。

禅林的茶汤会因为特为人之不同,相关程序步骤有所差别,所应遵循的基本仪
程包括作揖、跪拜、持香、烧香、念诵、吃饭、吃茶、站位、迎送、礼谢、搭衣、展具、参
禅等等,无一不要合仪轨、遵法度、具威仪。如此,禅众的日常起居与寺院的禅务活
动都化作了一场行、住、坐、卧的修行。在这一层面的清规茶礼,其于持戒修身、寺
庙管理、整顿丛林的功能,与儒家"俗礼"之修齐治平的目标和功能是一致的,也确
使丛林秩序井然、威仪万千。北宋理学家程颢在定林寺观斋堂仪,因"见趋进揖逊
之盛"而感叹:

　　三代礼乐,尽在是矣。([宋]吴曾《能改斋漫录·记事一》)

北宋赞宁在《大宋僧史略》中,就将清规与儒家礼乐征伐相类比。南宋后湖惟
勉亦将清规视同儒家礼制:

　　吾氏之有清规,犹儒家之有礼经。(《咸淳清规·序》)

并强调其与时代的适应性——"礼者从宜,因时损益"。

另一方面,以茶礼的高度仪式化推动禅寺管理全面程式化、严密组织化。

如果说,禅和禅宗的区别在于,后者是高度仪式化并以宗教为目的的组织,而
前者只是哲学,那么,禅宗与其他佛教宗门的区别,在于禅宗活动独特标示性的、高
度仪式化的形式表达。禅门将佛法要义寄托于茶,由此形成以"茶"为要素的禅务
活动程式、仪轨。禅门茶礼以宗教为目的,使得这些程式和礼仪具有庄严、肃穆、神

圣的超道德意味,这是与世俗茶礼最根本的区别。《禅苑清规》共78条目,其中48条目涉及茶汤礼,包括受戒、挂搭、上堂、念诵、小参、普请、迎送、诸节斋会乃至迁化等。这种渗透禅众的日常生活起居以及禅务活动的茶汤礼,其高度的仪式化是依靠严密的组织性和精细的程式化来实现的。

首先,明确寺僧职责分工。

《禅苑清规》中"龟镜文"明确禅林僧职是服务众僧——"自尔丛林之设,要之本为众僧"。为使众僧"万事无忧,一心为道",对禅林事务作明细分工并安排专人具体负责,包括长老、首座、监院、维那、典座、直岁、库头、书状、藏主、知客、侍者、寮主、堂主、浴主水头、炭头炉头、街坊化主、园头磨头庄主,以及净头、净人等二十多项僧职。其中"堂主",即是"为众僧供侍汤药"的僧职。另在卷九的"沙弥受戒文"中,根据作务分工,另有打钟行者、门子行者、堂头库下茶头行者、园头行者、守护行者、车头行者等,其中"堂头库下茶头行者"的作务就是"常宜照管火烛及点捡茶汤"。

其次,确立禅务活动的不同规制。

因佛事、祭奠、应酬、议事等内容不同,茶礼的规制也各不相同,尤以围绕结夏、解夏、冬至、新年开展的"四节茶(汤)礼"为茶礼的最高规格:

> 丛林冬夏两节最重,当留意检举。([宋]金华惟勉《丛林校定清规总要》)

文中"冬夏"即指"四节"。根据佛教传统,禅林每年农历的四月十五日至七月十五日,是禅众聚居一处精修并禁止外出的日子。安居的首日,称为"结夏",结束之日称为"解夏"。《禅苑清规》中的"冬年人事",其中"冬年"即为冬至和新年的省约。"四节茶(汤)礼"作为宋代禅寺完整的茶会程式和仪轨,为其余茶汤礼提供损益权变的准绳。如,元代《敕修百丈清规》就言职事茶和新到僧人的挂搭茶礼——"并与四节特为礼同"。

最后,制定精细的程式、仪轨。

"四节茶(汤)礼"一般举行三日,故而又叫"三日茶汤"。以"结夏"为例,在正节日的前一日四月十四日到四月十六日,由寺院堂头、库司、首座先后主办,为下一级

一碗茶的诗礼禅

职级者或首座和大众举行的茶会盛典：

> 堂头库司首座次第就堂煎点，然后堂头特为知事、头首，请首
> 座大众相伴。次日，库司特为书记头首已下，请首座大众相伴。然
> 后，首座就寮特为知事头首，请众相伴。自余维那已下诸头首退院
> 长老立僧首座，特为知事、头首就本寮煎点。

各式茶汤礼仪程序基本相同，只是在请客步骤、规格上略有差异。基本仪程
如下：

1. 榜状礼请

丛林茶会均要以榜、状的形式发出邀请并张贴。茶榜状由书状（亦称书记）按
照格式规范书写，具体见卷中"僧堂内煎点"的相关表述：

> 堂内煎点之法，堂头库司用榜，首座用状。令行者以箱复托
> 之，侍者或监院或首座呈特为人。礼请讫，贴僧堂门颊（堂头榜在
> 上间，若知事、首座在下间）。

榜状都有固定格式，其中堂头结夏茶榜：

> 堂头和尚今晨斋退，就云堂煎点。特为首座、大众聊表结制之
> 仪，兼请诸知事光伴。今月日。侍者某人敬白。

库司结夏茶榜：

> 库司今晨斋退，就云堂点茶。特为首座大众聊表结制之仪。伏
> 望众慈，同垂光降。今月日。库司比丘某甲敬白。

首座结夏状：

> 首座比丘某。右某启。取今晨斋后，就云堂点茶。特为书记、
> 大众聊表结制之仪，仍请诸知事。伏望众慈，同垂光降。谨状。月
> 日。首座比丘某状。封皮云：状请书记、大众。首座比丘某甲
> 谨封。

榜、状的相关语词随煎点明目作相应调整。宋元清规,礼请的规范进一步细化,如南宋《入众须知》《丛林校定清规总要》等,就根据不同的茶汤会,制定出各式茶汤榜状格式,如"知事请新住持特为茶汤状式""住持请新首座特为茶榜式""四节茶汤榜状式""夏前请新挂搭特为茶单式""头首点众寮江湖茶请目式"等。《敕修百丈清规》还规定要开列茶汤礼请的名单,由侍者通报,谓之"清单"等等。

2. 提前报禀

茶汤会一般提前一天或于早粥前报禀,并提举行者做好各方面准备工作:

> 侍者夜参或粥前禀覆堂头,来日或斋后合为某人特为煎点。斋前提举行者准备汤饼(换水烧汤)、盏橐、茶盘(打洗光洁)、香花、坐位、茶药、照牌、煞茶。诸事已办,仔细请客。于所请客,躬身问讯云:堂头斋后特为某人点茶,闻鼓声请赴。(见卷五"堂头煎点")

3. 坐位照牌

"赴茶汤"礼,明确僧众要预先"明记坐位照牌,免致仓遑错乱"。《禅苑清规》对座位照牌未作详尽说明。《小丛林略清规》附有一张"煎点座位图",并一段文字说明:

> 座牌随众多少、室广隘,案不拘图式也。先定众几员而排,座牌即依此造。照牌图,其法画室图形,以小笺书众名,随位排贴之,一如座牌。

《丛林校定清规总要》则详细绘制了"四节住持特为首座大众僧堂茶图""四节知事特为首座大众僧堂茶汤之图""四节前堂特为后堂大众僧堂茶图"等八幅茶汤会座牌图。由此可知,照牌图即附有礼请人员名单的茶会座次绘制图。从座牌设置分析来看,一般根据茶会主题,依照主客、腊次、僧职来排定座次席位,在此基础上,再视人数多少和室内空间大小作适当调整。

4. 鼓版集客

寺院法堂西北角设鼓,以击打次数、声音长促表达不同的律令——"凡闻钟鼓鱼版,须知所为"。卷六"集众"专门介绍寺院钟鼓鱼版的法度律令,言及"浴鼓茶鼓普请鼓之法"的不同律令与程序。以"茶鼓"法为例：

> （集客前）侍者先上方丈照管香炉位，次如汤瓶衮盏橐办。行者
> 齐布茶讫（香台只安香炉、香合，药楪、茶盏各安一处），报覆住持人。

准备工作一切安妥，方可打茶鼓。又如"堂头煎点"强调打鼓或打版均不宜
太早：

> 若茶未辨而先打鼓，则众人久坐生恼。若库司打鼓、诸寮打
> 版，并详此意不宜太早。

待全部客人差不多到齐，并陆续由侍者敬揖引入，才可停止击鼓：

> 众客集，侍者揖入（方可煞鼓）。

5. 茶吃三巡

众僧入堂，行法事人"入堂烧香大展三拜巡堂请众"，待众僧坐定，启动吃茶仪
程。茶汤会不仅吃茶、吃汤，还吃养生的茶药丸或点心之类，简称"药"。以"僧堂内
煎点"为例，吃茶的过程配合巡堂仪式进行，至少三巡。

第一巡：

> 行法事人先于前门，南颊朝圣僧叉手侧立，徐问讯；离本位，于
> 圣僧前当面问讯罢，次到炉前问讯；开香合左手上香罢，略退身问
> 讯讫。次至后门特为处问讯，面南转身却到圣僧前当面问讯；面北
> 转身问讯住持人，以次巡堂至后门北颊版头曲身问讯，至南颊版头
> 亦曲身问讯；如堂外依上下间问讯，却入堂内圣僧前问讯。退身依
> 旧位问讯叉手而立。茶遍浇汤，却来近前当面问讯，乃请先吃茶
> 也，汤瓶出。

第二巡：

> 次巡堂劝茶，如第一翻。问讯巡堂俱不烧香而已。

第三巡：

依前烧香问讯特为人罢,却来圣僧前大展三拜巡堂一匝,依位
而立,行药罢。近前当面问讯,仍请吃药也,次乃行茶浇汤,又问讯
请先吃茶。如煎汤瓶出,依前问讯巡堂再劝茶,茶罢依位立。

"问讯",即合掌曲躬而请问其起居安否。堂内堂外的巡堂以僧堂供奉的圣僧
龛为中心环绕展开,配合问讯、烧香礼请僧众吃茶。姚秦弘始四年,鸠摩罗什译《大
智度论》卷十记载有身、心两种问讯法——若言是否少恼少患,称为问讯身;若言安
乐否,称为问讯心。发展到后世,问讯简化为合掌低头敬揖。

"香为佛使"。烧香,除了表达对特为人的礼敬,还有遍请十方凡圣之意。"堂
头煎点"特说明烧香之法,并注明:

……及请香以表殷重之礼。今香台边向住持人问讯,乃表请香
之礼意者也。

与"酒要三巡,菜过五味"的饮膳礼俗相通,禅茶同样以"三巡"代表崇高的礼
遇,但在后世有所简化。元以后,简化版的"四节日巡堂礼"传到日本,并保留至今:

凡僧堂三巡之礼,第一巡揖座,第二巡揖香,第三巡揖茶。
([日]清拙正澄《大鉴清规》)
旧说,四节汤名"三巡汤"。忠曰:四节大小座汤皆有三巡问
讯,问揖座、揖香、揖汤也。([日]无著道忠《禅林象器笺》第二十五
类《饮啖门·巡堂》)

茶礼的最后是谢茶、送客。

禅门各式煎点茶汤之礼,实为禅众居常、待客的茶会,甚至在"众中特为尊长煎
点""堂头煎点""法眷及入室弟子特为堂头煎点"等处,直接以"筵"来表述茶会、茶
礼。日本禅茶以宋代径山茶宴为宗,然溯溪寻源,唐宋以来的禅门茶礼才是渊薮。

　　　　　　　　　　　　　　　　　　一碗茶的诗礼禅

【禅篇】

茶禅味道

不知香积寺,数里入云峰。

古木无人径,深山何处钟。

泉声咽危石,日色冷青松。

薄暮空潭曲,安禅制毒龙。

——[唐]王维《过香积寺》

  中国文化把关乎形而上的思想围绕一个概念集中起来,叫作"道"。道生万物,道在万物之中,万物有道,是中国人的世界观;格物致知、鉴物显理、以物载道,是中国人的方法论。中国人围绕处理与自己、与他者、与整个客观世界的关系形成的一整套做人做事办法与原则,都是围绕"道(理)"展开的。

  道,作为中国传统文化的渊源,是中国人学问的终极。"中岁颇好道"(《终南别业》)、"安禅制毒龙"(《过香积寺》),是王维的生命信仰,也是传统文人的人生归处。中国"载道"传统扎根于传统"天人合一"的宇宙生命观——通过形而下的形式、方法、程式、仪轨、器具等,传递人寄寓其上的价值、态度、情感以及信仰等等。从这个意义上来说,茶道在本质上和传统的诗道、书道、画道等艺术并无不同——所谓的艺术,不过是对自然天道的领悟与表达,是"道法自然"的模拟与表现,是君子"志于道、据于德、依于仁,游于艺"的行道实践。因此,中国文化从来把艺术视作

"有意味的形式"，而艺术本身是一个关乎灵性妙悟、德性修养、精神旨趣的合命题。

茶道之"道"是滋味，也是意味；品味由舌至心，体会"味"中之"道"！

问道与修道

一枪茶，二旗茶。休献机心名利家，无眠为作差。

无为茶，自然茶。天赐休心与道家，无眠功行加。

——［金］马丹阳《长思仙·茶》

中国传统的学问都是问"道"的。然而，"道"不可说，一说则成第二义——"道可道也，非恒道也"（帛书《道德经》）。《庄子·知北游》借狂屈、黄帝之口，作了同样的表述：

狂屈曰："唉！予知之，将语若。中欲言而忘其所欲言。"

黄帝曰："无思无虑始知道，无处无服始安道，无从无道始得道。"

"道"虽无所不在，但"不当名""不可闻""不可见""不可言"。在禅宗，对于"什么是佛祖西来意"等类似禅机、禅理，所有的公案都是"指月之指"。南岳怀让就六祖慧能有关佛祖西来意的问题无言以对，修禅八年忽有所悟，却依然口不能言：

祖（慧能）曰："甚么物恁么来？"师（南岳怀让）无语。遂经八载，忽然有省。乃白祖曰："某甲有个会处。"祖曰："作么生？"师曰："说似一物即不中。"（《五灯会元》卷二）

怀让说，他悟到了那个"道"，可一但表达出来就又不是心中所思所想。

有意思的是，类似的问答也常见于西方圣哲的对话。柏拉图、苏格拉底与诡辩派学者希庇阿斯就"美是什么"展开了一段著名对话。在回答"什么是美"这一问题时，一般人只是列举"美的小姐""美的母马"之类，那些给人某种物质的或精神的满足,或者恰当、有用、有益等价值,抑或引起视、听等感官快感的物事……但这些都只是美的表象,并未回答"美的本质"问题。最后,只能得出结论——"美是难的"(《大希庇阿斯》)。在被问到"时间是什么"的时候,希腊哲学家圣·奥古斯丁的回答和狂屈、怀让一样:

> 如果没有人问我,我本来很清楚地知道它是什么,可是一旦被问,而我想要向提问者加以说明的时候,我倒觉得茫然不知了。(《忏悔录》)

对本质的探求,可谓"知者不言,言者不知"(《庄子·知北游》)。然而,人俯仰日月星辰、山河大地,感受寒来暑往、朝露暮风,察看鱼跃龟藏、鸟鸣花开……一切都是那么井然有序而又变幻不拘,似乎有某种神秘的力量在背后操纵着。人们无法抑制对眼前的神奇发出终极的追问——人类对真理发出的第一声追问,正是破开浑蒙的第一道曙光。事实上,无论是宗教、哲学还是科学,都是人类从不同角度对宇宙本体发出的追问与解答。人类不懈的追问和艰难的探索,在至深至静的漆黑宇宙留下闪烁的星光,那是人类的灿烂文明。

"道"和"上帝"与其说是人类找出的终极答案,不如说是给自己出的一道终极命题,而人类永远在寻找答案的路上。作为中国文化系统里一个十分重要而独特的观念,"道"为终极追问提供终极答案,内涵中国古先哲对宇宙生成、演化的觉知与探索。

宇宙生发的道

和世界上所有的古老文明一样,中国古老的文明在有文字记载的历史之前都是口耳相传的朦胧记忆,其源头是从传说开始的。

作为汉文化起源的河图、洛书,传说由龙马与神龟驮来。先哲认为那些抽象符号是对造化的模拟,蕴含宇宙本体以及万物生灭变化的终极奥秘。围绕这组神秘符号的研究、推演与运用,构成"易"(道)文化系统。伏羲的先天八卦,是河图洛书知识化的第一步——通过八个卦象来归纳并演绎先天世界的生成和后天世界的变化。周文王与周公演后天八卦完成第二步——通过卦象的叠加，模拟更加错综复杂的变化，并以此来定吉凶，指导人道实践。春秋诸子百家是第三步——推动"易道"贯彻指导政治、哲学、农工、医药等人道社会实践的方方面面。其中，老子著《道德经》，总结道之体用原理与宗则；孔子为《周易》作"传"，注解经文，就卜筮原理、功用等各方面进行论述，形成《文言》、《彖传》上下、《象传》上下、《系辞传》上下、《说卦传》、《序卦传》、《杂卦传》共七种十篇，称为"十翼"。这些围绕宇宙本体及其运行(造化)、运用的学问体系，成为中国文化的"大道之源""群经之首""学问之母"。

在"道"的学问体系中，"易"以造化的外显——"象"，作为最重要的研析对象：

其一，在方法运用层面，直接用于指导人道实践，即通过"卜筮"得到的"象"，从中窥见造化的设定，以趋利避害、趋吉避凶。就"卜筮"而言，作为"术"(方法)，只是"易"在方法层面的"运用"；而卜筮是否"灵验"，亦即方法是否管用，则反过来证明"易"理的真实不虚。

其二，在形而上层面，分析并把握其内在的规律性，全面挖掘其对于人道实践的道德与方法论价值。围绕"象"，中国人从"数""理""气"等不同层面，对其进行解构分析，进而形成天地人、阴阳、五行、中和等基本概念，形成中国人思想、思维方式。

在中国文化体系中，如果说，"易"是对造化的模拟与演绎，那么，"道"就是对造化的命名。对现象世界的解释需要从命名开始，换句话说，命名是为了言说的需要或方便。老子说，他根据"其大无外，其小无内"的形象，勉强给它取个"名"，叫作"大"；又根据它"周行而不殆"的运行特点，取个"字"，叫作"道"：

> 有物混成，先天地生，寂兮寥兮，独立而不改，周行而不殆，可以为天下母，吾不知其名，字之曰道，强为之名曰大。(《道德经》)

这个"道"，涵盖造化的"体""用"两个方面。中国古老的学问无不是问道之学，诸子百家之别不过是因为各家"同途殊归"——学以致用的方向或者说侧重点各不相同。对"道"的追问、理解、遵循和运用，形成"天人合一"的宇宙生命观(简称"天人观")，涵盖了中国人一整套的宗教观、生命观、价值观和伦理观，构成了中国文化的骨架和源流。

作为"造化"的命名,"道"回答的第一问题是——宇宙从哪里来?

"宇宙"是空间与时间的总和。宇,是实际存在的空间,但并没有一个固定不变的处所;宙,是久远绵长但又没有开始与结束的时间:

> 上下四方曰宇,往古来今曰宙。(先秦杂家《尸子》)
>
> 有实而无乎处者,宇也;有长而无本剽者,宙也。(《庄子·杂篇·庚桑楚》)

宇宙的发生是终极的追问,中国先哲都同意它是有一个开端的——"天下有始,以为天下母"(《道德经》),并且是"无中生有"的:

> 天下万物生于有,有生于无。(《道德经》)
>
> 乾知大始,坤作万物。(《易传·系辞上》)

古先哲认为,在物质世界诞生之前,先有宇宙万物创生的极致之"理"(道),后天的物质世界循"道"而生;宇宙诞生初始还没有具体的物象,是一个混沌的整体,蕴含万物的本源。这是一个言语很难描述的存在,但出于言说的需要,姑且命名"太极":

> 太极,谓天地未分之前,元气混而为一,即是太初、太一也。([唐]孔颖达《五经正义》)
>
> 事事物物,皆有个极,是道理极致。……总天地万物之理便是太极。([宋]朱熹《朱子语类》)

先天世界于无名无相中,有个至极之"道"(理),谓之"无极";后天物质世界于有名有相中,有个终极的本源或道理的至极与总和,谓之"太极"。

当然,"无"未尝不有"虚无"之意。庄子为此发出一连串的终极追问:

> 有始也者,有未始有始也者,有未始有夫未始有始也者。有有也者,有无也者,有未始有无也者,有未始有夫未始有无也者。俄

而有无矣,而未知有无之果孰有孰无也。(《庄子·齐物论》)

简单来说,大约是——如果是上帝创造了万物,那么上帝又是从哪里来的?……如此推算下去,永远找不到真正的开始。或如庄子所说,并不存在终极的第一因。中国文化以"五行"终始、佛家以"因果定律"为宇宙生灭变化的不变法则。

总之,"道"以其"生"的功能,为中国文化关乎宇宙发生、万物初始的问题提供了终极的答案。

作为"造化"的命名,"道"回答的第二问题是——万物如何生化?

如果说,"道"作为造化的别名(字),内涵造化的功能及其轨迹、理路,那么,"易"则直接指向造化"生灭变化"的本质属性——"生生之谓'易'"(《易传·系辞上》)。中国关于"易""道"的学问中,不仅回答了宇宙生命的来处,还就"如何生"给出唯一的答案、一致的解释:

> 道生一,一生二,二生三,三生万物。(《道德经》)
> 是故易有太极,是生两仪,两仪生四象,四象生八卦。(《易传·系辞上》)

宇宙万物是"无中生有"而来,其中"无"(易、道)即是"○","太极"即是"一","两仪"即是"二"(两仪、阴阳、二元)。后天"有"界的生灭变化,都是阴阳的消长——"一阴一阳之谓道"(《易传·系辞上》)。两仪(二元)无处不在,不可拘泥于"阴"和"阳"的名相——"名可名也,非恒名也"(帛书《道德经》)。两仪由对立而统一,"统一"即"和谐",由此生出"三";两仪消长之变有四种基本类型,即"四象"——少阳(阳阴、木、东)、老阳(阳阳、火、南)、少阴(阴阳、金、西)、老阴(阴阴、水、北)。万物都是阴阳变化出来的"象",归纳起来不过八大类,即"八卦"。等等。

在"道"这个"生灭变化"的逻辑中,"○"是先于"有"界而存在的造化之理(真理)的总和。"一"是不变的本体,是两仪变化的中轴,故又被叫作"中"。对立的两仪之所以能够"生",是因为通过"和"(即统一),消解了矛盾。"中""和"作为宇宙发生思想的高度抽象与总结,是先秦诸子的基本思想与思维方式:

一碗茶的诗礼禅

万物负阴而抱阳，冲气以为和。（《道德经》）

中也者，天下之大本也；和也者，天下之达道也；致中和，天地位焉，万物育焉。（《礼记·中庸》）

一上一下，以和为量，浮游乎万物之祖。（《庄子·山木》）

道家"抱元守一"，以动静、刚柔、损益等来说道；儒家"执中贯一"，以仁义、礼乐、忠恕等来说道，都不过是"中"与"和"的演绎与运用。

中国文化中的"道"相当于西方文化中的"上帝"，作为宇宙万物的最高主宰，为人类的终极追问提供答案。

万物之中的道

在中国的先哲们看来，既然"道"生出了宇宙万物，也就是说，"道"是宇宙万物的"母亲"，"宇宙万物"是"道"之子（仔、籽），那么，"道"在"生"的同时，也把自己朴散在它所生的"宇宙万物"之中：

道生之而德畜之，物形之而器成之。（帛书《道德经》）

如此，则意味着两个方面：

第一，道生万物，则道遍布万物、无处不在，并贯彻始终。

对于这个结论，中国文化的宇宙发生论以"炁化论"来解说。"炁"是道生的"一"，即万物的初始。就这个"万物的初始"，老子作进一步分析，把"无名"的"道"视作万物之"始"，把"道"生出的一，即可以命名的"炁"，看作万物之"母"：

无名万物之始也，有名万物之母也。（帛书《道德经》）

先天一"炁"之所以是"一"，是因为它是"元气"，不同于后天已经阴阳二分的"气"。"元气"之"炁"混沌未分，是先天世界的"元物质""能量"，是宇宙万物的本源。老子描述了这个后天万有世界的"胎始"之气、象：

> 道之为物，唯恍唯惚。惚兮恍兮，中有象兮；恍兮惚兮，中有物兮。窈兮冥兮，中有精兮，其精甚真，其中有信。（帛书《道德经》）

作为宇宙万物的本源和元物质，"炁"分裂为阴阳，阴阳二气的消长主导后天世界的生灭变化。所以，在中国文化看来，宇宙的发生是"炁"之生化，宇宙万有是一个气化的现象世界，万物生灭变化不过是"气"之生化所呈现之"象"：

> 气始而生化，气散而有形，气布而蕃育，气终而象变，其致一也。（《黄帝内经·素问·五常政大论》）

> 精气为物。（《易传·系辞上》。孔颖达疏："谓阴阳精灵之气，氤氲积聚而为万物也。"）

> 察其始而本无生，非徒无生也而本无形，非徒无形也而本无气。杂呼芒芴之间，变而有气，气变而有形，形变而有生。（《庄子·至乐》）

庄子在《知北游》中揭示"人之生，气之聚也；聚则为生，散则为死"，指出现象世界背后"通天下一气"的本质：

> 六合为巨，未离其内；秋豪为小，待之成体；天下莫不沉浮，终身不故；阴阳四时运行，各得其序；惛然若亡而存，油然不形而神，万物畜而不知。此之谓本根，可以观于天矣！

万物的"本"是"一"、是"炁"，"根"是"○"、是"道"。它"其大无外，其小无内"（《吕氏春秋·下贤》），以"六合"之大、秋毫之小，天下的起伏变化、四时的有序轮替，都无一例外，全是它的杰作；它无形无质，无时无刻不在发挥它神奇的作用；它蓄养万物，而万物却对其茫然无知；它无处不在，存在于一切事物之中，贯穿于万物生灭变化的始终。

第二，道生万物，则"道"就在万物之中，成为万物的道（德、属性）。

在这个"气（炁）化"的现象世界，气变象（形）变，万象无时无刻不在更新。与此同时，气之"变"非胡乱之变，而是有其内在的规定性——"道"。也就是说，既然是

道生万物,那么道便在万物之中;道生一物,则道已在此一物之中。具体来说:

其一,万物禀气而生,而万物之所以不同,皆因所"禀"之气各不相同。

当"一"生出"二",即一"炁"分化为阴阳两仪,两仪的消长之变根据阴阳二气的变量及其运行方向,可归纳为少阳、老阳、少阴、老阴四大形态,亦即"四象"。如此,万事万物都可以在这个四象分割的圆周中找到自己的位置,而每一个位置都代表其独特的"气"——决定一物之所以为此一物的本质属性。中国文化把这个由先天一炁遍布万物并于每个个体呈现出来的局部的、不完整的部分,叫作"德"——"德者,得也"(《礼记·乐记》),揭示万物的属性得自"道",是"道"的一部分:

德者道之舍,物得以生,生知得以职道之精。故德者,得也。
(《管子》)

显然,这个"德"是诏示"道"的,即道生此一物所蕴含的"道",即普遍性之中的个体特殊性——或多或寡,或厚或薄,或清或浊……没有绝对的均等一致,每一物都具有区别于他物的特殊性。这是中国先哲对世界上为什么没有一片相同的树叶、没有一枚相同的指纹的认识和解释。

其二,万物之象形皆由气变而来,而气的变动运行遵循"道"的设定。

"道"作为造化的别名,同时指向其可被了解、效仿并实践的规律属性。中国文化透过森罗万象,揭示它的作用原理、定律、轨迹:

一阴一阳之谓道,继之者善也,成之者性也。(《易传·系辞上》)

物质世界是"二元"(阴阳、两仪、矛盾)对立的客观世界。阴、阳实为一体两面——皆出于本体的"一",两仪时刻处于此消彼长、变动不拘的状态,万物的孕育生长都是其过程与结果。同时,阴阳消长还有其森严的定律,循环往复,一如一年四季的轮替:

春夏先,秋冬后,四时之序也。(《庄子·天道》)

万变背后是不变的"道",其行迹如四季之轮替,亘古恒常、四海皆准,中国文化把这就叫"信",你只要懂得,就能等到,就好比履约践信,这就是道之"情":

道之为物……其精甚真,其中有信。(《道德经》)

夫道有情有信,无为无形……(《庄子·大宗师》)

后天"有"界,道在"万有"(万事万物)之中,万事万物都是阴阳对立统一的过程与结果:

万物负阴而抱阳,冲气以为和。(《道德经》)

阴阳的对立与统一,有其自身不变的规律性。道家立说,全在教人如何通透造化"一阴一阳"之道,通过"抱元守一",回归大道,返本归根:

曲则全,枉则直;洼则盈,弊则新;少则得,多则惑。是以圣人抱一为天下式。(《道德经》)

反者道之动,弱者道之用。天下万物生于有,有生于无。(《道德经》)

安危相易,祸福相生,缓急相摩,聚散以成。……穷则反,终则始,此物之所有。(《庄子·则阳》)

儒家立足人道,以"仁义"立说,执阴阳(仁义、礼乐)对立之两端,以"中"为用,执中贯一,以修人性、正人道、匡天下。如在"义"与"利"之间,因人而异,或以"义"晓谕之,或以"利"明辨之,都是导人以"正":

子曰:"君子喻于义,小人喻于利。"(《论语·里仁》)

见"贤"与"不贤",或为教,或为训,于己皆为格致诚正之心性修养:

子曰:"见贤思齐焉,见不贤而内自省也。"(《论语·里仁》)

万物之中的"道",是对现象世界的解释,是可以言说的道。元人杜道坚就两个层面的"道"作了一番说明:

天,群物之祖;道,天之祖。天不言道,何可言,可言非道欤。曰不可道,不可名,自然之天。常而不变,先天也。可道,可名,生物之天。变而不常,后天也。于以见天。(《道德玄经原旨》)

本体论层面的"道"关乎宇宙万物的来处,是先天的,也是不可言说、不可命名的,又是恒常不变的;而后天物质世界诞生之后的"道",即万物之中的"道",是可以言说、可以命名的,又是变化无常的。但于变化无常之中,可洞察到先天的、恒常不变的"道"。

这个"有情有信"的、可以言说的"道",又被称作"理":

> 理者,成物之文也。(《韩非子·解老》)

作为"道"的理路(纹路),"理"是"道"的外显——一切可以被认知、掌握的关乎"道"运行的轨迹、法则、定律等。从这个意义上来说,"理"的总和就是"道",即总括万物的普遍规律,是宇宙法则的源头和总和:

> 万物各异理,而道尽稽万物之理。(《韩非子·解老》)

同样是终极目的,人格化的"上帝"是用来崇拜的,而"玄之又玄"的"道",是用来探索、觉知的,同时,作为"道德""道理"的渊源和最高准则,用以指导中国人认识和改造世界的一切实践。

中国人敬畏天道,因其玄妙未知;中国人敬畏万物,因"道"在万物之中,"万物有灵"。这样一种哲学精神从本质上来讲更为理性,不像宗教崇拜,科学越发展,上帝的权威越衰弱。

体用合一的道

中国古人的学问都源自对宇宙本体的好奇、追问和回答。俯仰天地,庄子在《天运》篇中发出一系列"天问"——天自运转吗? 地自静止吗? 日月交替是在争夺居所吗? 是谁在主宰这一切? 又是谁在维持这一切? ……最后借巫师咸之口来回答:

> 巫咸招,曰:"来! 吾语女。天有六极五常,帝王顺之则治,逆之则凶。九洛之事,治成德备,监照下土,天下戴之,此谓上皇。"

巫咸说，天道有六合、五常，天下（人道）治理的道理就在其中，帝王要用好它，遵道循理则治，倒行逆施则凶。天下之事功成德备，如阳光普照大地，天下拥戴，这就叫作"上皇"，即至高无上的、天帝（道）的治理。其中，"六极"，指东、南、西、北、上、下六个维度，因其无限延展性故名"六级"；又因六维合成像"盒子"一样的宇宙空间，又名"六合"；"五常"，指金、木、水、火、土，代表阴阳二气结构与运行的五种形态。《孔子家语》的《五帝》篇中，孔子借老子之口指出"五行"是造化功能的运行方式：

> 昔丘也闻诸老聃曰："……天有五行，水火金木土，分时化育，以成万物，其神谓之五帝。"

"五行"作为二气消长的五种态势，是"一阴一阳之谓道"的进一步演绎。宇宙万物的生灭变化是一阴一阳的消长，而阴阳两仪作为本体"一"的两极，或者说，"一"作为阴阳两仪既对立又统一的综合体，是阴阳两仪消长的中轴。如此，这个相对于两极来说的"中"，代表宇宙万物本体的"一"，也是阴阳消长、万变不离的"中轴"。老子说的"反者道之动"，孔子说的"过犹不及"，世人口中的"物极必反"，都是围绕这个"中"来说的。中国先哲认为万事万物无时无刻不在"一阴一阳"的二元对立与统一之中，任何事物一旦失"中"——"过"与"不及"则"偏"，"偏"则失"正"，失"正"则不"平"，不平则动，而"动"又是为了回归到"中"——"中"则"正"，"正"则"平"，"平"则"和"。如此，循环往复。

中国传统的学问于"问道"中来。道，作为一个涵盖造化体用的概念，以"中"为体、以"和"为用，为一切关乎"道"的追问提供终极答案。

在形而上层面，"和"作为天地万物生化流行的法则，也为人道运行提供宗则。

如果说，道的功能是造化，即"生"，那么，"和"则揭示了"生"的奥妙——阴阳和合。换句话说，一阴一阳的消长，只有在达到"和"的状态，才能发挥其"生"的功能：

> 阴阳大化，风雨博施，万物各得其和以生。（《荀子·天论》）

和，即不同类事物关系处于和谐、调和、中和、和合的关系状态，既是阴阳两仪（矛盾双方）的对立统一，也是阴阳消长、流通的一种动态平衡，是天地造化的法则，

一碗茶的诗礼禅

也是人道效法的宗则：

> 中也者，天下之大本也；和也者，天下之达道也；致中和，天地位焉，万物育焉。（《礼记·中庸》）

> 夫明白于天地之德者，此之谓大本大宗，与天和者也；所以均调天下，与人和者也。与人和者，谓之人乐；与天和者，谓之天乐。（《庄子·天道》）

相较于天道，人性的弱点是人性之私。私欲无节制地放纵不仅是人生的灾难，更是人道的祸源。在这个意义上，老子说，人道要效法天道之"和"：

> 天之道，其犹张弓欤。高者抑之，下者举之；有余者损之，不足者补之。天之道，损有余而补不足。人之道则不然，损不足以奉有余。（《道德经》）

事实上，一个"和"字可以说贯穿中国传统文化关乎身、家、国、天下的全部人道实践：

> 修身而不明此，则无以致吾身之中和。治国而不明此，则无以育天地间之万物。（[元]杜道坚《道德玄经原旨》）

在形而下层面，"和"是以"中"为目的、原则、标准的调节变通之法。

和，在《辞源》中释义为"调""顺""谐""合"等，既是状态，也是方法，即综合协调各种矛盾冲突的两端，以至于中和、和谐、平和。由此可知，"和"，是协和、调和"不同"，是以相异、不同（如阴阳、矛盾）为前提的和合、协调。西周末年周太史史伯以"和实生物，同则不继"揭示"和"与"同"的区别，认为矛盾的冲突与协调，是造化"生"的本质属性，是万物化生的动因，事物发展的规律：

> 以他平他谓之和，故能丰长而物归之。若以同裨同，尽乃弃矣。故先王以土与金、木、水、火杂以成百物。是以和五味以调口……声一无听，色一无文，味一无果，物一不讲。（《国语·郑语》）

"以他平他"即"和不同"，如阴阳交合而种族繁衍；反之，"以同裨同"的同类叠加，是窒息生机，如男男、女女，为同而不"和"，不能"二生三"。后天世界，万事万物都有阴阳（矛盾）的对立面且可无限二分，并以其阴阳二气的量变与趋势不同，作"五行"的归属分类，如，五畜、五谷、五音、五色、五味、五嗅、五脏、五窍、五体、五声等等。道生万物，故而"和"的妙理也贯穿万事万物。从人的角度来说，只要通达"和"的妙理，就能参赞天地、协和阴阳。"艺"作为"道"的运用方法和体现方式，只是"和"的熟练运用罢了，所谓"道艺合一"：

志于道，据于德，依于仁，游于艺。（《论语·述而》）

道一不二，一以贯之。正如，治国无非调和"五情"，做羹汤无非调和"五味"，或损，或益，无非求"和"，若能"以道莅天下"，则"治大国，若烹小鲜"（《道德经》），所以"君子不器"（《论语·为政》），所以"大器免成"（《道德经》）。中国人做人做事的标准、目的只有一个"中"（恰好），或"左"（过）或"右"（不及）都是认识和实践产生的偏差。"一言以蔽之，曰'思无邪'"（《论语·为政》）是《诗经》关乎"中正不偏"的政教德化；"求也退，故进之；由也兼人，故退之"（《论语·先进》）是孔子培养中正君子的因材施教，是"中庸"的运用与实践。

中国人"问道"是为了"知道""得道"，以"道"为"导"，引领人生和人道的实践与发展。所以，"道"还是人道行走的"道路"：

道，所行道也，一达谓之道。（［汉］许慎《说文》）
……推而行之谓之通，举而错（措）之天下之民谓之事业。
（《易传·系辞上》）

人道要走什么"道"？道家道法自然，儒家格物致知，都是从"大道"中去寻找答案。讲无为的道家、讲仁义的儒家、讲非攻的墨家、讲谋略的兵家、讲阴阳五行的阴阳家等诸子百家，都是做"效天法地"的学问，只是各家关乎如何"用"、"用"在何处等问题上各执一端。虽大道同源，然各走各道、各有所归，此之谓"同途殊归"；虽然"归"处不同，然而，同源之"和"是他们共同的精神旨归，分化合流、遍布贯穿于中国传统的政治文化、美学思想、医学理论、天文气象、环境建筑等学术领域，以及琴棋

一碗茶的诗礼禅

书画、生活起居等日常生活领域,构筑了中华民族深层的社会文化心理,可谓"百姓日用而不自知"。

宇宙万象,变化莫测;人生际遇,动止纷纭。中国人将自己对"道"的信仰和领悟,转化为其所理解的价值、规则、秩序或技艺方法等知识体系,用以指导处理自己和世界的关系,并由此形成一整套做人做事的道理和办法。以"和"为精神内核的中国传统文化所内涵的人道觉醒和生命自觉,折射出华夏民族的人文之光。

人生修养的道

问道之学,总是从探讨宇宙本体开始,并最终落脚于人对自身的探索和完善。作为宇宙生命的一部分,人对宇宙生命的看法在根本上决定其世界观、人生观、价值观。在中国文化中,"人"是宇宙的副本,与"天"(道、宇宙精神)合一被视作人生的最高价值和终极意义,并以此为观照形成一整套"天人"观念及其思想体系,其内在理路包括:

其一,"人"是最近"道"的,同时,人又是不完善的。

根据"气化论",和宇宙万物一样,人也是"禀天地之气"而生,与万物的不同,在于所禀之气不同。造化之气由"一"(炁)而"二"(两仪),"五行"作为对两仪之气消长运行与结构的分析概念,被用来推导、演绎这一思想理论,形成"禀气说":

> 故人者,其天地之德,阴阳之交,鬼神之会,五行(金、木、水、火、土)之秀气也。(《礼记·礼运》)
>
> ……是以死生气禀焉。(《韩非子·解老》)
>
> 人禀气而生,含气而长,得贵则贵,得贱则贱。([汉]王充《论衡·命义》)

作为"道"的产物,人和宇宙万物的差别来自秉承"道"或"炁"的不同。作为万物之灵,"人"得到的"道"(炁)是最全、最中和纯粹的。换句话说,"人"是最近"道"的。然而,就"个体的人"来说,同样存在"禀气"的差异性——清浊、偏正、枯旺、强弱、寒热等等,各不相同。对比"道"之全息万有、中和纯正,个体的人所禀之气各有偏颇,有缺"中和"。由此,中国文化提出一个关于"修"的合命题,关乎人格完善、生命的价值、人生的使命与目的等等一系列问题。

其二,道作为真理的总和、最高的意志,为个体生命的自我修行、完善以及人道实践,提供标准、价值、方法以及目的。

"天人合一"是中国文化就人生的一系列问题给出的终极答案,即人以"道"为学习、效仿并不断接近直至"合一"的对象——一方面,以辅佐天地化育万物作为最高的追求与使命;另一方面,以"道"的精神不断自我修正、提升,直至"止于至善"(《礼记·大学》)。儒家把二者合一,表达其通过不断完善自我,与大道合一匡济天下的情怀与使命:

> 唯天下至诚,为能尽其性。能尽其性则能尽人之性;能尽人之性,则能尽物之性;能尽物之性,则可以赞天地之化育;可以赞天地之化育,则可以与天地参矣。(《礼记·中庸》)

以"至诚"之心与"天地"合一,是生命的自我修正与完善,也是参赞天地,成为天、地之后第三个"造物主"的前提。

自我的充分发挥是目的与结果,自我的发展和完善是前提和过程,中国先哲把这个过程叫作"修"。如果说,"道"代表了中国人对天人关系以及生命本身的思考,那么,"修"则表达人通过"道"的修习,不断实现自我的完善与超越。修身、修养、修炼、修行、修道……关乎身、心、灵。无论是道家的"道法自然",还是儒家的"格物致知",都是将天地(道、自然、造化)作为本源。如水满则溢、日升月落、四季更替、生老病死……人们察物知理、循理知道,由是敬天知命、尊道贵德。

人,是中国天人哲学的出发点和落脚处。天道无私,是中国文化对"天""道""自然""造化"精神的归纳与概括。人道效仿天道,以人欲之"私"为人类社会一切祸乱的根源,以天道之"公"为天下(人道)的最高价值与准则:

> 故天之道,损有余而益不足。人之道则不然,损不足而奉有余。

孰能有余而有以取奉于天者乎？唯有道者乎。（帛书《道德经》）

大道之行也，天下为公。选贤与能，讲信修睦。故人不独亲其亲，不独子其子……今大道既隐，天下为家，各亲其亲，各子其子，货力为己……（《礼记·礼运》）

无私，是孔子针对人欲膨胀开出的药方，并以"格物、致知、诚意、正心"为个体完善（修身）的法门，以克除一己之私为自我完善的起点和人道大同的终点：

克己复礼为仁。一日克己复礼，天下归仁焉。（《论语·颜渊》）

以儒家思想为正统的传统社会，无论是小人、君子、贤人、圣人的道德高下，还是士、农、工、商的阶层高低，都是以"私欲"或者说"公心"的多寡作为衡量的准星，关乎"得道"（德）之多寡。在儒家看来，大道化育万物，故以"经世致用""修身、齐家、治国、平天下"，为儒者"参赞天地"的人道实践。其中，"士"，是致力于投身公共事务和公共利益的人——"志于道"，不以"恶衣恶食"为耻（《论语·里仁》）；"君子"，中正不偏、直道而行，是儒家的理想治"政"人格；"贤人"，有德多才，善协调、分配公共利益——"以财分人之谓贤"（《庄子·徐无鬼》），是儒家的理想领导人格；"圣人"，无我无欲、大公无私、以天下之欲为欲，是儒家的最高人格理想。

无为，是道家针对人道全部问题给出的终极答案，因大道自然而然，无为而又无不为：

至人无为，大圣不作，观于天地之谓也。（《庄子·知北游》）

大道废，有仁义。智慧出，有大伪。六亲不和，有孝慈。国家昏乱，有忠臣。（《道德经》）

在老子看来，仁义、智慧、孝慈、忠诚都好比一味药，服一药必有一病，那么反过来也可以说，没有此病，何必服此一药？况且，"万物负阴而抱阳"，强调任何一面，它的对立面就如影随形，如，强调智慧，那么虚伪狡诈就会当道横行，令人难以分辨，欲望蒙蔽的人心是假仁假义、虚伪造作的温床。人心好比一瓶浑浊的水，"无为"不动即是最好的澄澈方法——由静而止，由止而定，由定而虑，由虑而安，如此，则清浊两分，澄心若镜。于个体而言，自然无为是澄心息虑、气化还原、返朴归真、与道合一的方法和过程。有关修道修仙的思想在汉代逐渐被分离出来,通过仪式化、组织化、偶像化,成为用以抗衡外来佛教的道教。

无欲,是佛家专门针对心性修炼给出的方法,人间世的一切苦都来自"欲"——"贪嗔痴"是毒龙,"生、老、病、死、求不得、怨憎会、爱别离、五阴盛"是巨蟒,使人不得渡达彼岸。西来的佛教在两汉魏晋时期经过文人的汉语翻译,其间,借用道家语汇并以老庄思想加以注释的做法,促使佛教逐步中国化、玄学化。佛家所说的"一切众生都有佛性"被作为"道生万物,万物有道"的注脚;"顿悟成佛",作为一种体道的方式,是"天人合一"的另一套说辞。宇宙万物归根结底是混一的整体,没有分别,所谓的分别,只是存了"分别心"——一念为佛,一念为魔。在佛家看来,宇宙万有都是心象,人的生死轮回是因为对宇宙本体的无知,修行的首要是明心见性,即从被"相"蒙蔽的"无明"中觉醒。涅槃成佛就是我心与宇宙(佛)之心的合二为一。

如果说"问道"是人最大的好奇,那么,关乎灵魂的"修道"则可谓人最大的贪念。中国儒释道三家以成圣、成仙、成佛为终极目的,都非纯粹依赖信仰,而是以身心求实证,在这个层面上讨论的"道"与"修",都超越哲学、宗教,所谓的得道成仙、成佛、成圣,都是修而悟道并止于至善者。

对"道"的追问,穷天人之际、究心性之源,形成中国特有的文化生态,两千多年来为中国人提供了一整套的宇宙生命哲学和信仰。对于碌碌红尘中人而言,了解它们也许并不必然增加实际的知识和功用,但是却有助于打开生命的精神通道、灵性空间,进入觉悟状态下的意义世界。

茶道是味道

闻君彭泽住,结构近陶公。
种菊心相似,尝茶味不同。
湖光秋枕上,岳翠夏窗中。
八月东林去,吟香蒟蒻风。
——[唐]齐己《又寄彭泽昼公》

道生万物，故而道就在万物之中，万物有道，万事载道；道无所不包，它既广大高明，又精微平常。中国先哲选择以常事常理常情来论道，尤其是那些最容易被疏忽、漠视的日用、平常，譬如"饮食"。"味"如"道"，若不亲尝，实难言说；若有亲尝，又何须言语。人莫不饮食，故以"味"喻"道"最能会心、启悟。据史料记载，伊尹是最早以"味"说"道"的先圣：

> 汤得伊尹……明日，设朝而见之，说汤以至味。（《吕氏春秋·本味》）

伊尹说，"至味"之道就是以天下各类极品食材为原料的"五味调和"。而天下各类美味食材，"君之国小，不足以具之""非先为天子，不可得而具"，由此劝谏商汤以平天下为己任，举兵讨伐无道之君；进而讽劝其知道、遵道，以道成己：

> 天子不可强为，必先知道。道者止彼在己，己成而天子成，天子成则至味具。（同上）

在伊公的"天子成则至味具"后，有老子"治大国，若烹小鲜"（《道德经》），其后，又有晏子借烹调之"和"论"君臣"之道：

> 和如羹焉，水火醯醢盐梅以烹鱼肉，燀之以薪。宰夫和之，齐之以味，济其不及，以泄其过。君子食之，以平其心。（《左传·昭公二十年》）

治国理政和料理羹汤都离不开"君臣佐使"，其方法、过程、目的、效果都不过是追求一个"和"字。

道以"中"为体，以"和"为用。为了让世人从习以为常的事物理解那些玄之又玄、亘古恒常、须臾不可离的道理——"中庸"（即"中"之"日用"），孔子还是用"味"来论道：

> 人莫不饮食也，鲜能知味也。（《礼记·中庸》）
> 饮食既不知味，则终日中庸，终日反中庸矣。（同上）

饮食作为人须臾不可离的庸常,可说是易知易行,但却很少有人知道味中的道理并按照食物性味而合理地食用。从这个意义上,夫子感叹世人终日不离中庸而不自觉,为人处世也就难免总是背道而驰,并由此感喟大道之不行。在夫子看来,众生若能"格"平常日用,而明"道"知"礼",并因之触类旁通、引而伸之做人做事的种种道理,何尝没有大道行于天下的一天呢。所以,饮食是物理,又何尝不是伦理呢?

禅宗吸收了儒道思想,同样强调在平常事物中"体道",在日用生活中"修道""行道"——"劈柴担水,无非妙道;行住坐卧,皆在道场"(《五灯会元》)。劈柴、担水、春米、开园等日常作务接通尘俗,降低"出世"的意味,以平常事悟平常道、修平常心,其道亦如"饮":

> 道本圆成,不用修证。道非声色,微妙难见。如人饮水,冷暖自知,不可向人说也。唯有如来能知,余人天等类,都不觉知。凡夫智不及,所以有执相。(菩提达摩《血脉论》)

> 某甲虽在黄梅随众,实未省自己面目。今蒙指授入处,如人饮水,冷暖自知,行者即是某甲师也。(《景德传灯录》)

饮茶是滋味,也是"开门七件事"之一,位列柴米油盐之尘俗凡事,故旁通此理。

碌碌红尘中的一碗茶汤,经陆羽改造、历代文人僧道赞咏,不仅跻身琴棋书画诗酒花,成为风雅生活的伴侣,还以儒之"正己"、佛之"菩提"、道之"天真"等诸多灵味,接通道境媒介。一千多年来,中国的一碗茶汤以其"精行俭德"(《茶经·一之源》)、好雅尚洁的品格,被赋予以茶载道、风流化民的"风教"使命,成为社会各阶层的"雅尚""清尚":

> 天下之士,励志清白,竞为闲暇修索之玩。莫不碎玉锵金,啜英咀华,较箧箧之精,争鉴裁之别,虽下士于此时不以蓄茶为羞,可谓盛世之清尚也。([宋]赵佶《大观茶论》)

借此,对于日本茶人桑田中亲所谓"(茶)只有到了日本,才从单纯的趣味、娱乐,前进成为表现日本人日常生活文化的规范和理想"(《茶道的美学》),只用王充

　　　　　　　　　　　　　　　一碗茶的诗礼禅

的话评价其"知今不知古,谓之盲瞽"(《论衡·卷十二·谢短篇》);但仓冈天心对晚近中国人有关饮茶的批评,却不得不躬身承认:

> 对晚近的中国人来说,喝茶不过是喝个味道,与任何特定的人生理念并无关联。国家长久以来的苦难,已经夺走了他们探索生命意义的热情。他们慢慢变得像是现代人了,也就是说,变得既苍老又实际了。那让诗人与古人永葆青春与活力的童真,再也不是中国人托付心灵之所在。他们兼容并蓄,恭顺接受传统世界观与自然神游共生,却不愿全身投入,去征服或者崇拜自然。简言之,就真无需严肃以对。经常地,他们手上那杯茶,依旧美妙地散发出花一般的香气,然而杯中再也不见唐时的浪漫,或宋时的仪礼了。(《茶之书》)

今天的中国人大多已经不明"知道""味道"中的"道"之本意。味觉,作为人的"六根"之一,是人探索、感知、觉受外界的一种方式和途径。在中国文化看来,茶禀天地之气而生,气味千差万别,然有一味,必有一理。品味之道由舌尖出发,格物致知、鉴物显理,直抵大道。故味中之道,可谓理趣玄深。

强舌知物理

茶既为饮品,以"味"入道是不二的法门。味道,在舌尖味蕾,是滋味的觉知;在心头品悟,是此一味中所蕴之理。故,品味之道由舌至心。

品味,首要是知味。
酸、甜、苦、辣、咸是五种基本的滋味,只要味蕾正常的人都可以辨别,还谈不上"知味"。一物一性,一性一味。恰如南橘北枳,只因所禀南北之气不同,性味各异。知味,即了解掌握食材的本味、正味。本味、正味是优秀食材的标准味觉效应,"过"与"不及"都不得其正,不知此则不足于论至味,因至味之道是优秀食材的料理、调理、调和之道。食而不知其味,几乎是常人常态,甚至不被认为是什么毛病,但因此出的问题却不少见。《淮南子》讲了一个食而不知其味的故事,说是有个楚国人做了一锅猴子肉请他的邻居来一起享用,邻居感觉滋味鲜美,以为是狗肉汤,饱餐之后才被告之是猴子肉,于是,立马趴地上吐了个干净。因食不知味,据说苏东坡的爱妾朝云竟为此落下心疾,一病不起,送了性命:

> 广南食蛇,市中鬻蛇羹。东坡妾朝云随谪惠州,尝遣老兵买食之,意谓海鲜。问其名,乃蛇也,哇之,病数月,竟死。([宋]朱彧《萍洲可谈》)

《宋稗类钞》记载了一则王安石不知茶味的趣事,此公当时位虽不高但才高名重,某日到蔡襄府中拜访:

> 君谟闻公至,喜甚,自择绝品亲涤器烹点以饮公。公于夹袋中取消风散一撮投茶瓯中,并食之,君谟失色。公徐曰:"大好茶味。"君谟大笑,且叹公之直率。

知味,就要有"强舌"。

历史上有一些特别精于辨味的高人,堪称"强舌"。易牙名巫,又称作狄牙,专门负责齐桓公的饮食,曾将自己四岁的儿子烹了进献给齐桓公享用。他也是鲁菜之祖,被后世尊为庖厨祖师。易牙善烹饪和他的强大舌识有关。齐国境内有淄、渑两条河流,将两河水放在一起,易牙一尝就能分辨出哪是淄水,哪是渑水:

> 孔子曰:"淄渑之合,易牙尝而知之。"(《吕氏春秋·精谕》)

师旷是春秋晋平公的乐师,博古通今,通晓阴阳术数,被孔子尊为先师。他不仅具有强大的"听识"(是道教神仙体系里的"顺风耳"原型),还兼具强大的气味辨识能力。据史料记载,一日赴晋平公宴客,师旷端起饭碗,就觉察烧饭用的柴火是"劳薪",即废旧木器劈成的柴火:

> 昔师旷食饭,云是劳薪所炊,晋平公使视之,果然车轴。(《北史·王邵传》)

西晋时官至尚书令的荀勖,据说也能从饭食中尝出"劳薪"味儿:

> 荀勖尝在晋武帝坐上食笋进饭,谓在坐人曰:"此是劳薪炊
> 也。"(《世说新语·术解》)

听到的人感到难以置信,一番打听下来,果然"实用故车脚"。《晋书》记载东晋官拜员外散骑侍郎的符朗"……善识味,咸酢及肉皆别所由",不仅善于识味,还能知道形成此味的缘由,因此,"时人咸以为知味":

> 会稽王道子为朗设盛馔,问曰:"关中之食孰若此?"答曰:"皆
> 好,惟盐味少生。"既问宰夫,皆如其言。或人杀鸡以食之。既进,
> 朗曰:"此鸡栖恒(同恒)半露。"检之,皆验。又食鹅肉,知黑白之
> 处。人不信,既而试之,果然。

会稽王司马道子"极江左精肴"宴请符朗,被尝出盐放略少且晚,略有些生盐的味儿。有一次吃鸡,从鸡肉味中得知这只鸡生前"一半露天"的栖息状态。还有一次吃鹅肉,更是品出这只鹅哪个部位长白毛,哪个部位长黑毛……虽然匪夷所思,但白纸黑字记载,这些当场都得到了验证,且毫厘不差。于是中国的品味文化中,继"易牙淄渑"之后,又有了"符朗皂白"与相应和。

真茶人,必善别茶鉴水。

同为饮食,与厨神、食神相若,真茶人必要有强舌。茶圣陆羽就不独善别茶,还善辨水。他品鉴天下名茶,并根据自己的味觉体验,在《茶经·八之出》中将全国产茶之地作了上、中、下的三品排序,又舌辨泉水、江水、井水等天下宜茶之水,同样作了上、中、下的等级排序。唐人张又新在《煎茶水记》中记录有陆羽品鉴天下水的排名,共列二十品。书中还转载了陆羽鉴别扬子南零水的故事。某日,李季卿与陆羽相逢之地正好离天下名泉扬子南零水很近,李说:"今日二妙千载一遇,何旷之乎!"机会难得,命可靠的军士挈瓶"操舟,深诣南零",陆羽则备好茶器具以待:

> 俄水至,陆以勺扬其水曰:"江则江矣。非南零者,似临岸之
> 水。"使曰:"某棹舟深入,见者累百,敢虚绐乎?"陆不言,既而倾诸

盆,至半,陆遽止之,又以勺扬之曰:"自此南零者矣。"使蹴然大骇,驰下曰:"某自南零赍至岸,舟荡覆半,惧其鲜,挹岸水增之。处士之鉴,神鉴也,其敢隐焉!"李与宾从数十人皆大骇愕。

对于陆羽鉴水二十品以及辨别南零江中水与岸边水的记载,后人多有质疑,但陆羽善于辨水却毋庸置疑。

继陆羽后,与卢仝齐名的品茶大家裴汶在其《茶述》中按照茶"味"优劣,也将各地茶产作了品序排列:

> 今宇内为土贡实众,而顾渚、蕲阳、蒙山为上,其次则寿阳、义兴、碧涧、澧湖、衡山,最下有鄱阳、浮梁。今者其精无以尚焉。

五代毛文锡的《茶谱》是中国茶文化史上第一篇为茶叶作谱系的专著,书中记载了当时全国各地茶叶出产情况以及近百种茶叶品名,对其中名品之色、香、味、形等特质作了细致而形象的描述,并就茶叶品质、茶味等一一品评,如:

> (婺州的举岩茶)斤片方细,所出虽少,味极甘芳,煎如碧乳也。
> 涪州出三般茶,宾化最上,制于早春;其次白马;最下涪陵。
> 邛州之临邛、临溪、思安、火井,有早春、火前、火后、嫩芽等上中下茶。

宋代点茶道直接衍生出"品斗"茶汤的游戏,即通过眼观、鼻嗅、舌尝的方法别出茶味的高下。"斗茶"最早兴起于唐代,起初是为了鉴别出茶之优劣,以最优者作为贡茶。如,位于湖州长兴县与常州义兴县的顾渚山所产紫笋茶,因为陆羽的推荐,成为唐代贡品,每年"春风三月贡茶时,尽逐红旌到山里"([唐]李郢《茶山贡焙歌》)。湖州与常州的两州刺史共迎来自朝廷的监贡专使,共同举办"茶宴",并邀请周边同僚、名士品茗酬唱,其间,斗茶辨味也是必不可少的活动之一。白居易某年受邀参加,遗憾卧病不能赴茶宴,"想羡欢宴因寄此诗",作《夜闻贾常州崔湖州茶山境会欢宴》为记:

> 遥闻境会茶山夜,珠翠歌钟俱绕身。

盘下中分两州界，灯前各作一家春。

青娥递舞应争妙，紫笋齐尝各斗新。

自叹花时北窗下，蒲黄酒对病眠人。

这是一场官方举办的斗茶会，也是一场以茶为媒的盛宴，其间，珠翠歌钟，莺歌燕舞，助兴品鉴达人的贡茶品斗选拔。

斗茶斗的是茶品，鉴别的工具却是茶人的"强舌"。味觉敏感、经验丰富的茶人，通过入口的茶汤，即能辨别出关乎茶之品种、产地、采摘时令、工艺好坏、储存环境，以及烹点的技艺等等信息。蔡君谟在北宋被誉为茶中第一知味者。彭乘《墨客挥犀》称"蔡君谟，议茶者莫敢对公发言"，并记有几则蔡君谟品茶辨味的轶事：

建安能仁院有茶生石缝间，寺僧采造，号石岩白，以四饼遗君谟，以四饼遣人走京师遗王禹玉。岁余，君谟被召还阙，访禹玉，命子弟于茶笥内选精品待君谟，君谟捧瓯未尝，辄曰："此茶极似能仁石岩白，公何从得之？"禹玉未信，索茶帖验之，乃服。

一日，福唐蔡叶丞秘教召公啜小团。坐久，复有一客至。公啜而味之曰：非独小团，必有大团杂之。丞惊呼。童曰：本碾造二人茶，继有一客至，造不及，乃以大团兼之。丞神服公之明审。

蔡君谟别茶不独辨味，他还总结出别茶如观人气色之"看相"法：

善别茶者，正加相工之瞟人气色也，隐然察之于内。（《茶录》）

茶叶的外形香气以及制作的工艺等等，这些外在的气色、形貌摆在善于别茶的人眼中，恐怕还用不着舌头，就已然凭借舌头积累的丰富经验初知味之正邪了。宋人宋子安专为建茶著《东溪试茶录》，对同产于建溪的茶叶进行辨味品评、次第排序，指出茶之优劣不仅关乎品种，还与产地紧密相关，可能相差不过咫尺之遥，品质却相去甚远，性味各不相同：

茶喻草木，为灵最矣。去亩步之间，别移其性。

北苑茶作为北宋贡茶基地，壑源茶又是其中翘楚。宋人黄儒于《品茶要录》中

专设一章,论壑源与一岭之隔的沙溪茶之不同性味:

> 其地相背,而中隔一岭,其势无数里之远,然茶产顿殊。

其时,也有人将壑源茶移植到沙溪种植,最终也被沙溪的土气所化。由此,他发出和宋子安同样的感慨:

> 窃尝怪茶之为草,一物尔,其势必由得地而后异。岂水络地脉,偏钟粹于壑源?抑御焙占此大冈巍陇,神物伏护,得其余荫耶?何其甘芳精至而独擅天下也!

二者到底差在何处?黄儒继而给出辨别的方法:

> 凡肉理怯薄,体轻而色黄,试时虽鲜白不能久泛,香薄而味短者,沙溪之品也。凡肉理实厚,体坚而色紫,试时泛盏凝久,香滑而味长者,壑源之品也。

舌识"正味",性辨正邪。

茶之"正味",即茶得天地厚气,茶术妙契茶理,不会"过"与"不及","过犹不及"则不得其"正"。所谓"饮酒看酒庄,品茶品山头"。酒和茶都得天地眷顾,只不过相比较而言,酒庄更突出人工工艺的品控,而茶更强调自身就是天地的宠儿。品斗,在同类茶品中别高下,在不同茶品中分优劣,在同款茶品中较茶艺……是人与茶之间、茶人与茶人之间的独特交流,是茶人对茶汤至味的探索与追求。明以后,饮茶摒弃煎、点,追求真茶、真味、真香、真形的冲泡茶道,推动茶品回归一茶一味。而随着现代种植与制茶工艺的突飞猛进,又进一步推动茶品走向一茶多味,茶汤滋味更加丰盛。

对于大多数人而言,大约只有"好吃"与"不好吃"两种味道,而对于吃的是什么、滋味的细微差别等等诸如此类的问题,似乎并不在意。而"味"中之"道",恰恰是对大部分人不在意的那些问题的深究。因此,"食无定味,适口者珍"就常常被不知味者拉出来作遮羞布。个人的口味与习惯、嗜好、经历有关,但仅以自身觉知和经历作为长短规范,终究主观且狭隘。正如孟子所批判:

饥者甘食，渴者甘饮，是未得饮食之正也，饥渴害之也。（《孟子·尽心上》）

解渴充饥的时候往往如猪食、驴饮，嗜好、习惯多为个人经历或偏好使然，出于本能、欲望的饮食，不得"饮食之正"，即缺乏对食物的客观认知，由此得出"好坏""优劣"之评判不足为客观标准。然则，"真知"往往是那些"说很多话，然后沉默"的人。明人张大复在《梅花草堂笔谈》中记载了冯梦祯的饮茶趣事：

冯开之先生喜饮茶，而好亲劳其事，人或问之，答曰："此事如美人，如古法书画，岂宜落他人手！"闻者叹美之。然先生对客，谈辄不止，童子涤壶以待。会盛谈，未及着茶，时倾白水而进之。先生未尝不欣然自谓得法，客亦不敢不称善也。世号"白水先生"。

"白水先生"于茶是"真知"，这种境界必须先要喝很多茶，而后饮一杯白水亦能怡然如茶，但没有人会笑话他无知。苏东坡说"从来佳茗似佳人"（《次韵曹辅寄壑源试焙新芽》）。美人固然有其美丽，佳茗亦自有其佳味，然而人多有一己之偏私，于是便有了"情人眼里出西施"，但终须明白，斯之谓"情之所钟"，而非放之四海而皆准的绳墨，否则，就是因伛为恭的"真白水先生"了。

中国文化中的"味道"，是中国人于"味"上体会、妙悟的物之性、理。所以，物之"本味""正味""真味"是"道"之"味"，是"自然"之"味"，是"造化"之"味"；得"道"、得"自然"、得"造化"眷顾之物，必禀天地之厚气，成就一物之"正味""至味"。明人陆树声批判世人饮食失其"本味""真味"之"淡"：

都下庖制食物，凡鹅鸭鸡豚类，永远料物炮炙，气息辛浓，已掉本然之味。夫五味主淡，淡则味真。古人偶断羞食淡饭者曰：今天方知真味，素来几为舌本所瞒。（《清暑笔谈》）

人是万物之灵，其感官天生便是用来感受、觉知、探求造化之理的。于品茶而言，只有不囿于自我的口味，才能回归到茶之真味、正味、至味的探求，在"味"中体会造化的本意、真意，以及止于至善的无上道意。

至味得天真

万物皆由道生,又因得"道"之多寡、厚薄、偏倚、清浊等不同,导致物性千差万别。而性与味是物之一体两面,有一性必有一味,故物皆有其本性决定之本味。物性有偏倚,其味亦有正邪。袁枚在《随园食单》中专列"先天须知"一章,说明了解食料的先天本味以及选择食料的重要性:

> 凡物各有先天,如人各有资禀。人性下愚,虽孔孟教之,无益也;物性不良,虽易牙烹之,亦无味也。

美食之道是对至味的追求,而味之极处即是理之极处——既有食材禀天地厚气之正味、正理,亦是人调和五味以致中和、契合造化之真理。明人陈继儒批评世人多"重口味",不知"至味"之道就在平平淡淡之本味、真味:

> 试以真味尝之,如五谷,如菽麦,如瓜果,味皆淡,此可见寰宇养人之本意,至味皆在淡中。今人务为浓重者,殆掉其味之正邪?(《摄生肤语》)

中国人钟情的"味道",折射中国文化天地人合一的哲学精神。得本味之正的食材是天生之材、地养之宝,等待人居中调和尽其物性、成就至味:

> 天、地、人,万物之本也。天生之,地养之,人成之。(〔汉〕董仲舒《立元神》)

中国第一位美食家伊尹从食材之本味特性出发,通过水火的文治武功、"君臣佐使"的五味调和,使"有味者使之出,无味者使之入",料理出不偏不倚、恰到好处的人间至味:

> ……久而不弊,熟而不烂,甘而不哝,酸而不酷,咸而不减,辛而不烈,淡而不薄,肥而不腻。(《吕氏春秋·本味》)

深谙各类食材之本味、正味,是美食料理的基本功,选用的佐料必要助益君(主)料的性味,过则泻之——出,不足则补之——入,此一出、一入之间依靠水火之功:

> 饮食资乎水火,而饮食非水火也。咸酸本乎盐梅,而至味非盐梅也。(〔明〕方孝孺《王温子栗字说》)

"君"是主料,"臣"料为次,盐梅是调味的"佐"料。"佐"料为辅,意在辅佐"君臣"。袁枚以"味"论"道",以政教晓谕"君臣佐使"的调味、料理之道:

> 犹如圣人设教,因才乐育,不拘一律。所谓君子成人之美也。(《随园食单》)

他反对那种一锅煮、反复煮的饮食方式,认为"一物有一物之味,不可混而同之","使一物各献一性,一碗各成一味",才是追求美食的正道:

> 冬日请客,习用暖锅,对客喧腾,已属可厌;且各菜之味,有必然火候,宜文宜武,宜撤宜添,瞬息难差。今一例以火通之,其味尚可问哉?近人用烧酒代炭,认为得计,而不知物经多滚,总能变味。(同上)

中国茶文化本质上和饮食文化一样,是一部追求真味、正味、至味的发展史。

陆羽之所以被奉为"茶圣",只因他是舍弃姜、蒜、葱、茱萸、橘皮等佐料,将茶从汤药浑饮习俗中解放出来的第一人。从"浑饮"到"清饮",意味着茶汤回归真味、正味,进而走向至味之道,并从此开启中国人一茶一味、一期一会、品茶悟道的文化史卷。

草木气禀少阳,性多偏寒。为中和草木之寒性,古人以各种辛温佐料煎煮成一碗叫作"茶"的饮料。茶饮是带苦味的功能性饮料,浑煮的茶饮只是其中一味,如此,茶之真味、真香被葱、姜、枣、橘皮、茱萸、薄荷等佐料气味所掩盖,成为陆羽口中的"沟渠间弃水耳"(《茶经·六之饮》)。陆羽抛弃各种夺味的佐料,通过采、蒸、焙、炙、藏、煮等各个环节品控和工艺,来中和茶之寒性,同时,为调和茶汤苦涩味,保留了加盐的饮法。事实上，为中和茶的寒性和苦涩味，日常茶饮中加入姜、盐的做法在唐宋十分普遍，只不过针对不同品质的茶，方法会有不同，以不害真味、真香为要：

> ……然茶之中等者，若用姜煎，信佳也，盐则不可。（〔宋〕苏轼
> 《东坡志林》）

上等茶，自是不欲以任何佐料损害其妙味；中等茶，则用姜调和成适口的佳味。宋人饮茶已逐渐将盐剔除，更加追求茶的真味、正味，但对一些特别苦的茶，从调味出发也会适当加点盐：

> 茶芽得盐，不苦而甘。（〔宋〕苏轼《物类相感志》）

在追求至味的路上，宋人将制茶工艺推向极致。

宋代贡茶南迁，阳羡茶、顾渚紫笋风光不再，唐末出现的武夷北苑茶异军突起，通过制茶人一代代努力，成为冠盖整个宋代的绝品。对于前贤囿于活动范围而没有发现并礼赞的这一茶品，宋人颇为骄矜：

> 陆羽《茶经》、裴汶《茶述》，皆不载建品，唐末然后北苑出焉。
> （罗大经《鹤林玉露·建茶》）
> 陆羽《茶经》、裴汶《茶述》，皆不第建品。说者但谓二子未尝至
> 闽。（熊蕃《宣和北苑贡茶录》）

周绛著《补茶经》注明其"补"著之意，只因《茶经》不载建安之品，特加以增补完善。

建安北苑茶培养了宋人的口味，并直接导致唐代推崇的阳羡、紫笋茶等降为宋人口中的"草茶""江茶"，区别于其眼中庙堂之高者：

> 北苑凤凰山……色味皆重。（蔡君谟《茶录》）
> 夫茶以味为上，香、甘、重、滑为味之全。……甘香易得，重滑
> 难求。（赵佶《大观茶论》）

建安北苑茶的质地、性味不同，直接导致制作工艺的变革。不同于唐代制茶

"蒸笋并叶,畏流其膏"(《茶经·二之具》),宋代贡茶制作工艺中的一个重要流程就是去膏:

> 盖草茶味短而淡,故常恐去膏;建茶力厚而甘,故惟欲去膏。

(黄儒《茶品要录》)

色、味重是建茶的特点,然过犹不及,故制作时为求中和,百般蹂躏榨膏去汁。宋人最为推崇的白茶,是建安茶中因基因突变而导致的叶片白化,其色、味皆较轻,故无"色味皆重"之病,又不失建茶特有之甘、香,汇聚于一碗茶汤中,更符合中国文化钟情于中和、甘淡的审美趣味,可谓"味全"。《朱子语类》评价建茶是"理而后和"的产物,即,人遵循"和"的天道进行调理使其具备"中和""纯正"的品质:

> 茶本苦物,吃过即甘。问:"此理何如?"曰:"也是一个道理,如始于忧勤,终于逸乐,理而后和。"盖理本天下至严,行之各得其分,则至和。

朱子认为,至味之理在"至和",即关乎"味"的各个方面都协和至恰到好处。又以建茶与草茶、江茶作比,给予建茶"中庸"之德的至高评价:

> 建茶如"中庸之为德",江茶如伯夷叔齐。又曰,南轩集云:"草茶如草泽高人,腊茶如台阁胜士。"似他之说,则俗了建茶,却不如适间之说两全也。

中庸是"致中和"之用。元末举乡荐的朱升曾为茶书《茗理》题过一首诗,阐明制茶之一阴一阳之道:

> 一抑重教又一扬,能从草质发花香。
> 神奇共诧天工妙,易简无令物性伤。

又在诗前写序,进一步诠释制茶工艺所蕴含的中和之道:

> 茗之带草气者,茗之气质之性也。茗之带花香者,茗之天理之性也。抑之则实,实则热,热则柔,柔则草气渐除。然恐花香因而

太泄也,于是复扬之。迭抑迭扬,草气消融,花香氤氲,茗之气质变化,天理浑然之时也。

在追求至味的路上,明人把"求真"一道推向极致。

在茶之一道,明人一往无前地走在"求真"的道路上,不仅反对一切有损茶真味、真香的饮法,甚至认为制饼碾末的制茶之法都损害茶的真形与真趣。冲泡茶法是中国茶文化在裁制、煮饮方面的重大突破,也是其天人哲学观照下的必然发展趋势,并非如一些人所认为的,是野蛮文化(元代蒙古人)入侵遭致的文化断裂([日]仓冈天心《茶之书》)。明人周高起《阳羡茗壶系》中厚今薄古的观点,典型代表了明人对散茶冲泡的自许,认为冲泡散茶更能"发真茶之色、香、味":

> 茶至明代,不复碾屑、和香药、制团饼,此已远过古人。

事实上,散茶、团饼茶自南宋就有二分天下之势。元朝沿袭宋制进贡团饼茶,由宰相耶律楚材的"黄金小碾飞琼屑,碧玉深瓯点雪芽"(《西域从王君玉乞茶因其韵》)句,可见点茶依然是当时贵族阶层的风雅饮茶方式。与此同时,民间逐渐出现以炒青法替代传统蒸青法的制茶工艺。较之蒸青,炒青无疑更有利于保留茶叶的真形、真色、真味,也更有利于提升茶香。至明开国之初,朱元璋顺势而为,以节俭民力为由,颁发"罢造龙团"的诏令,改以"散茶"纳贡。其第十七子朱权著述《茶谱》,以冲泡法自诩"崇新改易,自成一家",对陆羽至宋的制茶工艺不以为然:

> 盖羽多尚奇古,制之为末,以膏为饼。至仁宗时,而立龙团、凤团、月团之名,杂以诸香,饰以金彩,不无夺其真味。

朱权的创新,不外是更加彻底地回归茶之本、真:

> 天地生物,各遂其性,莫若叶茶烹而啜之,以遂其自然之性也。

有皇族贵胄的引领,冲泡茶法自然风化流行,成一时之雅尚。但朱权本人招待风雅嘉客,仍以繁复的点茶为礼:

> 命一童子设香案携茶炉于前,一童子出茶具,以瓢汲清泉注于

一碗茶的诗礼禅

瓶而炊之，然后碾茶为末，置于磨令细，以罗罗之，候汤将如蟹眼，量客众寡，投数匙于巨瓯。候茶出相宜，以茶筅掸，令沫不浮，乃成云头雨脚，分于啜瓯，置之竹架，童子捧献于前。

为了标榜冲泡茶得真茶之真味、真香、真形、真色，明人茶著对其他茶法多有贬抑。名士许次纾就宋人奉为极品的贡茶"冰芽"，展开猛烈的攻击：

然冰芽先以水浸，已失真味，又和以名香，益夺其气，不知何以能佳？不若近时制法，旋摘旋焙，香色俱全，尤蕴真味。（《茶疏》）

生于嘉靖前后的田艺蘅，在《煮泉小品》中列举古今饮茶种种失"真"之弊：

唐人煎茶，多用姜盐。……余则以为二物皆水厄也。

今人荐茶，类下茶果，此尤近俗。纵是佳者，能损真味，亦宜去之。……若旧称北人和以酥酪，蜀人入以白盐，此皆蛮饮，固不足责耳。

人有以梅花、菊花、茉莉花荐茶者，虽风韵可赏，亦损茶味。如有佳茶，亦无事此。

张源《茶录》揭示茶法"求真"的精神旨趣：

茶自有真香，有真色，有真味。一经点染，使失其真。如水中加碱，茶中着料，碗中着果，皆失真也。

他还将茶之真香细分为八种，优等有四，即真香、兰香、清香、纯香；次等也有四，为含香、漏香、浮香、问香。谓：

雨前神具曰真香，火候均停曰兰香，不生不熟曰清香，表里如一曰纯香。

类似言论充斥明人茶著，无非标榜当今茶法于"求真"一道的高明之处：

茶有真香，有佳味，有正色。烹点之际，不宜以珍果香草杂之。夺其香者，松子、柑橙、莲心、木瓜、梅花、茉莉、蔷薇、木樨之类是也。夺其色者,柿饼、胶枣、火桃、杨梅、橘饼之类是也。凡饮佳茶,去果方觉清绝,杂之则味无辨矣。若欲用之,所宜则惟核桃、榛子、瓜仁、杏仁、榄仁、栗子、鸡头、银杏之类,或可用也。(高濂《遵生八笺》)

茶入口,先须灌漱,次复徐啜,俟甘津潮舌,乃得真味。若杂以花果,则香味俱夺矣。(徐渭《煎茶七类》)

冲泡茶除了能更好地葆有真味、真香,更令明人得意的还有"真形"。《煮泉小品》详细描述了杯盏撮泡法,茶芽在茶瓯中经热水冲泡复苏,所展现的自然真趣:

生晒茶瀹之瓯中,则枪旗舒畅,清翠鲜明,方为可爱。

为更好地突出茶之真香、真味,明人又创设盖碗、小壶与小杯配套的茶器,以保证香气、茶味更加芬芳馥郁:

……故壶宜小不宜大,宜浅不宜深。壶盖宜盎不宜砥。汤力茗香,俾得团结氤氲,方为佳也。(周高起《阳羡茗壶系》)

壶小则香不涣散,味不耽搁。(冯可宾《岕茶笺》)

中国文化历来崇古,似乎在茶之一途一直求变求新。事实上,在方法层面,中国的天人哲学从来就认为法无定法,唯"真"(道)是途。自唐代煎茶法,到宋代点茶法,直至明清以来的冲泡茶法,不过是一个不断求"真"、止于至善的过程。中国人对"味"的体会与品悟,连接深层的情感、习性与经验。一方面,最是恋旧的,念念不忘的永远是家乡的味道、妈妈的味道、小时候的味道;另一方面,又最是喜新,乐于尝鲜、品新,追求全新的味觉体验。当然,中国丰富的茶物种为既恋旧又爱新的中国人提供了无尽的滋味宝藏。"至味"之道,止于至善,人永远在"道"上——在小心翼翼的"试点"中不断探求人与茶、与道的合一:

茶道是一种对"残缺"的崇拜,是在我们都明白不可能完美的生命中,为了成就某种可能的完美,所进行的温柔试探。(《茶

之书》)

这句话大约是对宋人"试点"的最好注脚。至味虽不可得,但后来的接力者总是更加接近的吧?这或许是中国茶文化厚今薄古的底层逻辑。自陆羽开批判风气之先,宋、明不断推陈出新,笑傲古人。明人沈周在《书岕茶别论后》中,以他最为推崇的岕茶说事,嘲笑那些仍抱住陆羽《茶经》、蔡襄《茶录》不放的迂腐之人,批评他们放弃在茶道一途的深入求索,实为不明"造物有深意",有违圣人之道:

> ……(岕)既得圣人之清,又得圣人之时,第蒸、采、烹、洗,悉与古法不同。而喃喃者犹持陆鸿渐之《经》、蔡君谟之《录》而祖之,以为茶道在是,当不会令庆叔失笑。

日本借用传统书法艺术"真、行、草"的演变,来形容茶道的流变。确实,高妙的茶术与精妙的书法艺术一样,都是"体道艺之合,究圣哲之蕴",内涵"不易""变易"与"简易"的造化之理。审美和审味一样,不能忍受长期不变的东西,但没有章法的胡乱变法同样是不被允许和接受的,这也就是为什么在书画与茶道中,常常围绕师古与时代性问题发生喋喋不休的争吵。宋、明饮茶方式的两次突破,一次比一次更近"天真"。遗憾的是,日本茶人对更能体现"法天贵真"的泡茶道,并没有如看待"草书"一般认识到其"真意"与"真趣",甚至将其定义为宋文化断裂的结果。这样的结论只能归咎于与中国道禅文化精神内核的隔阂。日本千年不变的茶道或许是长时间相对封闭环境下,对唐宋文化崇拜带来的"食古不化";又或是基于物质资源的局限性,使其对千变万化的茶滋味的美妙之处存在天然的缺损,转而更注意茶味之外的仪式和意味。显然,注重程式仪规的茶道在某种程度上已是形式大于内容,重教化与布道,而独不见人对"茶"本身的探索与好奇。如此,这一碗茶汤到底少了些许活泼玲珑的生机和化意,少了些许穷极天人、广大精微的玄深理趣。而于陆羽而言,其"茶圣"地位的确立恰在于立足"茶"这一物质对象本身,并在一碗茶汤的至味追求中,注入自身的生命信仰、生活美学、人生价值以及情感态度。

品茶与悟道

入户道心生，茶间踏叶行。

泻风瓶水涩，承露鹤巢轻。

阁北长河气，窗东一桧声。

诗言与禅味，语默此皆清。

——［唐］喻凫《冬日题无可上人院》

中国人喜欢拿"味"来说事，所以也落下了一个爱吃的名头。

味，是舌头味蕾所觉察的滋味，是鼻子嗅觉所体察的气味。舌头、鼻子在起作用的同时，人的"意识"便同时起作用。换句话说，滋味和气味直通"意"根，所以中国人妙悟"意味"。反之，凡可在"意"中体会者，亦可通"味"，于是，就有了趣味、情味、兴味、风味、韵味、雅味、禅味、余味、味外之味等等。汉字组合的自由开放性于一"味"字体现极大的创造性，譬如"月亮的味道""阳光的味道""幸福的味道""妈妈的味道"等等，都是中国人在舌尖、心头品啜的深长意味。

味，通过感官与"意"融会转换、辗转通达，连接客观外象与主观心象，成为关乎心、意的呈现和表达。借此，中国文化中的"品味"一词，融审美与审味为一体，共享一个话语系统：

使味之者无极，使闻之者动心，是诗之至也。（［南朝梁］钟嵘《诗品》）

古今之喻多矣，愚以为辨于味而后可以言诗也。（［唐］司空图《二十四诗品》）

发纤秾于简古，寄至味于淡泊。（［宋］苏轼《书黄子思诗集后》）

味欲其鲜，趣欲其真；人必知此，而后可与论诗。（［清］袁枚《随园诗话》）

审味追问"味"中之"道",关乎中国人的生命信仰和人生态度。而中国人手中的一碗茶汤,可以说最集中、最典型地折射了"天人合一"观照下的生命情态和精神旨趣,充满由舌至心的丰富意味。

融汇一壶儒释道

中国儒释道文化都强调心性的修行,而茶正是以清心、醒神、养生的助修功效与三家结缘。

茶内含咖啡因、茶多酚等多种有益物质,具有轻身醒思、解腻除倦等诸多功效。古人很早注意到茶的这些特性,并概括为"三德":

一是驱睡魔;二是助消化,使身体轻盈;三是"不发",能抑制欲望,平静内心。

对于茶的诸多功效,传统茶学、医学著作多有述及:

> 调神和内,慵解倦除。([晋]杜毓《荈赋》)
>
> 茶至寒……热渴凝闷,脑疼目涩,四肢烦,百节不舒,聊四五啜,与醍醐甘露抗衡也。([唐]陆羽《茶经·一之源》)
>
> 茶苦而寒,阴中之阴,沉也,降也,最能降火。火为百病,火降则上清矣。然火有五火,有虚实。若少壮胃健之人,心肺脾胃之火多盛,故与茶相宜。温饮则火因寒气而下降,热饮则茶借火气而升散,又兼解酒食之毒,使人神思阆[kǎi]爽,不昏不睡,此茶之功也。
> ([明]李时珍《本草纲目》)

陆羽还于《茶经·七之事》中,转引历代文献对茶的功效认知,乃至茶与其他药材治疗疾病的复方:

> 华佗《食论》:"苦茶久食,益意思。"
>
> 《本草·木部》:"茗,苦茶。味甘苦,微寒、无毒。主瘘疮,利小便,去痰渴热,令人少睡。秋采之,苦。主下气消食。注云:'春采之。'"
>
> 壶居士《食忌》:"与韭同食,令人体重。"

茶的养生保健功效直接作用于人的生理与心理,特别是可以消除持久坐禅带来的疲乏与困顿,受到修道者的高度重视。

或许是受日本茶道的影响,今人常常过分关注到佛和茶的关系,而忽视了儒、道二家至关重要的作用。佛教于茶事推广的作用毋庸置疑,然而,需要关注的也许不是佛教之于茶事,而是儒道之于佛教,因为佛教之所以能够在中国文化扎根并盛行,恰恰伴随儒道对佛教的各种中国化改造,而"禅"作为中国化佛教(禅宗)的心法,正是吸收了道、儒、佛三家思想的智慧哲学。借此,茶这一自然灵物内伸到中国文化的深层心理,成为中国人生命哲学和信仰的典型代表——连接着"入世"和"出世"的两极:一边是碌碌红尘的世俗人伦,一边是超凡脱俗的精神追求。

如果说,儒释道的消涨汇流演绎了一部中国人文思想史,那么,三家的圆融互补就构成中国传统文化的精神内核。事实上,中国茶文化的发展延迁与三教汇流、融通的过程几乎是共时性的。

茶与儒释道三家分别结缘,自汉唐以降,经由僧道文人携手,共同开启了中国文化"万味合一味"的嬗变。

道教所敬奉的神农氏,是传说中最早使用茶的人,在相关的传说中,茶是解百毒的仙药。来客敬茶的最早文字记载也与道家有关。据说老子西游至函谷关,关令尹喜曾恭敬地向圣人呈献了一杯仙茗:

> 老子出函谷关,令尹喜迎之于家首献茗,此茶之始。老子曰:
> 食是茶者,皆汝之道徒也。(《天皇至道太清玉册》)

西汉末年,佛教传入中国并逐渐传播开来。东汉时期,道家文化被宗教化以抗衡西来佛教的文化入侵。道教的信奉者们相信,从生命之心性出发,辅以药石、芝草、元气等助修,定能长生不老,甚至羽化登仙。如葛洪《抱朴子·论仙》所言:

> 先服草木以救亏损,后服金丹以定无穷,长生之理尽于此矣。
> 若夫仙人,以药物养身,以术数延命,使内疾不生,外患不入,
> 虽久视不死,而旧身不改,苟有其道,无以为难也。

《山海经·西山经》就载有一种令人吃了长生不死的丹木：

> 玉膏所出，以灌丹木。丹木五岁，五色乃清，五味乃馨。

丹木不可得，然而有药性价值的芝草众多——"岩崖产灵药，等闲人顾稀"（［宋］翁卷《山中采药·岩崖产灵药》），修道者不畏险阻——"我生求羽化，云中采药蔬"（［唐］马戴《谒仙观》）。茶，作为养生之仙药，延龄之妙术，正是道家所求的众多芝草之一。尤其是，茶具有去腻减脂的功效，对于信奉性命双修、形神合一的道家来说，无疑是"养命""固形"的不二选择。东汉葛玄就开垦了中国茶文化史上的第一个"茶圃"。《茶经·七之事》转录了以往文献中有关以茶助修、固形养神、羽化飞举的记载：

> 陶宏景《杂录》：苦茶，轻身换骨，昔丹丘子、黄山君服之。
>
> 壶居士《食忌》："苦茶久食，羽化。"

唐以后，茶之和内怯邪、助益修道的功能几为饮茶人之共识。皎然的"三饮便得道"，卢仝的"七碗茶歌"，均表达了贵生养命的神仙道教思想。直到明代，依然有修道者以茶助修，认为只要服之得法，就能成就仙道：

> 茶通仙灵，久服能令升举……然蕴有妙理，非深知笃好不能得
>
> 其当。（［明］罗廪《茶解》）

魏晋南北朝时期政权频繁更迭，社会动荡，两汉期间儒学术化、一家独大的局面不复存在，出现文化分化与合流，成为继春秋战国之后华夏文明史上第二个文化盛世。诚如宗白华在《美学散步》中所说：

> 汉末魏晋六朝是中国政治上最混乱，社会上最苦痛的时代，然而却是精神史上极自由、极解放，最富于智慧，最浓于热情的一个时代，因此也就是最富有艺术精神的一个时代。

其间，茶文化同样产生了至关重要的转折。

魏晋时期,茶与僧道文人朝夕相伴,见证并参与了中华文化的大冲突、大汇流,并不可避免地浸染上这个时代普遍弥漫的唯心哲思与唯美气韵。

　　昏乱无道的人世间,文人士夫因为外无所寄而转向内心问道,无论是谢灵运的"抱疾就闲,顺从性情"(《山居赋》),还是何胤的"性爱山泉,情笃鱼鸟"(《答皇太子启》)、沈约的"情性晓昧,理趣深玄"(《神不灭论》),抑或萧衍的"不滞近迹,脱落形骸"(《敕何点弟胤》),文人士夫们打铁、夜游、裸奔、采菊、嗑药、纵酒、参玄、辩难……演绎疯癫痴傻狷狂醉的传奇,任情任性、恣意酣畅、放浪形骸的背后是对现世的怀疑与幻灭,是对生命本真的省悟与觉察。玄学便是在这样的土壤中开出来的精神之花,它是一种融合道、儒两家思想对《周易》以及老庄思想的研究和解说,被后世称为"新道家"。与此同时,汉传佛教也因其"缘起性空""三界唯心"的佛法思想契合了这个时代的精神气质而走向兴盛。作为外来宗教,为了时人能更好地理解佛义,佛典被翻译时就套用道家术语。围绕"心""性"和"有"(色)"无"(空)的诸多佛理,令人相信佛教是道家的另一个版本,"化胡为佛"的传说也由此衍生。南朝梁武帝时,自称佛传禅宗第二十八祖的达摩不远万里踏上中土"传法救迷情",以其"无所得"实践性禅法动摇正统御用佛教的理论基础。达摩所传"见性即是佛"禅法受到佛教界和官方的共同抵制,但其断绝名利只向内心问道的"教外别传",以其颇具"玄风",无疑契合了新道家的精神旨趣。于是,经由新道家的诠释、改造与加持,更具本土、道化面目的中国化佛教——禅宗,受到世人的热烈追捧——"南朝四百八十寺,多少楼台烟雨中"([唐]杜牧《江南春》)。

　　酒饮使人昏昧,茶饮令人醒思。茶以其轻身、除倦、醒思的功效逐渐代替酒,成为文人士夫参玄论道、清谈辩难的嘉侣。西晋杜毓以一篇《荈赋》赞美茶事活动给人带来的审美愉悦和审味体验,成为茶文化史上最早以茶为审美对象的、真正意义上的"茶诗"。经由风雅名士的推崇,茶饮逐渐在社会各阶层流行开来,从西南向东南传播,成为一种"比屋皆饮"的普通饮料。西晋张载力赞茶的芬芳胜过水、浆、醴、醇、医、酏等六种饮料,漫溢的滋味流播九州——"芳茶冠六清,溢味播九区"(《登成都白菟楼诗》)。在一碗日用茶汤中的审美觉知,照见了晋人生命意志的觉醒;对美的极致追求,蕴含着晋人对宇宙人生的深邃感知,对生命本身的悲悯与安抚,折射出一个时代的妙赏能力和风流品格。

如此，作为与道玄相通的茶饮，便已超越"审味"与"审美"的视界，内伸到人的心性修行层面，成为内省与洗涤的精神活动。此时，儒释道三家合流初见端倪，"三教"名称也在北周出现，由此顺流而下。

在唐代三教汇流的伟大进程中，茶作为一个重要介质参与其中，共同塑造了中国传统文人士夫的精神乌托邦。

唐朝结束战乱开启了一个疆域统一、政治升平的盛世王朝。南北文化、中外文化、古今文化的大交流、大融合，带来思想领域的冲突与创新。融合儒道思想的中国化佛教——禅宗，可谓适逢其会。六祖慧能的南宗禅主张不立文字、以心印心、直截了当、当下直指、见性成佛的直观禅法，无疑是一剂消食的药方，令身陷名教束缚的文人士夫如饮甘露：

> 他这一号召令人见性成佛，把过去学佛人对于文字书本那一重担子全部放下。如此的简易方法，使此下全体佛教徒，几乎全向禅宗一门，整个社会几乎全接受了禅宗的思想方法，和求学路径，把过去吃得太多太腻的全消化了。也可说，从慧能以下，乃能将外来佛教融入于中国文化中而正式成为中国的佛教。（钱穆《〈六祖坛经〉大义》）

文人士夫以佛家教义对自身伐经洗髓的同时，反过来也以儒道思想对其大加改造，使之成为自身的哲学和信仰。一方面，以三家经义互释汇通。如，柳宗元、刘禹锡、白居易等一些在朝文人士夫，就致力于阐发儒佛一致或会儒归佛，倡导禅教合一。晚唐李翱著《复性书》，以易理、禅理、禅境说解儒家经义，在理论上融通儒道释，成为新儒学的开创者。另一方面，使佛义进一步道玄化，消解其宗教的出世性。经由身陷名教束缚的士大夫、失意不得志文人以及隐退于禅宗的僧人的互动鼓吹，使禅宗尤其是南宗一脉形成一股不拘名教、自由放旷、注重机锋文采的禅风。兴于唐代的农禅，强调"坐作并重"，接通出世与入世，信奉马祖道一的"平常心是道"。如临济义玄（？—766）主张人与道之间没有间隔：

心随万境转,转处实能幽;随流认得性,无喜亦无忧。(《临济语录》)

有研究者认为,临济的思想是"用了佛教思想做调料的庄子思想"(《剑桥中国史》)。洪州禅的另一大家南泉山普愿(748—834)认为"无心"是"道"。把"心"与"佛"之上的"道"看作至高本体——"道"是"真如门",对应"常";"心"为"生灭门",对应"无常"。认为"平常心是道",即肯定人之至诚尽性的平常日用,接通儒家"中庸"思想。宗密(780—841)是将三教融入禅门的自觉论证者,他将儒家"天命论"、道家"无为说",溶解到佛家"因果业报说"中,在此基础上提出"三教合一"的主张。

禅宗融合儒释道思想,及其接通出世与入世在修行方式上的重大突破,可说是为文人士夫量身定做的宗教派别。晚唐以降,禅宗进一步吸收老庄思想和儒家学说,使三家思想在其教义之中得以通融,其不假外力、不落理路、全凭自家,若是忽地心花开发,便打通一片新天地的直觉观照方式,形成了以内观自在、澄心静虑为特征的参禅方式,以渐悟、顿悟为特征的修行方式,以委曲、含蓄、象征、暗喻为特征的表达方式,成为佛教中最为豁达、最有情趣、最具玄思的一个派别。如此,文人士夫莫不"出入百家而折衷于佛法",使人生的旅程变成一场参禅悟道的修行。

这样一种连接山野与城市,兼顾出世与入世,在农夫与士大夫角色中转换的宗教,呈现破灭与豁达、无常与当下、冷漠与热血、淡泊与愤世的独特情调,容纳文采与机锋、顿悟与玄思的思辨情趣,蕴含抑郁与舒朗、觉悟与幻灭的矛盾情感,无疑是中国传统文人士夫的集体精神写照。截至清雍正强力干预禅宗内部事务,千百年来禅宗都是文人士夫除老庄之外继玄学之后的精神乌托邦、灵魂休歇处,其影响力遍及中国传统文化的各个领域。其间,茶作为一个具有明显象征意义的重要介质,以"吃茶、珍重、歇""吃茶去""遇茶吃茶"等口头禅,承载"不落理路""截断众流""平常心是道"的禅法特征,成为禅宗一脉助修开悟、接引后学的公案、机锋,形塑了中国茶禅文化的精神内核和基本面貌。

茶圣陆羽煎煮的一碗茶汤,滢滢照见的便是一幅文人僧道共同推动的三教汇聚、谋求共融的图景。

生逢儒释道谋求合流共融的唐代,陆羽的一生可谓是儒非儒,似僧非僧,非道近道,其一生行迹堪称那个文化大冲突、大融合的伟大时代的缩影。

陆羽三岁时被智积禅师收养,于禅寺长大。九岁时,就以儒家的人伦思想反对佛家的出世修行,并表达向儒之心:

> 终鲜兄弟,无复后嗣,染衣削发,号为释氏,使儒者闻之,得称
> 为孝乎? 羽将校孔氏之文可乎?(《陆文学自传》)

与陆羽交好的名士皇甫冉,曾赞赏陆羽在儒、佛经典义理,以及诗歌方面付出的努力和成就:

> 君子究孔、释之名理,穷歌诗之丽则。(《唐才子传·陆羽》)

陆羽早年在儒学方面多遇名师益友,然终其一生拒绝出仕,行迹更近道家;他逃出寺院拒绝皈依,而于佛理却极为用心:

> 往往独行野中,诵佛经……(《陆文学自传》)

这就不难理解,陆羽虽与皎然为缁素忘年之交,然于《茶经》经义却未有仙佛思想,以致被好友皎然批评:

> 采茶饮之生羽翼。……楚人《茶经》虚得名。(《饮茶歌送郑容》)

有意思的是,皎然的一生同样堪称这个伟大时代的写照。作为谢灵运第十代孙,出身儒学世家,精通儒家经义,却在早年修道,于三十五岁又皈依佛门,年过花甲再入禅门。作为一个儒释道汇通的兼修者,皎然的茶道思想更有以茶助修、当下顿悟的道玄之意。

几与百丈怀海规制禅门清规同时,茶圣陆羽品茗辨水的足迹正踏遍名山大川,并最终成就中国茶文化奠基之作——《茶经》。一代茶圣的横空出世,绝非偶然。从陆羽个人经历来看,禅门与陆羽、禅门茶与陆羽茶之间的交互关系隐约可见;同

时,值得关注的是,陆羽自出道以来,身边聚集着一群在历史星空绽放璀璨光芒的人物,这不能不说是历史意味深长的安排,从这个意义上来说,《茶经》的诞生未尝不是一群人的创造、一个时代的共振。从茶文化自身发展角度,除了唐朝的经济文化发展,以及佛教的推动,甚至有人注意到唐代的科举制度对茶饮流行的推动——基于冗长的考试和监考,"茶"作为提神、除倦、解渴的必备饮品,由朝廷提供给考生和监考官。此外,沿袭魏晋时期遗留在"茶"身上的风流气韵,在诗风鼎盛的唐代,同样得到以诗人为核心的文化圈层的青睐……而这一切的铺陈和序曲,都不过是预谋着一个伟大事件的发生。

陆羽不是僧人,但自幼被竟陵龙盖寺智积禅师收养,后隐逸湖州与妙喜寺皎然毗邻而居,一生行迹未曾远离寺院,与茶结缘也始于智积禅师嗜好饮茶。从佛门走出,与名士大儒交往,浸润于儒家学说,却有道佛之高蹈,其时就被人拿春秋时楚国著名隐士"楚狂接舆"类比,称为当代接舆。陆羽常常"独行野中,诵诗击木,裴回不得意,或勃哭而归",其任情任性之生命情态,与"恒子野每闻清歌,辄唤'奈何'"(《世说新语·任诞》)何其相似,亦当得起谢安"可谓一往有深情"之评语。陆羽隐逸山野,断绝名利,只与名僧高士谭宴永日,不杂非类。诗僧皎然和女冠李季兰是个中翘楚。皎然以"孰知茶道全尔真,唯有丹丘得如此"(《饮茶歌诮崔石使君》),被后世奉为"茶道之父";李季兰自幼入道观修道,"美姿容,神情萧散,专心翰墨,善弹琴,尤工格律"(《唐才子传》),被诗人刘长卿赞誉为"女中诗豪",留下《八至》等脍炙人口名篇,与薛涛、鱼玄机、刘采春并称"唐代四大女诗人"。其时,陆羽自传中所谓的"谭宴永日",还与时任湖州刺史的颜真卿召集文士编纂《韵海镜源》相关。在颜真卿《湖州乌程县杼山妙喜寺碑铭》的叙述中,这是一场历时四年、前后聚集九十多位名士僧道的雅集盛会,常以"茶宴"形式会集,席上茗杯传饮、联诗唱和,一时间儒道释合流、诗茶禅合一,蔚为大观。

随着禅宗的发展壮大,禅门借以传递禅定内涵和境界的茶也伴随禅文化的传播,进一步向世俗品茗文化渗透,使饮茶作为一种精神活动,逐渐有了与人间世俗相融、相对的象征意味:一方面,品茶作为一种心性修行,成为使生命精神达到纯净境界的可能途径,即,在空和静中,反视内省,觉悟生命的本来面目和自由意志;另一方面,品茶作为一种生活方式,其充满意味的美学范式和精神气质承载着中国人

一碗茶的诗礼禅

"止于至善"的生命热情和审美趣味。以儒释道为主流的中国文化土壤孕育的灵芽，经文人僧道煎煮而成的一碗茶汤，逐渐成为与其心性相互观照的身心伴侣，格物致知、鉴物显理、伐污去垢、养生修心、品味悟道……由舌至心，润泽心灵。

饮茶得法，陆羽入圣；以茶通道，皎然为父。既然茶法、茶道孕育成型，其后的发展不过由经而传、顺流而下。正如禅对儒释道的吸收，中国的一碗茶所蕴三教融通的丰富意味，亦可说是万味合一味，归于"一味禅"。

饮茶的意境与道境

处世用儒，出世为道；进而治世，退而仙佛。三家经义有别，精神实则一致；虽用力点不同，但都是以"道"为终极的求道、问道、悟道、修道、证道。茶，融通三教儒释道、会聚一壶色味香，作为中国传统文人士夫精神生活的写照，也是他们通往道境的媒介——"孰知茶道全尔真，唯有丹丘得如此"（[唐]皎然《饮茶歌诮崔石使君》）。所谓茶不入禅，终是俗事；禅不入心，无非文字。皎然之所以揶揄"楚人《茶经》虚得名"（《饮茶歌送郑容》），大约因《茶经》言"法"而不涉"道"。人之一生终要问个究竟，究竟处即是真境。茗烟清芬，助人念净境空、虑忘形释。若无求真之心，茶不过是茶，而非道境媒介、指月之指，又与"道"何关？

《道德经》开篇就说"道可道也，非恒道也"（帛书版），恒常不变的"道"关乎宇宙本体，这个层面的"道"（或"佛"）作为终极的、绝对的真理，是不可言说；说出来的"道"，已成第二义，或可叫作"理"。至高的真理只能心领神会，这是三家的共识：

> 上士闻道，勤而行之；中士闻道，若存若亡；下士闻道，大笑之。不笑不足以为道。（《道德经》）
>
> 中人以上，可以语上也；中人以下，不可以语上也。（《论语·雍也》）
>
> 问："如何是第一义？"师云："我向尔道，是第二义。"（[唐]文益禅师《语录》）

能够说出来的"道"，不过是"语言的表达"，说一漏万，而"真意"永远躲在语言

的背后,等待心心相印的会心一笑。"道"是语言把握不到的存在,而为了寻到存在之路,艺术不失为一种表达或运用:

> 志于道,据于德,依于仁,游于艺。(《论语·述而》)

孔子口中的"艺"是广义的,包含"道"的一切实际运用,既有狭义上的"艺"(艺术层面),也包括广义的"术"(方法层面)。如果说,"术"是熟练掌握和运用规律以行事,那么,"艺"之创作则是模拟"道"之无中生有的造化过程。正如万物的造化本自"道源",艺术的创作本自"心源",是创作者"心象"的外在表达。"心象"是抽象、难言的,如此,关乎"心象"的艺术表达,同样是艰难的;因"心象"也是"真象",对于抽象的具象表达也必然要是真切的。从这个意义上来说,艺术是通"道"的,而"道艺合一"理所当然成为中国文化艺术的最高准则。

茶饮,在漫长的文化流变中融入僧道文人的生命信仰,成为与日常生活水乳交融的人生哲学和生活美学。作为一种有意味的形式,中国人确然将饮茶活动上升到心性怡养的高度,并与其他传统文化艺术共享一套话语体系——于独特的审美趣味中,折射中国传统文化"天人合一"观照下的生命理趣与情趣。

品茶尚意

写意者,泻落心灵也。艺术创作不过是寄托思想与情感,是心性的真实流露——"惟性所宅,真取不羁"([唐]司空图《二十四诗品》);艺术创作的物象实则心象,只因心外无物,艺术不过是心象的创建,它超越物象直达心源——"超以象外,得其环中"(同上);艺术创作者的心意与道合一,其创作循道而行,其作品自然而然、萧散疏放,没有丝毫人为刻意,就像得到了造化的真意——"倘然适意,岂必有为。若其天放,如是得之"(同上)。

一场茶事,是由茶、水、火、器、客等外在环境与内在心灵条件共同营造的美学境界,是主人与茶、器、水、火、书、画、花、香及宾客之间精神流动的道场。和其他艺术一样,是创作者以"意"为统帅,在生火、煎水、烹煮、出汤、品饮等一系列的方法、程式、节奏、韵律中,呈现或表达的丰富意味。品饮之道以形传神、彰显美感、暗合天道,是中国人处庙堂之远的山水田园、名教之外的武陵胜境,是金鳞透脱尘网的活泼生机。

品茶主静

中国文化艺术崇尚之"意"，是心意，也是道意。艺术作为"心象"的表达或模拟，以"道"为审美的最高准则，同样以"静"为审美规范——因为大道无言，所以大美不言。中国文化透过万物欣欣向荣、循环往复、生生不息的热闹景象，看到了无言而深邃的宇宙（自然本体）本质：

> 致虚极，守静笃。万物并作，吾以观复。夫物芸芸，各复归其根。归根曰静，是谓复命。（《道德经》）
>
> 夫虚静恬淡寂漠无为者，万物之本也。（《庄子·天道》）

造化从"无"中生出"万有"，又终将归于"无"。"无"是绝对的"静"，是宇宙的本体、万物的根本。换句话说，归根复本就是回到了"静"的状态，也就是生命的元初状态，这个叫作回复本命。

中国文化独特的生命哲学正是基于对宇宙本体的觉知感悟，并以此引导生命的觉醒和修行，避免稀里糊涂、自以为是、自作聪明地"妄作"。儒家的正心、庄子的坐忘、佛家的禅定，都是寂然不为外物所扰，以宇宙（道）之心修正己心、体悟大道，进而与大道同化获得永恒。这样的一种生命哲学的审美化，使得"静"成为贯穿中国文化艺术的表达主题和审美理想：

> 天高地迥，觉宇宙之无穷；兴尽悲来，识盈虚之有数。（［唐］王勃《滕王阁序》）
>
> 千山鸟飞绝，万径人踪灭。孤舟蓑笠翁，独钓寒江雪。（［唐］柳宗元《江雪》）
>
> 万物自生听，太空恒寂寥。还从静中起，却向静中消。（［唐］韦应物《咏声》）

真正的艺术是觉醒的生命对自我的感知和深情倾诉。"静美"是艺术家对绝对、终极真理的沉思，与虚静恬淡寂寞宇宙的共情，对大道虚、空、幽、静、寂、清、净的敏锐觉知……对有限生命的关怀与抚慰，是艺术的生命情怀，也是道禅的大道证悟，还是儒家的人道自觉。

一场属于精神活动的茶事，与一幅文人山水画的精神旨趣相通——超脱尘网，与自然相亲。静谧的美，是远离喧嚣市井的自然之静美，是抛开功名利禄、尘世纷扰的生命之静美，是无生无灭、亘古恒常的大道之静美。明末清初画家恽南田将这种文人山水中的静意，与个体生命在宏阔的宇宙长河中的沉思相连接：

> 意贵乎远，不静不远也。境贵乎深，不曲不深也。一勺水亦有曲处，一片石亦有深处。绝俗故远，天游故静。（《瓯香馆集》卷十一《画跋》）

艺术的静谧之境在唐人刘禹锡《西山兰若试茶歌》一诗中，化作一碗"僧言灵味宜幽寂"的"清泠"滋味，并且只有"眠云跂石"的高怀之人才能体味。在明代，"静"是茶境：

> 品茶，一人得神，二人得趣，三人得味，七八人是名施茶。（陈继儒《岩栖幽事》）

饮茶不得静意，则无意境，不过是一碗停留于舌尖滋味的"俗饮"。

品茶求真

中国人的生命哲学在审美领域发酵，催生了中国传统文化艺术独特的美学理论和审美情趣——追求"真"或者说"真美"，即，将生命的本真和真实的意义置于形式美感的追求之上。《庄子》塑造一系列丑陋的畸形人形象，通过"形不全""德全"的讨论，展开关于生命和美的本质的思辨。庄子将"美"从知识、习惯和成见等固有、人为的秩序桎梏中解放出来，强调无知识、无分别的"大美""真美"。这样一种思想在唐以后与禅宗思想一起在艺术领域持续发酵，发展为对形式美的反思，对一切违逆生命质朴真实的本质，诸如富丽、华贵、丰盛、精美、富贵、精巧、奢华、繁复等俗美的反动。造化之妙，不为迎合、取悦，硬、丑、拙、枯、淡、寒、瘦、寂为俗世所不喜的宇宙真境，何尝不是生命的自觉、自怜与悲悯？自然而然、浑然无迹、大巧若朴……是万物尽性自在之美，是自然的和谐与秩序，如"明月松间照，清泉石上流"（［唐］王维《山居秋暝》）；是无知识、无分别的美，是道的美，是真的美，也是绝对的美。它无处不在，只待有心人的发现：

当我细细看，呵！一棵荠花，开在篱墙边。（［日］松尾芭蕉《俳句》）

作为一种精神活动，品茶的真意在于避开尘嚣，向内寻求，回归本真天性；作为一种生活艺术，品茶以天和为最高境界，以自然为最高秩序，以真趣为最高准则。如此，无论是草屋、修竹、寒梅、青松、蕙兰、藤萝、残荷、瘦水、丑石、苍木、青苔、清风、朗月等等自然真境，还是琴乐、挂画、插花、盆景、古玩、文房清供等等人文雅器，莫非茶境。茶境是真境，是一个规避人工机巧、拂去俗世差别之所——"虽由人作，宛自天开"（［明］计成《园冶》）。事实上，这样一种基于中国人生命哲学的美学意识，遍布于中国传统文学、书画、园林、金石等文化艺术领域及生活情趣之中。日本经由茶道发展出追求虚静，崇尚丑拙、残缺的"侘寂"美学，若溯溪寻源，则不出"道禅"。

品茶崇道

当饮茶成为艺术，围绕茶事所展开的种种有意味的形式便是美感之道。置身于柴米油盐酱醋中的一碗茶，如亭亭玉立于烂泥浊水中的一株清莲，寄托着尘浊中人超凡脱俗的向往和追求，或以茶怡情，或以茶养心，或以茶问道，各抒胸臆。

饮茶悟道，向以无心之心妙悟天道，只因道在茶中；以茶修道，则以有心之心借船出海或引渡世人，只因道在彼岸。在问道的路上，或知命循道践修为圣，或妙悟天道顿悟成佛，或与天道同化羽化升仙。陆羽出佛入儒，其品茗之道贯穿法天贵真、以和为贵的思想，彰显精行俭德的生命信仰以及质朴和雅的美学规范。茶圣之"圣"，或在于其将自身关乎"道"的观念、思想与信仰，呈现在茶事活动的每一道程序、规范与细节之中，使一碗茶汤成为"味"和"心"的最高享受的同时，引领世人亦步亦趋由"味"入"道"。

日本茶道并未停留于对中国文人、禅门茶礼的学习照搬，而是经本土大德茶人的发展和改造,将其欲晓喻世人的禅意、法则、规范融于茶事程式、仪轨的设计与安排,经由一碗茶汤向社会各阶层渗透,成为俗世生活的重要部分,实现其"生活的宗教""美的信仰"的载道、布道功能。从这个意义上来说,日本茶道如行禅布道,本身却有着儒家的济世性质和风教功能。而反观中国的品茗文化,似乎更像文人禅,其艺术化的品茗活动向来是高人雅士的互动与神会。台湾当代茶人将中国人的品茗活动称为"茶艺",或是自别于日本"茶道"之谓,然"艺"所蕴含的理性与诗性,确然暗合中国人"志于道"而"游于艺"的生命哲学和生活旨趣。

艺术,是美的,也是情感的。一个精于品茗艺术的人,必然醉心于自然秩序的美,并善于发现和欣赏生活的美,他寄心于太古之纯朴,倾身于天道之玄妙,能于真空中见妙有、于粗糙中见极致、于质朴中见和雅、于枯淡中见膏腴、于散缓中见秩序、于穷困中见精神……涤尘忘俗,熏陶德化。春有百花秋有月,夏有凉风冬有雪。文人雅士醉心茶事、赋写茶诗、著述茶书,都不过是借一碗茶汤表达自己的情之所钟、心之所向,或处茂林修竹之荫,或会竹泉白石之间,或坐窗明几净之室……动静之际、暮云丹霞,行止从容、清风朗月。良辰美景奈何天、蕉窗夜雨、寒夜客来、闲院独坐、卧石听泉、寒炉对雪、松涛入鼎……无一不是平凡生活的诗意呈现。皈依自然、荡涤尘俗、精行俭德、淡尽风烟,固然是道禅煎煮的茶汤真味;而格致诚正、修身克己、诚敬珍重、中和纯粹,又何尝不是一碗茶汤的正味、至味?

品茶作为一种精神活动,不在于增进实用的知识或技能,而是致力于自性的体察、觉悟与提升,获得生命的轻盈、自在与超然。

品茶:舌尖上的修行

品,许慎《说文》注:

> 众庶也。从三口。凡品之属皆从品。

三"口"成品,代表多,并有分门别类、裁定从属之意。作名词,为类别之意,如物品、作品、商品、废品等;作动词,有辨别、评审、判定、分析、感知等含义,是人通过灵敏的感知对万物进行分类,或作高下、优劣的等次分别,如品读、品味、品尝、品评等。人有人品,物有物品。中国人口中的人品、官品、书品、画品、茶品、品相、品格、品质、品德等诸如此类语汇,都内涵物的属性标准及等次审鉴等意义。

味者,膳饮也,庸常也,人须臾不可离也。中国文化喜以"味"论"道",引领人妙悟、意会那些形而上的、无法言说的精神意味。正如钱穆先生所说:

> 中国文化中饮膳为世界之冠,已得世人公认。中国人特多人情味,亦得世人公认。使人生果得多情多味,他又何求。故中国人生,乃特以情味深厚而陶冶出人之品格德性,为求一至美尽善之理想而注意缔造出一高级人品来,此为中国文化传统一大特点。
> (《品与味》)

这句话用来注释文人士夫手中一碗茶汤最合适不过。一千多年来,茶汤滋味已成为中国人思想、情感、价值的大集合,含蓄蕴藉于舌尖心头的深长意味。

品味,是中国人舌尖上的世界观。

中国人相信,有一味,必有一理,而舌识就是这样一种觉知能力,这也是"味道"一词所内涵的哲理。"味"中之"道"(理)由舌至心,需要小口慢用、细细体会。恰如品茶,不为口腹之欲,而是外察内省、体会觉知"味"的分别,心领神会万物的分际。作为一种专注"味"而又关乎"道"的精神活动,对于"味"的表达和形容,却难以用语言传递,故不能完全经由知识、经验、情感、逻辑去分析理解,必须亲身体验,自证自悟。从这意义上来说,"味"和"道""佛"一样,都只可意会而不可言传——如人饮水,冷、暖全靠个人体会、证悟,所有关乎"味"的知识、语言、经验、情感,都是指月之指、载道之筏。如董仲舒所说,纵然坐拥天下至味,倘若不能亲自品味、咀嚼,如何能体察"至味"之妙,更不会懂得"至味"之所以为"至味"的奥理所在:

> 虽有天下之至味,弗嚼弗知其旨也。(《春秋繁露·仁义法》)

明末藕益智旭以佛释儒,直接将"味"喻佛法,言"味"非心外法:

> 惟有成就唯心识观之人,悟得味非心外实法。(《中庸直指补注》)

五感六识、三六九等，无不通"意"。中国人把那种难描难述的体会、经验、情感等，用一个"味"字来表达；而"意"与"味"接通，也就获得了真情、切实的载体或表达，如此，森罗万象无一不可在"味"上体会。中国人正是通过知味、辨味、审味、赏味，由此发展出一种舌头上的世界观——在"品"中妙悟万物的分际，体会道生德蓄的深长"意味"。品味之道，由"味"通"意"、以"意"会"理"通"道"，是一个玄妙而不可言喻的过程——于舌尖上，细察自然造化之意；于心田间，证悟天地化育之理，妙品人生在世的复杂况味。

"种菊心相似，尝茶味不同。"（［唐］齐己《又寄彭泽昼公》）品饮的过程是主、客体的默然对话与交融互动，茶味的厚薄、水质的优劣、手法的轻重、茶器的雅俗、环境的幽喧、天色的好坏、心境的顺逆等等，人世间的万般滋味尽可在一碗茶汤中细细品味。

品，作为一种鉴物妙赏能力，是中国人止于至善的精神呈现。

在某种意义上，中国茶文化史就是一部追求极致茶味的历史。事实上，没有至味的探寻和追求，就没有《茶经》，也就没有茶圣。陆羽是第一个把茶从中国人世代沿袭的日常"茶"饮中解放出来的，还原茶之本味、真味，在此基础上，展开对茶汤正味、至味的追求。陆羽"耻一物不尽其妙，茶术尤著"（《大唐才子录》）。涉及茶事活动的一切要素，包括茶叶的产地地质、气候环境、采制时令，取泉用炭、器具材质，以及制茶、烹煮、藏茶、收纳等各个环节，无不穷理尽性、普遍周到。

对"至善"的追求关乎终极，在本质上都是问道的。"至味"如"至善"，皆是不可企及的，但人永远通过小心翼翼的尝试，不断探求可能的完美。一个"品"字，使得滋味的辨识不再停留于舌尖、口腹，而是一种以至真、至善、至美为终极理想的品鉴与妙赏。品茶之道，是中国人孜孜以求的至味之道，并以精神的燃烧无限缩短与"至善"的距离。

为保持敏锐的别茶辨味能力，明清之后的茶人更是主张小杯品啜、细细品味，认为大碗饮茶如莽夫饮酒，实不得津梁要旨：

卢仝吃七碗，老苏不禁三碗，予以一瓯，足可通仙灵矣。使二老

有知,亦为之大笑。其他闻之,莫不谓之迂阔。([明]朱权《茶谱》)

善茗饮者,每度卒不过三四瓯,徐徐啜之,始尽其妙。玉川子于俄顷之间,顿倾七碗,此其鲸吞虹吸之状,与壮夫饮酒,夫复何殊?([明]冒襄《岕茶别论》)

妙玉对宝玉说:"岂不闻一杯为品,二杯解渴,三杯便是饮驴。"([清]曹雪芹《红楼梦》)

流行于闽粤一带的工夫茶,就是这样一种饮茶理念的发展和延续。

小口慢品,其意不止于分辨茶味优劣等次,更在于调动强大的舌识、经验和知识储备,格物致知、辨味识理:

事事物物,皆有个极,是道理极至。([宋]朱熹《朱子语类》)

于茶而言,茶"理"就在本味、真味、正味,而"至味"就在理之极处。"道"作为宇宙万物的渊源,也是全部真理的总和,不仅是人道效法的对象,还是人道运行的最高法则、准绳:

与天地相似,故不违;知周乎万物而道济天下,故不过。(《易传•系辞上》)

"和"作为"道"的造化(生)精神和奥理,理所当然是人道的最高标准、方法,为人道提供效仿的法则,为生命提供长养的妙道。于日常饮膳,中国人调和"五味"以养生;于茶饮,中国人中和茶之寒性以摄生养命。"和",是理之极处,也是味之极处。如清人陆次之品评龙井:

甘香如兰,幽而不洌,啜之淡然,看似无味,而饮后感太和之气弥漫齿颊之间,此无味之味,乃至味也。(《湖壖杂记》)

此中的"无味"之味,乃冲和之味,似淡实浓、层次丰富,因其不偏不倚,故又无特别之处,而这正是中国人心中妙不可言的至味。

又或以茶导和以养生延龄:

调神和内，慵解倦除。（［晋］杜毓《荈赋》）

其性精清，其味浩洁，其用涤烦，其功致和。（［唐］裴汶《茶述》）

至若茶之为物，擅瓯闽之秀气，钟山川之灵禀，祛襟涤滞，致清
导和，则非庸人孺子可得而知矣（［宋］赵佶《大观茶论》）

天和涤烦滞，灵味扶残衰。（［明］高启《赠隣岕者》）

至味无味，是"万物负阴而抱阳，冲气以为和"（《道德经》）的冲而后和、浓而后
淡。"饮之太和，独鹤与飞"（［唐］司空图《二十四诗品》），是滋味，也是审美，还是
冲淡闲雅的人生境味。

品茶，是以平常心为妙道、以平日庸常为道场的践行实修。

茶和酒作为精神饮品，作用于人的生理进而影响人的心理。茶酒性味不同，产
生的功能效用也截然不同：

蠲忧忿，饮之以酒；荡昏寐，饮之以茶。（《茶经·六之饮》）

茶性寒味苦，其清心、醒思、寡欲、除倦的功效对人之生理、心理产生调节作用，
也因此与注重心性修炼的儒释道深度交融，成为万味合一味的禅茶滋味——以茶
接通"茶米油盐酱醋"的俗世烟火，拉近心性修炼与实际人生的距离；以茶味通禅
味，发展出一种由日常生活延展出的精神修炼方式——"平常心是道"。

道不在深山，避世只是定性；道无处不在，平常日用就是修行。平常者，须臾不
可离也。吃饭睡觉、屙屎拉尿、挑水砍柴、舂米吃茶……无不于生活的紧密处生发，
无一不是修行的道场——"饥来吃饭，困来打眠"（［宋］释如净《偈颂》），道是平常、
道在平常。唯是平常心，方得清净心；唯是清净心，方可妙悟禅机。柴米油盐酱醋
茶，是僧道文人的日常与俗务；琴棋书画诗酒花，是俗世生活的诗性和禅意。

《庄子·人间世》借孔子之口阐述心性修炼的方法和过程，从用耳朵听，到用心
听，再到用气听，修心、定性、凝神不为外物所扰，最终心性与道相合，进入名为"心
斋"的虚静境：

若一志，无听之以耳而听之以心；无听之以心而听之以气。听

　　　　　　　　　　　　　　　　　　　　　一碗茶的诗礼禅

止于耳,心止于符。气也者,虚而待物者也。唯道集虚。虚者,心斋也。

道是虚静,心在虚静,则与道合。心性的修行是精神的斋戒,通过摒除杂念,使心境虚静纯一,而明大道。品茶之境,一如"心斋",是向内问道、修心证道之所。

在日本,经历从书院茶到草庵茶的蜕变,千利休将茶空间改造为修行的道场,使茶道成为一种日常生活的禅修功夫:

家以不漏雨,饭以不饿肚为足。此佛教之教诲,茶道之本意。([日]南坊宗启《南方录》)

草庵茶就是生火、烧水、点茶、喝茶,别无他样。这样抛去了一切的赤裸裸的姿态便是活生生的佛心。如果过多地注意点茶的动作、行礼的时机,就会堕落到世俗的人情上去,或者落得主客之间互相挑毛病,互相嘲笑对方的失误。(同上)

又历经几代茶人的继承与发展,茶道在日本几乎成为禅法的另一个"教外别传":

……就是把禅从禅苑中解放到茶室茶庭,把禅僧化作茶人,是对日本禅宗的一次革命,草庵茶道创造了一个崭新的扎根于庶民的禅文化。([日]久松真一《茶道的哲学》)

……是以禅法为准,了解自性的工夫。……不借人为之作意,顺自然之理,领悟禅茶之工夫,……吾门之人尊奉此大义,即应该修行"禅味之真茶"。([日]寂庵宗泽《禅茶录》)

日本人将茶道精神和美学贯穿社会生活以及平常日用的方方面面,其民俗风情、艺术审美无不烙上茶汤的印记,确然发挥了"生活的宗教"和"美的信仰"的功能与使命。

茶,道生德蓄,以茶德诏示自然天道。人,道法自然,以茶德之美,昭示世俗人伦之德行操守;以茶德之灵,涵养超凡脱俗的逍遥精神,心生敬天惜物的朴素信仰。一碗茶汤,于己可悟道——"识得其理,以诚敬存之"([宋]程颢《识仁篇》),进而自觉遵道而行、率性而为;于人可布道,实施教化,使人从此一味进入生命的省察与觉悟，进而开启修行证悟的心性修炼。

聊试茶瓯一味禅

巨石横空岂偶然，万雷奔壑有飞泉。
好山雄压三千界，幽处常栖五百仙。
云际楼台深夜见，雨中钟鼓隔溪传。
我来不作声闻想，聊试茶瓯一味禅。
　　　　　——［宋］陈知柔《题石桥》

佛法不可言说，佛祖拈花微笑是契机，以心印心是法门。作为"以心传心，不立文字"的教外别传，禅宗以心为本体，向内修持，不假外求，以平常为道场。如果说从律宗摆脱出来的禅宗是佛教中的自由派，那么南宗则是自由派中的激进派。慧能以"大字不识"这样一种极端的方式强调"不立文字"，表明即使读了万卷经书，如果不能识得本自具足的心性，终无益处，一旦识得，即可成佛。从"一切众生皆有佛性"到"即心是佛""平常心是道"，是禅宗对偶像化、经义化、仪律化佛教的反动，也是禅宗自辟的一条觉醒、证悟新路。

禅宗修行方式的改变，降低了佛教的出世性，使避世的佛教与世俗、平常接通。与此同时，其心、性修炼的教旨与中国天人哲学相融通，其率性不羁的精神与道家任尚自然的思想相吻合，成为道家之外又一个透脱尘网、逃离名教的精神乌托邦。茶饮，作为僧道文人参禅悟道的平常日用、嘉侣良朋，同样也是他们修心证悟"平常心是道"的道场。那些映照在一碗茶汤中的深邃思想和斑斓文字，不仅是开悟后进的话头、公案，更是中国思想文化艺术的丰富宝库。

百丈三诀：吃茶、珍重、歇

百丈禅师将茶融入禅门规式，创制《百丈清规》，还将茶融入他的禅学系统，以茶助修、开悟。怀海开丛林，不设佛堂，唯设法堂。法堂本为说法之地，众人才聚，只等怀海开示，却是一句"吃茶去"，有时是一句"珍重"，有时是一字"歇"：

上堂，众才集，师便云："吃茶去。"或时众才集，便云："珍重。"或时众才集，便云："歇。"（《五灯会元》卷十）

"吃茶、珍重、歇"的禅偈又称"禅门三诀"，并伴随"天下禅宗，如风偃草"（《宋高僧传》）的《百丈清规》不胫而走，促进了茶禅文化的传播和发展。"三诀"具有南宗一脉言语道断、不涉理路、不落言荃的"顿悟"特征，禅宗典籍中多见禅师以之作颂，启悟后进：

百丈有三诀，吃茶珍重歇。直下便承当，敢保君未彻。（《五灯会元》卷十）

八月秋，何处热。风入松，声瑟瑟。落霞孤鹜齐飞，秋水长天一色。不是对景对机，不是应时应节。毕竟如何，下座巡堂去，吃茶珍重歇。（《续刊古尊宿语要》第四集《铁鞭韶和尚语·嗣密庵》）

如此一来，茶不仅在礼（制度）的层面与禅门制度文化相结合，还在哲学层面与禅宗教义相沟通。

禅宗自称"不立文字，教外别传"，不崇拜经典，但并不排除言说。事实上，禅语词约而义丰，是一种高度诗化的语言艺术，和禅门的棒喝踢打一样，都是禅师用以制造开悟的契机。陆游就曾论诗以参禅作比，说诗与禅一样，具有非逻辑性、多指向性以及灵性妙悟等共同特征：

学诗大略似参禅，目下功夫二十年。（《赠王伯长主簿》）

百丈禅师"三诀"五字，大有玄机。如何理解，还要从怀海的禅学思想说起。

在禅宗的历史上，怀海禅师最强调自由——勘破生死的大自由、大自在，这与他通过农禅实现经济独立不无关联。怀海叹息人生来有命，为生死所羁，"被四大把定"，不得解脱：

常嗟今日所依之命，依一颗米、一茎菜，馁时不得食饥死，不得

水渴死,不得火寒死,欠一日不生,欠一日不死,被四大(水、火、风、空)把定不如。(《指月录》卷八)

生、死,是人生最大的苦恼与束缚,如果一切随缘,要生就生,要死就死,不怖不忧,不贪不恋,便"使得四大风水自由,一切色是佛色,一切声是佛声",如此才得解脱。所以,在怀海看来:

自古自今,佛只是人,人只是佛。佛只是去住自由,不同众生。
(同上)

如何达到这样一种自由呢? 于是,有求法者问:"如何是大乘顿悟法要?"怀海回答:

汝等先歇诸缘,休息万事。善与不善,世出世间一切诸法,莫记忆,莫缘念。放舍身心,令其自在。心如木石,无所辨别。心无所行,心地若空,慧日自现,如云开日出相似。但歇一切攀缘。(同上)

怀海说,顿悟的法门和要领就是"歇":把一切牵绊尽都放下,把万事都放下。善与不善诸如此类的分别,以及世间世外一切知识、法门,都不要去想、不要去念。把身心都放空,还它自在。心要如木石一般无情,不生分别心。心无所羁绊,心田空寂,则生慧——如日升空,就像云开日出一般。但这一切,归根结底是要放下(歇)一切牵绊。

为何"歇"就能"云开日出"呢?

按照禅宗"本自具足"的思想,一切众生皆有佛性,只是被尘欲所迷,不得显露。所谓法要,就是荡涤尘浊、情欲,散开迷雾,复归清净境,使本性如日升天一般地显露。怀海的思想一脉相承于马祖道一。曾有求法者问道一:"作何见解,即得达道?"道一回答:

自性本来具足。但于善恶事上不滞,唤作修道人。取善舍恶,观空入定,即属造作。更若向外驰求,转疏转远。但尽三界心量,一念妄想,即是三界生死根本。但无一念,即除生死根本,即得法

一碗茶的诗礼禅

王无上珍宝。(《古尊宿语录》卷一)

只是在善、恶之事上作出分辨、取舍，包括坐禅入定的修行举止，这些统统属于刻意造作，最多算个修道之人。如果再向外去寻求、膜拜，则可谓越走越远了。马祖彻底将修持之道由外求转到向内，以"无念""即除生死根本"，复归圆满具足的自性，并在此基础上将慧能的"无念"发展为"平常心"。用道一的话说就是"道不用修，但莫污染"。然，何为污染？如何不染？道一说：

> 但有生死心造作趣向，皆是污染。若欲直会其道，平常心是道。谓平常心无造作，无是非，无取舍，无断常，无凡无圣。(《景德传灯录》卷二八《江西道一》)

大珠慧海求法于道一，道一开示曰：

> "我这里一物也无，求甚么佛法？自家宝藏不顾，抛家散走作么！"慧海禅师道："阿！那个是慧海宝藏？"马祖道："即今问我者，是汝宝藏。一切具足，更无欠少，使用自在，何假外求？"(《五灯会元》卷三)

慧海禅师言下便悟，遂拜马祖为师。其后著《顿悟入道要门论》传世，以"无念为宗，妄心不起"为旨，大举"平常心是道"的禅法。其中，有一段慧海开示语录：

> 僧问：如何是定慧等学？师曰：定是体，慧是用；从定起慧，从慧归定；如水与波，一体更无前后；名定慧等学。夫出家儿莫寻言逐语，行住坐卧，并是汝性用，什么处与道不相应？且住一时休歇去。若不随外境之风，性水常自湛湛。无事！珍重！

慧海在回答了定与慧的体用关系之后，便开悟僧人自性是佛，处境是道。没事不要寻言逐语，止住你那些东想西想，休歇去！心若不被外境污染，本性清净无垢。无事，就是珍重自性，自性即佛！

慧海以上开示除了没有"吃茶去"三个字，其中禅意、禅法与百丈三诀别无二致。怀海的"吃茶去"便是"无事"，无事便是清净，谓心、境本空，为忘情、忘忆、忘智,为无念,为不迷;迷之谓有,所以生三毒六欲。无事,便是无用功处;无用功处,便歇;歇,是放下。这个无用功又作何解?曾有律师来问,慧海开示其于"无"处"用功":

> 源律师问:"和尚修道,还用功否?"师(慧海)曰"用功。"曰:"如何用功?"师曰:"饥来吃饭,困来即眠。"曰:"一切人总如是,同师用功否?"师曰:"不同。"曰:"何故不同?"师曰:"他吃饭时不肯吃饭,百种须索;睡时不肯睡,千般计较。所以不同也。"律师杜口。(《顿悟入道要门论》)

洪州禅系在河北临济宗的创始人义玄,把佛教看做一味用来治病、解缚的药方,认为解脱之道在于"无心",而"无心"就是歇息,亦即歇念、息念,即"无求""无依""无念",不"无事"找事。这在《古尊宿语录·临济录》中多有记述:

> 佛法无用功处,只是平常无事,屙屎送尿,着衣吃饭,困来即卧。
>
> 求心歇处即无事。
>
> 无事是贵人。
>
> 你一念,心歇得处,唤作菩提树。你一念,心不能歇得处,唤作无明树。

慧能开辟的南宗禅向来提倡"直指人心,顿悟成佛",而"直指"与"顿悟"之间的契机,正是"言语道断,心行处灭",这叫作"截断众流",如斩钉截铁,直截了当地斩断你的逻辑思维或心念执着,让你从缠缚的那个事相上解脱,嬉笑怒骂、棍打棒喝、呵佛骂祖……种种雷霆手段是劝告,是命令,是言不尽意的佛法所在。百丈"三诀",当下立断,不落言筌,不涉理路,佛魔俱遣,直截痛快,如能接机得悟,便心下豁然——原来如此,本来如此!

生命无常,人生是苦,万般情愫,三千烦恼丝,如何抚慰?何以安放?"吃茶、珍重、歇",是怀海开出的一味疗心病、佛病的药方:

> 一切言教,只是治病。为病不同,药亦不同。所以,有时说有

佛,有时说无佛。实语治病,病若得瘥,个个是实语;治病若不瘥,
个个是虚妄语。(《指月录》卷八)。

常空寂,常自在。"透网金鳞活泼泼"(《禅宗颂古联珠通集》卷二十一)——透
得名利关,逃出尘网,得小解脱、小休歇;透得生死关,跳出三界外,得大休歇、大自
在。不起分别心,只是平常心。活在当下,且自珍重,何须置身世外?"或饮茶一
盏,或吟诗一章",是平常事,是休歇处,亦是茶禅味道:

> 无事日月长,不羁天地宽。安身有处所,适意无时节。([唐]
> 白居易《偶作》)

赵州门风:吃茶去

赵州从谂禅师(778—897)俗姓郝,曹州(今山东省菏泽市)郝乡人。少时于曹
州龙兴寺出家,至嵩山琉璃坛受戒,得法于南泉普愿——

> 不味经律,遍参丛林,一造南泉,便无他住。(《景德传灯录》)

池州南泉山普愿禅师,是马祖道一门下继百丈怀海之后的又一大家。赵州受
普愿嫡传,承其法嗣,后离开南泉到各地行脚。时值晚唐五代,政权更迭,战乱频
繁,赵州孤锡游方生涯可谓跌宕艰辛,其足迹遍及南北,参过沩山、药山、百丈、临
济、道吾等禅门巨擘,访遍天下善知识。曾自谓:

> 七岁孩儿胜我者,我即问伊;百岁老翁不及我者,我即教伊。

(《赵州录》)

直至八十多岁以后,才驻锡河北赵州观音院(今石家庄赵县柏林禅寺),传禅四
十年,被尊为"赵州和尚""赵州古佛"。

赵州以其禅风高古、证悟渊深、年高德劭而享誉南北禅林。由于时局动荡,有
关事迹的描述和记录多有出入,但对其禅法的推举却极为一致:

凡所举扬，天下传之，号赵州去（之）道，语录大行，为世所贵。（《宋高僧传》）

师之玄言，布于天下，时谓赵州门风，皆悚然信伏。（《景德传灯录·赵州和尚传》）

时有"南有雪峰，北有赵州"之说。雪峰义存禅师（822—908）为唐末南方禅宗之领袖。义存禅师广参博学，二十年间"三到投子，九上洞山，鳌山得道"（［宋］释师观《雪峰真觉祖师赞》），成为禅林佳话。北禅无法垦荒自给，靠乞食施舍，生存环境极其艰苦，加之个人境遇，以赵州从谂、临济义玄为代表的北宗禅风以孤愤、峻烈、质直见著，与南宗的容忍、洒脱、冲淡大相径庭。这从《古尊宿语录》记录的一则涉及雪峰和赵州两大宗师的禅林公案可窥一斑。一北一南虽未谋面，中有行脚僧往来其间，传话参契：

问："古涧寒泉时如何？"师曰："不见底。"曰："饮者如何？"师曰："不从口入。"僧举似赵州，州曰："不从口入？不可从鼻里入？"僧却问："古涧寒泉时如何？"州曰："苦。"曰："饮者如何？"州曰："死！"师闻曰："赵州古佛！"遥望作礼，自此不答话。

这一公案载于雪峰语录。真如佛性无相无色，清净境也，僧人借"古涧寒泉"直问真如佛性。雪峰对"不知"。真如自性本身具有，非从外入，于真如自性而言，人自非"饮者"，故雪峰对"不从口入"。行脚僧将此话带给赵州，赵州却见山还是山——既然是泉，不从口入，难道还从鼻孔入吗？面对赵州不接机的机锋，僧人不能作答，便拿同样的问题来问赵州，赵州用"苦""死"二字作答。真如佛性人人具备，若得明白，须知人生是苦，是烦恼；而斩断烦恼，离苦得乐，复归真如本性，唯有一"死"方休。死，是息念，是歇息，也是解脱。同一问题的接机应对，显然赵州更加不加迂回，直截了当，直指人心。

赵州承接普愿"平常心是道"的禅法，《祖堂集》《景德传灯录》《古尊宿语录》《指月录》等禅门典籍多有记录：

师问南泉："如何是道？"泉云："平常心是道。"师云："还可趣向否?"泉云:"拟向即乖。"师云:"不拟争知是道?"泉云:"道不属知不知。知是妄觉,不知是无记。若真达不疑之道,犹如太虚廓然洞豁,岂可强是非也!"师于言下顿悟玄旨,心如朗月。(《祖堂集》卷十八)

平常心是道,道不可"趣向",一旦起心动念就发生乖离——"但有生死心,造作趣向皆是污染"(《景德传灯录》卷二八《江西道一》)。南泉把"道"看作宇宙万物的本体、源头,不属于知识范畴,只可一心相印,不可言说;所谓"知道",只是人的妄悟;真达到"道"的境界,廓然了悟,不是"是非"所能定义或判别。这些论道几与"道可道也,非恒道也""绝圣弃智"的道家思想相若。

赵州住持观音寺四十年,慕名来往求法的僧人络绎不绝。赵州于行住坐卧、吃茶吃饭、应机接物处,皆与道合一,其日常接引也多以平常开示,如"吃茶去""庭前柏树子""狗子无佛性"等禅语公案,弘扬"平常心是道"的禅法。其中,尤以"吃茶去"流传最广,并历久弥新,僧俗并举。《明觉语录》《五灯会元》《赵州和尚语灯》等均有记录:

> 师问二新到:"上座曾到此间否?"云:"不曾到。"师云:"吃茶去!"又问那一人:"曾到此间否?"云:"曾到。"师云:"吃茶去!"院主问:"和尚,不曾到,教伊吃茶去,即且置;曾到,为什么教伊吃茶去?"师云:"院主。"院主应诺。师云:"吃茶去!"

禅门清规引入世俗茶汤礼,客来吃茶,客去喝汤。赵州见有僧客造访,问"曾到"与否,不过是打个招呼,不至于轻慢失礼。且不管曾到不曾到,来了就是客,统统吃茶去!两句"吃茶去"只关礼数,无关弘旨。可是,院长不明白,欲探究其中深意,赵州还是叫他"吃茶去"。本来平常,何必探求深意,到得这第三句,不亚于一声"断喝",虽说的是"吃茶",实已无关吃茶,这就使得整个情境有了意味深长的禅意。在主张"挑水砍柴无非妙道,春米作饭正好参求"的禅宗,借用禅门平常之事阐发"平常心是道"的禅法,在赵州之前已在禅林大行,吃茶吃粥、遇茶吃茶等法语已非新鲜,只不过赵州的"吃茶去"却不是用来说理,而是与"古涧寒泉"公案一样,直接落槌,不加迂回,不落理路——参禅太实,想得太玄,是病！你词令争胜,他截断众流,闭嘴！所谓佛病最难治,你问得具体,他指东打西；你有八万四千个细密的烦扰和问题,他却万法归一,只开出一个药方——"吃茶去"！

禅门待客是凡俗是平常道,奉茶待客也是凡俗是平常道。赵州以茶待客,也以茶接机,求法者来,不论僧俗无不先领略"吃茶去"的赵州门风。在某种程度上,可以说道一、普愿"平常心是道"的禅法,因"吃茶去"禅语的流行而进一步扩大其对禅林的影响,而与此同时,作为"吃茶去"禅偈流行的附属效应,平常日用的茶饮被镀上参禅悟道的佛光,成为载道之筏、指月之指的道境媒介。与"吃茶去"类似的还有一个"洗钵去"的公案,不妨一并参看：

> 僧问赵州,某甲乍入丛林,乞师指示。州云："吃粥也未。"僧云："吃粥了。"州云："洗钵盂去。"其僧省悟。(《禅宗无门关》七则)

道不可说,唯旁敲侧击、顾左右而言他,或可触类而旁通。这个"类"就是行立坐卧、吃粥吃茶的日用平常——吃粥,是平常；没吃,就去吃！你说吃了,那就洗碗去！你若还不明白,只说洗了,那就歇息去！若问"洗钵去"有何禅意？若说有,那是什么？若说没有,僧人又何以得悟？后人阐释其中深意,或说钵盂是佛性,无论装的甜酸苦辣咸,但莫污染；或说心无旁骛,专心洗钵,即可明心见性；或说处境是佛,循道而行,该干吗干吗,该吃粥吃粥,吃完粥就去洗钵盂,就是即心即佛。宋代禅师无门慧开特为"赵州洗钵"公案作颂,表达他的看法：

> 只为分明极,翻令所得迟。早知灯是火,饭熟已多时。(《禅宗无门关》)

现代人也有现代人的解说。钱穆在《双溪独语》中,以"佛即是凡"作解：

> 僧人来到山本为寻求佛法,但赵州也认佛即是凡。离了凡,既无法可得,亦无佛可成。故且令诸僧人来者,屏息诸缘,勿著一念,庶有开悟。故僧人来到山寺,循例教他们吃茶吃粥。

自性即佛,自是触境皆道。所谓"见山还是山,见水还是水","想多了"本就背

一碗茶的诗礼禅

道,若是"没想透",还是病!无门慧开以"饭"喻"道"——好比对着火尽去发玄思,却不知火就是火,灯还是火,若是见火就是火,米就不只是米,早就做成了熟饭。以"饭"喻"道"见《楞严经》,劝出世修道首要戒淫:

若不断淫,修禅定者,如蒸沙石,欲成其饭,经百千劫,只名热沙。

赵州所言"真佛内里坐"(《赵州录》),即是六祖所言"自性",亦是普愿所阐述的宇宙本体,即恒常不变的"道":

未有世界,早有此性。世界坏时,此性不坏。(《赵州录》)

外在世界千变万化,才生即灭,所有向外求取的行为都是徒劳。只有自性光明,万法都归于心法:

梦幻空华,徒劳把捉。心若不异,万法一如。既不从外得,更拘执作么?(《联灯会要》卷六)

既然求佛不能向外求取,那还执着什么呢?赵州从谂禅师一声"吃茶去",不过是"断喝",喊醒急匆匆、慌张张、向外觅佛的忙碌人:

莫转头换脑。若转头换脑,即失却也。(《五灯会元》卷四)

南泉普愿上堂说法,"要行畜生行",又言自己百年之后"山下作一头水牯牛去"(《五灯会元》卷三)。曹山作解,说水牯牛"只是饮水吃草的汉"(《祖堂集》)。赵州也自称"老僧是一头驴"(《赵州录》)。驴和水牯牛都是无凡无圣,无思虑、无言语、无造作、无趣向,是禅师开示以"平常心"做"无事人"的极端说法。对赵州问道南泉"如何是道"的禅林公案,无门慧开以一千古名颂,道尽"平常心是道"的真意,也是赵州茶的禅味:

春有百花秋有月,夏有凉风冬有雪;若无闲事挂心头,便是人间好时节。(《禅宗无门关》)

圆悟克勤与茶禅一味

唐末五代形成的五宗传到宋代,主要有临济、云门和曹洞三宗。临济宗善昭(947—1024)首创颂古,著《颂古百则》,以韵文阐释和赞赏公案,提倡从前代大德的言行范例(即公案)中去参悟禅的真谛。"颂古"的出现,使禅进一步走向文字玄谈。这样一种禅法几乎可以说是为文人士夫们量身定制。善昭之后,言教之风遍布禅林。其弟子石霜楚圆(986—1039)晚年传法活动地转移到潭州(今湖南长沙)一带,门徒慧南、方会,分别在江西的南昌黄龙山、萍乡杨岐山建宗立派,在文人士夫的广泛参与和扶持下,开创了在文字语言上立禅的一代禅风。而圆悟克勤(1063—1135)是杨岐派第三代传人中的佼佼者,也是文字禅的集大成者。

圆悟克勤俗姓骆,字无著,号佛果,法名克勤。"圆悟"为赐号,去世后谥号"真觉禅师"。彭州崇宁(今成都郫县唐昌镇附近)人。早年习佛教经论,后属禅宗,毕生致力于佛教经论和禅宗语录的研究,辗转四川、湖南、湖北等地传法,久历丛席,遍参知识,融通禅宗与言教。重理悟,行言教,以语示理,本是云门一宗的特点,并由雪窦重显(981—1053)发扬光大。雪窦禅师从《景德传灯录》1700 则公案中,选用百则作颂。不同于善昭的质朴无文,雪窦的颂古融佛、道、儒于一炉,化作《百则颂古》的斑斓文字。克勤以之为蓝本,对"百则公案从头一串穿来"(《碧岩录·普照序》),在成都昭觉、夹山灵泉、湖南道林三寺以评唱的形式传法,由门徒收集整理成《佛果圆悟禅师碧岩录》,又简称《碧岩录》或《碧岩集》。

《碧岩录》共十卷,每卷十个公案和对应的颂古,形成十个部分。其中每个部分由"垂示"、公案"本则"、雪窦"颂文"以及"著语"和"评唱"组成。"垂示"是对每一则公案加以引介并提示纲要,并借此展开公案、颂文的著语(夹注)和评唱。分散在本则和颂文之后的评唱,是圆悟自己的体悟与解说,也是《碧岩录》的主体内容。作为一种创新的禅宗经典形式,《碧岩录》语言生动活泼,富有节奏韵律,被尊为"宗门第一书",对后世的深远影响不限于禅林,是日本茶道"禅茶一味"的渊源,而圆悟禅师也因之获"茶禅之祖"尊号。

日本僧人荣西禅师(1141—1215)两次来宋游学习禅,归国时把《碧岩录》带到日本,据说一同带回的还有圆悟的手书墨迹以及茶籽。荣西禅师回国后即在日本东福寺弘扬临济禅法,并于1191年写成《吃茶养生记》,以茶为仙药,倡导吃茶养生。据说,开创"草庵茶"而被尊为日本茶道"开山之祖"的村田珠光(1433—1502),曾于一休禅师处得到圆悟墨迹,并将之供奉于茶之间,每个来参加茶事的客人都要先向圆悟手迹行礼。由此,圆悟墨迹作为珠光将禅宗与茶道相结合的见证,成为茶道开山的至高圣物。由于年代久远,对于圆悟墨迹到底书写的是"禅茶一味"四字,还是七行字或二十三行字,已不可考。历史的细节虽已模糊,但足够铭记圆悟克勤及其《碧岩录》东渡,传递夹山境地以及禅茶文化这一史实。日本历代茶人将中国禅宗法脉注入一碗茶汤之中,夹山禅境、文字禅是其沫饽精华。

夹山禅境:酽茶三两碗,意在镢头边。

圆悟曾住持湖南澧州夹山灵泉院,"碧岩"二字源于与赵州从谂同时代的石门夹山寺开山祖师善会禅师(804—881),人称夹山和尚。《碧岩录》与茶的渊源不仅在于其间100多处出现赵州茶、吃茶去、遇茶吃茶、吃茶打鼓等语,还在于"碧岩"二字所代表的夹山禅境,正寓于"酽茶三两碗"之中。《祖堂集》卷七记载了这一公案:

> (杭州佛日和尚参见夹山)又问:"你名什么?"对曰:"佛日"。师曰:"日在什么处?"对曰:"日在夹山顶上。"……师令大众镢地次,佛日倾茶与师,师伸手接茶次。佛日问:"酽茶三两碗,意在镢头边。速道,速道。"师云:"瓶有盂中意,篮中几个盂?"对曰:"瓶有倾茶意,篮中无一盂。"师曰:"手把夜明珠,终不知天晓。"罗秀才问:"请和尚破题!"师曰:"龙无龙躯,不得犯于本形。"秀才云:"龙无龙躯者何?"师云:"不得道着老僧。"秀才曰:"不得犯于本形者何?"师云:"不得道着境地。"又问:"如何是夹山境地?"师答曰:"猿抱子归青嶂岭,鸟衔花落碧岩泉。"

这一则对话,接机应机,无一语不带玄机。对第一问"日在什么处",佛日和尚的回答见山是山,圆融无碍。给夹山倒茶,主动搭箭:"这二三碗浓茶,意在镢头边,师父快说道说道。"说这几碗茶内涵普请之意,喝完茶便要去劳作。夹山接机,以意会意:"瓶子里头有水碗之意,你篮子里有几个水碗啊?"佛日和尚应机也是发机:"瓶子的寓意就是倒茶,但是篮子里没有装水的碗了。"夹山以夜明珠寓本性光明,无须外求,夹山顶上有没有日头,篮子里有没有碗,都无碍本性自在。秀才不明所以,夹山以"龙"喻佛之体与用,指出有形外物都是无形的、作为本体的佛的外化形式。本体无形不可触摸、难描难述,所以佛不可说;其外化之形正如龙的幻化,非其本体,其境界亦不可说。最后道出"夹山境地"——"猿抱子归青嶂岭,鸟衔花落碧岩泉"。猿抱子归、鸟衔花落,活泼玲珑、自由自在,境地是佛,佛不可说,但触境即知、触境皆佛。

"夹山境地",夹山和尚寓禅于茶,以茶解禅,其禅境茶意、诗情画意,可谓千古传诵,在茶禅发展历史上无疑具有典范意义。由此,"夹山"也被禅师们称为"碧岩"。圆悟评唱集以此命名,也就天然地与夹山茶禅接续上法脉。《五灯会元》载有夹山和尚的另一则公案,说夹山和尚喝完一碗茶,又自斟一碗递给侍僧,侍僧正欲接碗,和尚陡然问道:"这一碗是什么?"侍僧一时语塞。另载有陆希声于唐昭宗(888—904)时,拜访沩仰宗祖师之一仰山慧寂禅师(840—916),慧寂以"夹山境地"来开示说法:

> 问:"和尚还持戒否?"师云:"不持戒。"云:"还坐禅否?"师云:"不坐禅。"公良久。师云:"会么?"云:"不会。"师云:"听老僧一颂:滔滔不持戒,兀兀不坐禅。酽茶三两碗,意在镢头边。"

自百丈定清规规范禅林,赵州"吃茶去"法语广为天下知,吃茶在禅宗教义中不仅是日常习俗,更是正式仪式上的禅门礼仪。禅僧以日常之茶来说心、说佛,不过触境言道、随手取譬。茶于禅林,不过是万法之一法,以一法通万法。因此,在文人士夫将琴棋书画诗香花汇聚茶味、将儒道释融入茶禅的两宋,"禅茶一味"作为一种更加凝练和明快的提法是否为圆悟所书,于中国文化史来说,其实并不重要。然而,融《碧岩录》于一碗宋代点茶之中的日本茶道,其独辟以茶接机、以茶开示的茶空间,直接将世外禅林搬到平常生活——茶空间一如禅苑,平常生活一如道场,这是日本茶人于一碗茶汤中妙悟的禅滋味。

文字禅：道本无言，因言显道，见道即忘言。

北宋之后，禅宗不立文字、言语截断的棒喝机锋逐渐走向千人同调的油滑。善昭开创的参学之路，重视佛教经典和禅宗本宗的历史文献研究，重新以研究文词义理的传统方式去解释和领悟禅理。这样一种发展趋势，无疑对禅僧的文化修养有极高的要求，同时，也更加密切了禅宗与文人士夫的联系。文字禅，一方面改造了文人的思想、思维方式；另一方面，文人的参与和推崇，推动了禅宗在更广阔的层面向世俗生活渗透，包括文人士夫钟情的文化艺术领域。两宋期间，"禅"被赋予了更多的文人气息，或者说，文人士夫有了更多的禅思、禅意。茶，作为文人士夫的嗜好，其"禅"的面貌与琴棋书画等其他文化艺术一样，也在这样一种思潮中得到丰满。圆悟住持夹山二十余年，一直致力于"宗（禅宗）教（言教）融通"，《碧岩录》的形成与流传折射了文字禅的历史发展。

圆悟顿悟就得机于杨岐下二世法演诵"艳诗"，并获其印可：

> 会部使者解印还蜀。诣祖问道。祖曰："提刑少年曾读小艳诗否？有两句颇相近，'频呼小玉元无事，只要檀郎认得声'。"提刑应喏喏。祖曰："且仔细！"师适归，侍立次。问曰："闻和尚举小艳诗，提刑会否？"祖曰："他只认得声。"师曰："只要檀郎认得声。他既认得声，为甚么却不是？"祖曰："如何是祖师西来意？庭前柏树子！聻[nǐ]！"师忽有省，遽出，见鸡飞上阑干，鼓翅而鸣。复自谓曰："此岂不是声？"遂袖香入室，通所得，呈偈曰："金鸭香销锦绣帏，笙歌丛里醉扶归。少年一段风流事，只许佳人独自知。"祖曰："佛祖大事，非小根劣品所能造诣。吾助汝喜。"祖遍谓山中耆旧曰："我侍者参得禅也。"

中国的道家说，道不可言；西来的佛陀说，佛不可说。然自古道家、佛家都说了不少。号称"不立文字"的禅宗虽呵佛骂祖、棍打棒喝，否定经典，但历代高僧大德又无不以言载理、以理载道。这样一种对语言的看起来十分矛盾的态度，在老庄式的"无言之言"中获得阐释和理解。唐末宋初襄州洞山守初宗慧禅师认为，禅语言并非表达事理情识，停留在语言文辞之上不"丧"（失）就"迷"：

> 言不展事，语不投机，承言者丧，滞句者迷。（《古尊宿语录》卷
> 三十八）

北宋时期黄龙派的慧洪禅师说，禅语言是用"言"来表达"无言"，并阐述了语言通达心神的"心契"功能：

> 借言以显无言，然言中无言之趣，妙至幽玄。（《石门文字禅》）
> 心之妙不可以语言传，而可以语言见。盖语言者，心之缘、道
> 之标帜也。标帜审则心契，故学者每以语言为得道浅深之候。
> （《临济宗旨》）

语言并非传达真谛的工具，却可以透过语言心领神会背后的真谛。因为语言是心、道的表征，表征显露便可心领神会，所以学禅的人往往通过他的言谈就可以判断他得道的深浅。道或者佛等关乎宇宙本体，不可言说，却要说道——启发参禅问道者与生俱来的智慧，自证自悟，却万不可穿凿附会，在文字上兜圈子。道、佛是语言不能表达的存在，试图表达的语言是指月之指、载道之筏，道在彼岸，月在空中，要得鱼忘筌、得意忘言、离言会道，追求言外之旨、味外之味。如此，圆悟总结归纳之：

> 道本无言，因言显道，见道即忘言。（《碧岩录》）

佛也好，道也罢，全在"觉""悟"二字，不在赵州"吃茶去"，不在洞山"麻三斤"，不在禾山"解打鼓"——"他意不在言句上，自是后人，去言句上作活计"；若是在句子里去寻答案——"参到弥勒佛下生，也未梦见在"（《碧岩录》）。

以上看似说了一大通与圆悟顿悟无关的文字，实际上却是其开示后所悟。圆悟出身于儒学世家，"儿时日记千言"，出家后，又辗转南北广交善知识，颇有名声。在参谒法演时，不免搬弄学问——"尽其机用，祖皆不诺。乃谓祖强移换人，出不逊语，忿然而去"（《指月录》）。一肚子的博学和自负在法演这里成了"干屎橛"，忍不住出言不逊。法演知圆悟之病，至此也不过给了一句话："待你著一顿热病打时，方思量我在。"离开法演后果然得了一场热病，之后回到五祖山，便有了这一段公案。法演用来说法的这两句诗，出自唐人笔记《霍小玉传》。古时千金小姐想知会情郎，

又不可私相授受,就故意在房里头大声喊丫头的名字,实际上是让心上人听见。如果仅仅是听到呼"小玉",以为就是,那么这是停留在语言表述事理的层面;如果能明白"呼小玉"实际是让情郎听到声音知道"我在这里",这就是提刑"只认得声"的水平,到了语言超越事理的层面。圆悟此时的觉悟和提刑差不多,他说:"'只要檀郎认得声'。他既认得声,为甚么却不是?"用觉悟后的圆悟的话来说,就是"去言句上作活计"了。法演断喝一声:"如何是祖师西来意? 庭前柏树子! 釐!"这一句断喝,真正是把圆悟几十年积攒的自以为是的学问变成了"干屎橛"。从字句上下功夫如何能参悟"佛祖西来意",必要如"庭前柏树子"一般截断众人的舌头,透过大千世界的森然万象参悟其中的消息,方能以意会意、以心印心。小姐"呼小玉"之声,不在"小玉",不在"声",而在情"意";言词是象,声音也是象,象是"意"的消息,是佛的消息,是道的消息。圆悟急奔时,再"见鸡飞上阑干,鼓翅而鸣",听在耳中已经不是鸡鸣之声,而是天地间无时无刻不在传递的消息。圆悟随即心领神会,以一首艳诗为偈,通过少年会意其中消息,得于鸳鸯帐里"香销锦绣帏",成就一段风流韵事。离言会意,且所得之意,亦是禅意,何尝能为外人道?

后世不乏诟病艳诗传法之说,圆悟在评"禾山打鼓"时,早有作答:

真谛更不立一法,若是俗谛万物俱备,真俗无二,是圣谛第一义。(《碧岩录》)

道一不二,真、俗无别。更何况提刑本为世俗中人,而旁立的圆悟又是儒学世家出身,用世俗之情说"平常心",本是禅宗本色。

《碧岩录》第八十四则公案的垂示,对言与道的关系作出总结性论述:

道是是无可是,言非非无可非。是非已去,得失两忘,净裸裸,赤洒洒。

《碧岩录》一百则颂古评唱可谓堆词砌句——"以疏带俳优而为得体,以字相比丽而为见工"(宋释晓莹《罗湖野录》)。此外,立足"言教"的文字禅,以其意有所指、充满象征的精神意味,成为一种言不尽意、含蓄蕴藉、委曲婉转的诗意表达,这样一组富有禅意、蕴藉华美的排比句,在日本发展为以禅韵为艺术特质的诗体——

俳句。当然,文学性绝非文字禅的目的,圆悟以"文字"布道,是让你透过言教参学,领会佛祖西来意,直达"学无可学"的大道:

> 学至无学,谓之绝学。所以道,浅闻深悟,深闻不悟,谓之绝学。及至绝学,方始与道相近,直得过此二学,是谓真过。(《碧岩录》)

以禅入茶汤,万味合一味,只是融儒释道于一碗的深长意味。

参考文献

1. 余亚梅：《"和"解〈茶经〉》，上海文化出版社 2023 年版。

2. 阮蔚蕉：《诗出有茗——福建茶诗品鉴》，福建人民出版社 2014 年版。

3. 高泽雄、黎安国、刘定乡：《古代茶诗名篇 500 首》，湖北人民出版社 2014 年版。

4. 艾丹：《宋金茶盏》，中国青年出版社 2014 年版。

5. 曾楚楠、叶汉钟：《潮州工夫茶话》，暨南大学出版社 2012 年版。

6. 冈仓天心：《茶之书》，山东画报出版社 2016 年版。

7. 杨江帆等编著：《入乡随俗茶先知》，厦门大学出版社 2008 年版。

8. 杜继文、魏道儒：《中国禅宗通史》，江苏古籍出版社 1993 年版。

9. 朱自振、沈冬梅、增勤：《中国古代茶书集成》，上海文化出版社 2010 年版。

10. 施由明：《明清中国茶文化》，中国社会科学出版社 2015 年版。

写在后面的话

在这个初春的下午，昼睡醒迟，欠伸南窗下，泡上一壶朋友惠递的 2016 年老枞水仙，细细品啜茶汤醇厚、绵软的复合枞味，微微发汗，枯肠得润，喟然感慨人生有味是清欢的意味与情味。

回想茶道行走的这二十来年，虽不说以饮为忙事，可即使再忙，也要每天留下焚香煮茗的空歇。无论是独自幽品，还是与茶友品斗论道，都推动我去探访滋味之极致，追问极致背后之至理。偶尔也被友人调侃"文人酸气"，其实哪里是什么"酸气"，明明就是瘾癖，否则如何以张岱的"人无癖不可与交，以其无深情也；人无疵不可与交，以其无真气也"（《陶庵梦忆·卷四·祁止祥癖》）作现成的完美说辞呢。

尤记得十多年前，与几个茶友约了一起去宜兴拜访葛陶中老师。葛老师是紫砂界的一股清流，几十年潜心于传承和光大恩师顾景舟的制壶技艺与宏旨，以光器见长，于内敛、端雅、简素中见文气。席间坐而论道，由紫砂器物鉴赏延伸到茶道渊源、茶器美学、茶空间哲学等问题，大家各抒己见，高谈阔论。好友杨卫东就日本的"诧寂"美学侃侃而谈，尤其推崇"残缺的美"所蕴含的精神意味。尽管与葛老师交往多年，但彼时，我对茶器美学及其历史涉略不深，对茶器的审美只有一些自以为是的固见。其间，葛老师给我投来一个颇有意味的眼神，我想我大约是被内涵到了。自那以后，我开始了认真地研学，无论是博览群书，还是与茶、水、器的沟通，一日日的为学日益，无不是对识见的冲破，也终于能为道日损，以品茶论道的方式道一道森罗万象背后的真谛，于是有了本书的撰写，并于 2016 年完稿。搁笔后并没有急着出版，总觉得未到火候。2018 年我来到上海公安学院，于次年将有关内容录制网络选修课，并开设"品诗论道话《茶经》"的公选课。课程开发时，考虑到"诗礼禅"的内容过于理论性、学术性，我增加了《茶经》的品读作为基础性内容。开课后，通过与学生的沟通交流，进一步获得启发，又陆续就相关内容作了些删改精修，其后又因出版排序、走程序以及疫情等原因，延至今年才正式出版。仔细想来，本书从撰写到出版居然历经了十多年的磨砺，心下十分感慨，而与此同时，也为能以本书致敬十多年前的那一场茶会，感到愉悦。

在为本书作记写后话之时，出现在脑海中的除了那一场激励我研学的茶会，最多的居然是各种被问及"为什么写茶"场景，毕竟我的专业和职业似乎都与此风马牛不相及。乍闻我写茶著，亲朋好友中，有对此表示不解的，也有对此表示"理解"的。犹记得电话中与导师林尚立先生的对话。我说我正在写茶著，已经快完稿，出书时想请他为我写序。林老师第一反应是惊讶，然后笑问："这么早就为退休做准备？"细数起来，我发现不独导师，其实身边朋友的反应大抵如此，似乎透过此举都"get"到了我的"失意"或"退意"。对此，我竟陷入"解释就是掩饰"的尴尬无语。其实，叙写茶著时，我尚在不惑之年，人生虽不尽如意，倒也不至于"失意"，产生所谓的"退意"，毕竟我也没有什么好退的。总而言之，友人关乎我叙写茶著的不解与"理解"，是我这十多年遭遇最多的场景。直至我开设公选课，再次遭遇审课专家现场提出"给年轻的学警开设这门课是否合适"的诘问。这背后的潜台词大家都懂，无非是视茶道为老年、退休甚至消极的标配，一如种草、栽花、遛鸟般的"躺平"生活。对此，我其实有很多话可以辩驳，可正因为要说的话有很多，常常感到无从说起，于是，只想问一句——倘若《茶经》只是有关"躺平"的学问，陆羽如何成"圣"？《孟子·尽心下》总结了人道的成圣之路，孟子说：

> 可欲之谓善，有诸己之谓信。充实之谓美，充实而有光辉之谓大，大而化之之谓圣，圣而不可知之之谓神。

茶是如此地贴近生活，陆羽"有诸己"，又"充实"之，再不断发扬光大，借着它的风化流行，传递着茶圣陆羽寄寓其中充实而有光辉的人道思想和情怀，在其大而化之的同时，铺就了自己的成圣之路。以"茶"为介质，把"风教德化"做到极致的当以日本茶道为最——把禅苑搬到茶空间，把茶道变成修行的道场，茶由此成为日本人"生活的宗教""美的信仰"，使"品味"与富贵贫贱无关，引导每个端起茶碗的人去寻找到生命的安适和美。时至今日，对于精神活动，大多数中国人显得是那么的匮乏而无知，自动默认对生命本身的滋养与积极入世、努力踏实为对立的两端。也由此可见，欲继茶圣"以茶载道"之志，承"风教德化"之任，行远而任重。然则，这些遭遇本身何尝不是我立志写茶著的初衷？——引更多国人了解或思考：

绵延一千多年的茶文化到底传递了什么？

饮茶活动及其形而上之文化之于中国人到底意味着什么？

生命的轻盈、生活的美和趣味，真的只属于老年或世外吗？

……

最后，或许归于一个追问——人到底应该怎么活着？

近些年的茶道行走中，恍然发觉周边喝茶的人多了起来，有故知也有新友。黄昌勇是三十年的老师兄，也是茶中的新道友。茶道相遇既惊且喜，只能说琴棋书画诗曲花茶天然与文人相亲，钟爱亲自写剧本的院长果然与茶不分家。于是，除讹了师兄不少好茶，便是果断请其为本书捉笔写序。传实大和尚是新昌大佛寺方丈，于佛学和书法都有很高造诣，且佛茶一家，去寺院茶寮精舍中吃茶，听大和尚说法论道是一大幸事。因本书有"禅篇"，于是约请大和尚为本书作序，可惜因出版时间仓促，大佛寺事务繁忙，导致"禅"之一味缺了大和尚的点睛妙笔，又是一大憾事。因自小喜爱越剧，故从来对浙江就抱好感，更别说受骆老师影响深爱魏晋风度，对王羲之的神隐之地金庭镇更是心向往之。巧的是，先生的老家在嵊州，而且就在金庭镇。嵊州山多为"嵊"，山明水秀盛产好茶，于是，逢年过节就爱往嵊州跑，尤爱驱车游荡在四明山脉访茶问泉。于是，不仅结识了鲜甘香醇的泉岗、上坞辉白，以及躲在深山云雾中的群体种茶树，还结交了一帮常以半日闲情烹茶品斗的茶中道友，他们中有为茶豪掷千金的，有深入茶山亲身事茶的，有专注地方茶考的，有探源辉白工艺的……泉甘器洁天色好，拣择几个嘉友品茶论道，坐中拿出藏品斗上一斗，颇多兴味。回沪再带上嵊州亲友惠赠、自己采买来的茶，当伴手礼惠赠亲友，更是圈了一波茶"粉"。嵊州茶品多，我尤爱散落于嵊州山脉坑涧的群体种茶树，它以甘香空灵、气厚韵长的茶汤征服我身边的茶友、同事、学生，包括茶中老饕骆玉明老师。骆老师说："我每年都有学生和朋友送各种新茶，但我等着的只有你这个，它很特别。"怎么能不特别呢？嵊州山脉如裙，几十年上百年的野生或抛荒的群体种茶树郁郁葱葱，深深扎根在海拔 700 米左右的烂石栎壤之中，高山之上云蒸雾霭，山场气息绝佳，生态原始的气息赋予茶汤韵高而空灵的滋味，说它是遗落于大众视野之外的山野明珠一点也不为过。上课时，我常常拿来给学生冲泡，让他们以"味"通"道"，体会什么是"饱太和之气"，什么是"无味之味"。

我喜欢引经据典来表达自己的观点，不是为了掉书袋，而是为了表明——此观点或说法早已有之，非我发明。但也正因如此，使得审校的过程十分辛苦而繁杂。本书编辑黄慧鸣是我复旦的学妹，中文系毕业的她不仅具备丰厚的学识和素养，还是出版社的"劳动模范"，交付到她手上的书稿，总能被加班加点地认真对待，审校出书中绝大部分的错漏，令人叹服。在本书即将出版之际，中国诗词大会第六季总冠军陈曦骏恰巧成了我的同事，当然也成了我发展的新茶友。一番茶喝下来，趁茶汤未凉赶紧将本书的"茶诗"部分交付其审校。其间，针对书中引用的诗词，他遍阅《御制诗集》《御制全唐诗》《御选宋金元明四朝诗》《御制韵府拾遗》《御选历代诗余》《武夷新集》《孟东野集》《临川文集》《端明集》《山谷集》《剑南诗稿》《诚斋集》《晦庵集》《秋崖集》等诗文集，作了十分认真且专业的训诂和审校，捉了多处错漏，十分感佩。有些训诂方面的意见我采用并作了更正，另有几处我保留了自己的观点。如"易简高人意"，我没有改为"简易"，依照曦骏的考据两种意见相持不下，我采信更加符合诗歌格律音韵的"易简"；又如"能蜕诗人骨"，有关权威版本以为"悦"，而我取茶"轻身换骨"之意，采信"蜕"字，认为更能表达茶人的思想和情怀；另外，"有梅无雪不精神，有雪无诗俗了人"句，有认为是宋代诗人卢梅坡两首《雪梅》中的一首，也有诗册收录在方岳的《梅花十绝》中，我未作专研与甄别，以曦骏的校勘为准。

终于付梓，唯余感恩。我要感谢我的好兄弟郭永俊、曹锐，是他们对我著述无条件的支持，以一掷"千金"的方式弥补了出版经费的不足；我要感谢我的茶友何文辉先生，作为太和水公司董事长，他一直专注于各种轻水、小分子水的开采和研发，而我也在甘淡清冽的泉品分享中，增益了鉴水知识和品水经验；我要感谢我的茶友李浩源先生，作为勐海昱申源生态茶厂、源创茶业有限公司创始人和资深茶人，他无偿捐赠老班章、冰岛、薄荷塘以及老曼峨等昂贵茶品，给我的茶道实操课增添了茶汤的魅力，使《品诗论道话〈茶经〉》成为学院公选课的热门；我要感谢我的茶友吴章燕小姐，她是一个十分有才华的青年瓷板画画家，尤擅花卉，最近致力于在陶瓷与玻璃材质的茶器上作画，并尝试把宋画工笔花鸟搬到琉璃茶器上，我幸运地成为美器的第一批拥有者，为我的茶器美学授课提供了助力。我还要感谢我身边的好友，认真地为我的朋友圈点赞、阅读，并诚恳地告诉我"没有看懂"。哈哈，多么令我烧脑的一句话，为此我多花了几年时间，让自己写出"普通"话，不知成功与否？

最后，我还要感谢上海公安学院领导们的关怀和基础部同事们的帮助，特别是晏庆、崔磊、施雪梅等诸位同仁的特殊照顾，总是默默替我安排并处理大量与日常教学和录制课程相关的事务性、辅助性工作。在我伏案写作的日日夜夜，是这个大家给予我将永远铭刻在心的宁静、友好和温暖！

一碗茶的诗礼禅